LES SCIENCES MATHÉMATIQUES

DU BREVET ÉLÉMENTAIRE

A LA MÊME LIBRAIRIE :

A. Brémant. — **Les Sciences naturelles du Brevet Élémentaire et du Cours complémentaire** : Zoologie-Botanique, Minéralogie, Géologie, Agriculture, Horticulture, Hygiène.

Édition complètement refondue et mise au courant des progrès scientifiques.

Un volume in-16 format carré, cartonné percaline . . . . **2 fr. 50**

A. Brémant. — **Les Sciences physiques** — Notions de physique et de chimie — Brevet élémentaire et cours complémentaire.

Édition complètement refondue et mise au courant des plus récentes découvertes.

Un volume in-16 format carré, cartonné percaline . . . . **2 fr. 50**

NOUVEAUTÉ

Paul Kaeppelin et Maurice Teissier. — **Géographie à l'usage des élèves des cours complémentaires et des candidats au Brevet élémentaire.**

Un volume grand in-8 (15 × 21) illustré de nombreuses gravures, de cartes en noir dans le texte, et de 18 cartes en couleurs hors texte. Cartonné percaline . . . . **2 fr. 50**

LES
SCIENCES MATHÉMATIQUES

DU BREVET ÉLÉMENTAIRE

ARITHMÉTIQUE
GÉOMÉTRIE USUELLE
ALGÈBRE PRATIQUE

AVEC 1,000 EXERCICES THÉORIQUES ET PRATIQUES
DONNÉS AU BREVET ÉLÉMENTAIRE

PAR

A. BRÉMANT

Officier de l'Instruction publique

Nouvelle édition, complètement refondue,
de l'*Arithmétique du Brevet*.

PARIS
LIBRAIRIE A. HATIER
8, RUE D'ASSAS, 8

1914

Tous droits réservés.

AVERTISSEMENT

POUR LA NOUVELLE ÉDITION

Ce volume a été transformé dans les mêmes conditions que ceux des *Sciences naturelles* et des *Sciences physiques*.

La difficulté du travail résidait en ce qu'il fallait, autant qu'il était possible, garder, des éditions précédentes, ce qui avait jusqu'ici fait le succès du livre, c'est-à-dire : les définitions toujours courtes et claires, les démonstrations purement arithmétiques, les exemples simples et bien choisis, en un mot, les caractères de netteté et de simplicité qui aident tant à la compréhension des notions d'arithmétique.

Nous espérons avoir mené à bien cette tâche, malgré les nombreuses additions que nous avons été portés à effectuer. C'est ainsi qu'un chapitre nouveau a été consacré au calcul mental, qu'un autre donne des notions sur les mouvements des mobiles, permettant ainsi la résolution des nombreux problèmes que l'on pose aujourd'hui sur ces matières.

Il a fallu aussi mettre la nomenclature du système métrique en conformité avec la loi de 1903, et, pour cela, remanier ce chapitre entièrement.

Nous avons introduit dans tout le cours de l'ouvrage et

d'une façon régulière, de nombreux corrigés de questions théoriques et pratiques. Nous espérons que cette innovation sera accueillie avec faveur. Il est bon que les élèves aient sous les yeux, d'une façon constante, des exemples de raisonnements arithmétiques, particulièrement en ce qui concerne les questions théoriques.

Nous avons conservé les notions d'algèbre élémentaire et les questions pratiques de géométrie, qui, sous leur forme ancienne, remaniée légèrement, contribuent à donner au volume entier ce caractère pratique qui en fit le succès.

Enfin, nous avons ajouté plus de 400 exercices théoriques et pratiques, pris dans les sujets donnés en 1911, 1912, 1913, aux examens du Brevet élémentaire et de l'Admission aux Écoles normales. Nous les avons choisis et classés de telle façon que les élèves puissent y trouver des exemples de toutes les difficultés qui leur seraient proposées.

Nous espérons que ce livre, tel qu'il se présente actuellement, rendra les plus grands services aux candidats au Brevet élémentaire et aux élèves des Cours complémentaires et que cette édition sera accueillie avec la même faveur que les précédentes.

LES SCIENCES MATHÉMATIQUES
DU BREVET ÉLÉMENTAIRE

CHAPITRE PREMIER

NOTIONS PRÉLIMINAIRES

1. L'**Arithmétique** est la science des *nombres*. C'est elle qui nous apprend à les former, à les nommer, à les écrire, à les combiner, à connaître leurs propriétés.

2. Un **Nombre** est la réunion de plusieurs *unités*.

3. On appelle **Unité**, le terme de comparaison qui a servi à évaluer un nombre.

Ainsi lorsqu'on dit qu'un ruban a vingt-cinq mètres, cela signifie que le ruban contient vingt-cinq fois la longueur qui a été prise comme unité : le mètre.

4. Le nombre est *entier* s'il n'est composé que d'unités.

Ex. : *trente-deux mètres*.

5. On appelle **Fraction d'unité** ou **Fraction ordinaire**, une ou plusieurs parties d'unité divisée en un certain nombre de parties égales.

Ex. : *un quart de pomme, quatre cinquièmes d'un litre d'eau*.

6. Si, au lieu de diviser l'unité en un nombre quelconque de parties égales, on la divise en dix, cent, mille, dix mille parties égales, chacune de ces parties, ou plusieurs de ces parties réunies prennent le nom de **Fraction décimale**.

Ex. : *un décilitre, sept centimètres*.

7. Un nombre est **fractionnaire** lorsqu'il est composé d'un nombre entier suivi d'une fraction.

Ex. : *quatre pommes et demie.*

8. Le nombre est **décimal** si la fraction qui suit l'entier est décimale.

Ex. : *cinq francs cinquante centimes.*

9. Lorsque la nature des unités qui forment un nombre est exprimée, le nombre est **concret**.

Ex. : *dix hommes, vingt chevaux.*

Dans le cas contraire, le nombre est **abstrait**.

Ex. : *dix, vingt.*

NUMÉRATION

10. La numération est la partie de l'arithmétique qui enseigne à former, à nommer, à écrire et à lire les nombres.

11. Formation des nombres. — Pour former les nombres, un nombre de cailloux par exemple, on commence par prendre une unité, un caillou : c'est le premier nombre, le plus petit ; puis à cette unité on en ajoute une semblable, un autre caillou, pour former un nouveau nombre ; et l'on continue à ajouter une unité au nouveau nombre formé, et indéfiniment ainsi.

Deux nombres *consécutifs* ne diffèrent donc que d'une unité.

La suite des nombres est *illimitée* puisqu'au dernier nombre qu'on croira avoir formé on pourra toujours ajouter une unité.

La connaissance des *noms* donnés à chacun des nombres ainsi formés constitue la *numération parlée.*

12. Numération parlée. — Par cela même que la suite des nombres est illimitée, on n'a pu songer à donner à chacun d'eux un nom particulier ; on ne l'a fait que pour quelques-uns.

NUMÉRATION

Les noms donnés aux neuf premiers nombres sont :

Un, deux, trois, quatre, cinq, six, sept, huit, neuf.

Le nombre qui suit immédiatement *neuf* forme un groupe qu'on appelle *dizaine* ou *dix*.

Si l'on prend la dizaine pour unité, on peut compter par dizaines comme on l'a fait pour les unités et dire : deux dizaines, trois dizaines,... neuf dizaines, qu'on appellera :

Vingt, trente, quarante, cinquante, soixante, soixante-dix, quatre-vingts, quatre-vingt-dix.

La réunion de dix dizaines forme une nouvelle espèce d'unité qu'on a appelée la *centaine* ou *cent*.

On comptera ensuite par centaines comme on a compté par unités, puis par dizaines, et l'on dira :

Deux cents, trois cents..... neuf cents, **Mille**.

Puis ainsi de suite de *mille* en *mille* :

Deux mille..... cinq mille..... soixante mille, cent mille, **Million**.

On continuera :

Dix millions....., cent millions..... **Billion** ou **Milliard**.

Nous avons ainsi obtenu un certain nombre d'espèces d'unités différentes, savoir :

Unité simple ou unité du 1er ordre.
Dizaine — 2e —
Centaine — 3e —
Unité de mille — 4e —
Dizaine de mille — 5e —
Centaine de mille — 6e —
Unité de million — 7e —
Dizaine de million — 8e —
Centaine de million — 9e —
Unité de milliard — 10e —

13. Principe de la numération parlée. — Cette nomenclature nous montre donc que chacune de ces unités est dix fois plus grande que celle qui la précède immédiatement, que, par conséquent, **chaque ordre contient au plus neuf unités de son ordre.**

14. Il nous reste à nommer maintenant les neuf nombres compris entre chaque dizaine ; les quatre-vingt-dix-neuf nombres compris entre chaque centaine ; les neuf cent quatre-vingt-dix-neuf nombres compris entre chaque mille, etc.

Pour nommer les nombres compris entre chaque dizaine, on ajoute au nom de la dizaine, les noms des neuf premiers nombres :

Ainsi les nombres compris entre la 4° et la 5° dizaine s'appelleront :

Quarante-un ; quarante-deux... quarante-huit ; quarante-neuf.

Entre *cent* et *deux cents*, nous répéterons *cent* suivi des quatre-vingt-dix-neuf premiers nombres :

Cent un... cent vingt... cent quatre-vingt-dix-neuf.

Et ainsi de suite.

Exceptions. — Au lieu de dix-un, dix-deux, dix-trois, dix-quatre, dix-cinq, dix-six, on dit : *onze, douze, treize, quatorze, quinze, seize.*

Par suite de ces exceptions, entre soixante-dix et quatre-vingts, et entre quatre-vingt-dix et cent, nous trouverons :

Soixante-onze, soixante-douze... soixante-dix-neuf ;

Quatre-vingt-onze... quatre-vingt-quinze... quatre-vingt-dix-neuf.

15. Classes. — La réunion des unités, des dizaines, des centaines de chaque unité principale s'appelle *classe*. Ainsi la 1re classe est celle des unités simples ; la 2e classe, celle des mille ; la 3e classe, celle des millions.

Le tableau qui suit nous montrera la constitution des nombres en **Classes** et en **Ordres** ; chaque classe de nombres comprenant trois ordres :

NUMÉRATION

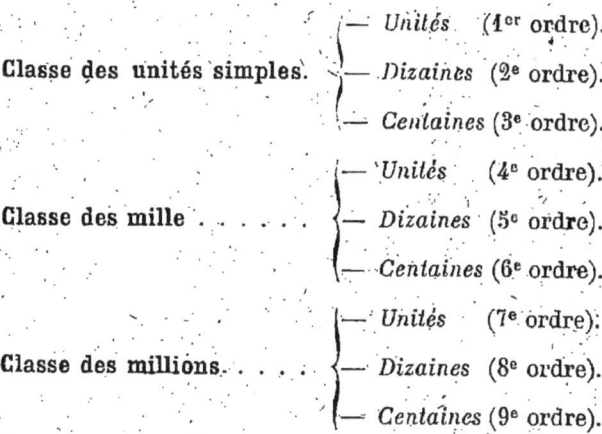

On voit que, s'il faut dix unités d'un ordre pour former une unité de l'ordre immédiatement supérieur, il faudra mille unités d'une classe pour faire une unité de la classe immédiatement supérieure.

16. Remarques sur la numération parlée. — 1° On remarque que pour nommer tous les nombres employés jusqu'à un milliard, on n'emploie que *vingt-quatre mots particuliers*.

2° On pourrait cependant faire l'économie de 6 mots en disant *dix-un ; dix-deux... dix-six* au lieu de onze, douze... seize.

3° Il serait plus rationnel de revenir aux anciennes appellations de soixante-dix, quatre-vingts, quatre-vingt-dix, qui étaient *septante, octante, nonante*.

4° Chaque fois qu'un nombre s'énonce en réunissant deux noms de nombres (*quatre-vingts, trois cents*, etc.), si le nom du plus petit nombre précède le nom du plus grand, cela signifie que le plus petit nombre *multiplie* le plus grand.

Ainsi dans *quatre cents* formé des deux nombres *quatre* et *cent*, le plus petit nombre *quatre* précède le plus grand *cent* ; il indique *cent* répété *quatre* fois.

Mais si le plus petit nombre suit le plus grand, cela signifie seulement qu'il *s'ajoute* au plus grand.

Ainsi dans *cent quatre*.

Le plus petit nombre *quatre* suit le plus grand *cent*; il indique *cent* plus *quatre*.

17. Numération écrite. — Le but de la *numération écrite* est d'apprendre à représenter tous les nombres à l'aide de signes appelés *chiffres*.

Les neuf premiers nombres sont représentés par les chiffres suivants :

1 , 2 , 3 , 4 , 5 , 6 , 7 , 8 , 9 .

Qui signifient :

Un, deux, trois, quatre, cinq, six, sept, huit, neuf.

Il existe un autre chiffre : 0, *zéro*, dont nous verrons, plus loin, l'utilité.

18. Principes de la numération écrite. — La représentation écrite des nombres est fondée sur ces principes :

1° Tout chiffre placé à la gauche d'un autre représente des unités de l'ordre immédiatement supérieur.

2° On remplace par un ou plusieurs 0 un ou plusieurs ordres manquant dans un nombre.

19. D'après la 1re convention on devra toujours trouver le premier à droite du nombre, le chiffre qui représente les unités du nombre à écrire; immédiatement à gauche de ce chiffre, c'est-à-dire au 2° rang, celui qui représente les dizaines; au 3° rang, celui qui représente les centaines, etc.

Comme chaque ordre contient au plus neuf unités, les neuf premiers chiffres seront toujours *suffisants* pour représenter toutes les unités contenues dans chaque ordre. Ces neuf signes sont *nécessaires* puisqu'on peut avoir neuf unités de chaque ordre à représenter.

Ainsi veut-on écrire le nombre :

Trois mille cinq cent vingt-huit unités

	CLASSE DES MILLE			CLASSE DES UNITÉS		
	Cent.	Diz.	Unités.	Cent.	Diz.	Unités.
On écrira 3, chiffre des unités de mille. A sa droite 5, chiffre des centaines d'unités. A sa droite 2, chiffre des dizaines d'unités. A sa droite 8, chiffre des unités.			3	5	2	8

Et l'on aura ainsi 3.528 qui représentera le nombre proposé.

Veut-on écrire le nombre :

Six mille quatre unités.

	CLASSE DES MILLE			CLASSE DES UNITÉS		
	Cent.	Diz.	Unités.	Cent.	Diz.	Unités.
On écrira 6, chiffre des unités de mille. Puis à sa droite 0, qui indique que le nombre ne contient pas de centaines d'unités. Puis à sa droite 0, qui indique que le nombre ne contient pas de dizaines d'unités. Puis à sa droite 4, chiffre des unités.			6	0	0	4

Et l'on aura 6.004, qui est le nombre proposé (voir le tableau ci-dessus).

20. De ce qui précède, il résulte que tout chiffre peut avoir deux valeurs : **une valeur absolue, une valeur relative.**

La valeur *absolue* d'un chiffre est celle qu'il a par lui-même et quand on le considère comme *étant isolé;* elle dépend de la forme du chiffre.

Sa valeur *relative* est celle que lui donne sa position dans un nombre. Sa valeur est *donc relative à la place qu'occupe le chiffre dans le nombre.*

Ainsi, dans le nombre 3.528, la valeur absolue du chiffre 5 est cinq, tandis que sa valeur relative est cinq centaines puisqu'il occupe le rang des centaines.

On voit alors qu'**un nombre est la somme des valeurs relatives de ses différents chiffres.**

21. Lire un nombre écrit. — 1° *Si ce nombre a 3 chiffres, on énonce le chiffre de ses centaines, puis celui de ses dizaines et enfin celui de ses unités et l'on donne pour nom à chacun d'eux, celui de sa valeur relative.*

Ainsi, soit à énoncer le nombre

$$432$$

on dit 4 cent, trente, deux unités.

2° *Si le nombre a plus de 3 chiffres, on le divise en commençant par la droite, en tranches de 3 chiffres* (ou en classes).

On énonce ensuite chaque tranche en faisant suivre ce nombre du nom de la classe que représentent ses unités.

Ainsi : 7.324.832 se divisera en :

CLASSE DES MILLIONS			CLASSE DES MILLE			CLASSE DES UNITÉS		
Cent.	Diz.	Unités	Cent.	Diz.	Unités	Cent.	Diz.	Unités
		7	3	2	4	8	3	2

Et s'énoncera : 7 *millions,* 324 *mille,* 832 *unités.*

NUMÉRATION

22. Remarques sur la numération. — 1° Les unités de notre système de numération sont de 10 en 10 fois plus grandes, alors 10 se nomme la *base* de notre système de numération, et ce système est *décimal*.

Mais on aurait pu choisir une autre base; par exemple, on aurait pu nommer unités de différents ordres, des nombres de 12 en 12 fois plus grands, 12 étant alors la base du système. Il eût fallu donner des noms particuliers aux 11 premiers nombres et employer 12 chiffres, y compris le zéro.

2° Notre numération écrite décimale est plus parfaite que la numération parlée puisque, avec 10 signes seulement, elle nous apprend à représenter tous les nombres, alors qu'il faut déjà vingt-cinq mots particuliers pour les nommer jusqu'aux milliards.

NUMÉRATION DES NOMBRES DÉCIMAUX

23. Si nous partageons l'unité en 10 parties égales, chacune de ces parties s'appellera un *dixième*.

Si nous partageons 1 dixième en 10 parties égales, chacune des nouvelles parties prendra le nom de *centième*; elle est en effet la centième partie de l'unité primitive.

En continuant ainsi à partager l'unité en parties égales, de 10 en 10 fois plus nombreuses, on obtiendra des parties de 10 en 10 fois plus petites qu'on nomme *fractions décimales*. Elles se nomment, à partir de l'unité :

Dixièmes, centièmes, millièmes, dix-millièmes, cent-millièmes, etc...

Une fraction décimale est donc une ou plusieurs parties de l'unité divisée en parties égales de 10 en 10 fois plus petites.

Un nombre décimal est un nombre entier accompagné d'une fraction décimale; ainsi :

7 litres quinze centièmes de litre.

24. *Écrire un nombre décimal.* — 1° Soit à écrire 5 unités 7 centièmes ; on écrit d'abord la partie entière 5 qu'on fait suivre d'une virgule (,) — la virgule servira toujours à séparer la partie entière de la partie décimale — puis comme 7 centièmes ne renferment pas de dixièmes, on tiendra la place de cet ordre par un 0 que l'on fera suivre du 7, soit :

$$5,07$$

2° Soit à écrire 342 dixièmes ; comme dans notre système de numération tout chiffre placé à la gauche d'un autre appartient à l'ordre d'unités qui lui est immédiatement supérieur, que 2 doit représenter des dixièmes, 4 représentera des unités : or on doit séparer par une virgule les unités des fractions décimales, le nombre 342 dixièmes s'écrira donc :

$$34,2$$

Lire un nombre décimal. — Un nombre décimal se lit ordinairement en 2 fois : d'abord on lit la partie entière, puis la fraction décimale à laquelle on donne pour nom celui de l'ordre de son dernier chiffre de droite.

Ainsi le nombre

$$548,6402$$

se lira 548 unités 6.402 dix-millièmes parce que 2 appartient à l'ordre des dix-millièmes.

On pourrait cependant le lire en une seule fois, et dire en prenant le dix-millième pour unité :

5 millions 486 mille 402 dix-millièmes.

Rendre un nombre entier et décimal 10, 100, 1.000... fois plus grand ou plus petit.

25. 1° Pour rendre un nombre entier 10, 100, 1.000 fois plus grand, il suffit d'ajouter à sa droite autant de 0, qu'il y en a dans 10, 100, 1.000.

Ainsi veut-on avoir un nombre 100 fois plus grand que

(1)   35

on écrira à sa droite deux 0 et l'on aura

(2)   3.500

En effet dans (1) 5 représente des unités alors que dans (2) il représente des centaines ; sa valeur relative est donc devenue 100 fois plus grande. Il en est de même pour 3 qui dans (1) représente des dizaines et qui dans (2) représente des mille. La valeur relative de tous les chiffres du nombre étant devenue 100 fois plus forte, le nombre lui-même est devenu 100 fois plus grand.

26. 2° Pour rendre un nombre décimal 10, 100, 1.000 fois plus fort, il suffit de déplacer la virgule d'autant de rangs vers la droite qu'il existe de 0 dans 10, 100, 1.000.

Ainsi soit à rendre 10 fois plus grand le nombre

(1)   28,725

Je recule la virgule d'un rang vers la droite, et j'ai

(2)   287,25

qui est 10 fois plus grand que le nombre proposé.

La démonstration est analogue à celle qui précède ; il suffit de montrer que la valeur relative de chacun des chiffres du second nombre est 10 fois plus grande que celle des mêmes chiffres dans le nombre proposé.

27. 3° Pour rendre un nombre entier, 10, 100, 1.000 fois plus petit, il suffira de séparer sur la droite de ce nombre, par une virgule, autant de chiffres qu'il y a de 0 dans 10, 100, 1.000.

Soit à rendre 728 cent fois plus petit
On aura 7,28.

Chaque chiffre du second nombre a bien en effet une valeur relative 100 fois moindre.

28. 4° Pour rendre un nombre décimal 10, 100, 1.000 fois plus petit, on fera mouvoir la virgule vers la gauche d'autant de rangs qu'il y a de 0 dans 10, 100, 1.000, etc.

Ainsi le nombre 10 fois plus petit que

23,75

sera   2,375

29. On ne change pas la valeur d'un nombre décimal en ajoutant ou en retranchant des 0 à sa droite.

52,4

a bien la même valeur que

52,40

Car dans les 2 nombres tous les chiffres ont bien la même place, ils ont donc la même valeur relative.

Aussi dans le calcul devra-t-on toujours supprimer les 0 qui terminent une fraction décimale, ils ne peuvent être qu'une gêne et une cause d'erreur.

Pour la même raison des 0 ne devront jamais figurer à la gauche d'un nombre entier.

NUMÉRATION ROMAINE

30. Pour écrire les différents nombres, les Romains se servaient de 7 lettres ou caractères qu'on appelle **chiffres romains**.

Ce sont :

I,	V,	X,	L,	C,	M
1	5	10	50	100	1000

31. Ils combinaient ces chiffres selon les conventions suivantes :

1) *Les chiffres pareils, placés à côté les uns des autres, s'ajoutent.*

Ex. : III égale 3.

2) *Tout chiffre placé à la droite d'un autre égal ou supérieur s'ajoute au premier.*

Ex. : VI égale 6.

3) *Tout chiffre placé à la gauche d'un autre qui lui est supérieur se retranche du premier.*

Ex. : IV égale 4.

SUJETS DONNÉS AU BREVET ÉLÉMENTAIRE
EXEMPLES DE SOLUTIONS

I. — *On donne le nombre 2453 unités en numération décimale. On demande de l'écrire en numération duodécimale (à base 12). Les nombres 10 et 11 seront représentés, s'il y a lieu, par A et B. Faire la preuve.*

Le 1er chiffre à droite du nombre demandé représente les unités.

Le 1er chiffre qui se place de suite à la gauche du précédent représente les douzaines.

Le 2e chiffre qui se place encore à la gauche du précédent représente des douzaines de douzaines ou des grosses et ainsi de suite.

Cherchons la quantité totale de douzaines comprises dans le nombre donné.

On a 2453 : 12 = 204 douzaines avec un reste 5 (1er chiffre à droite du nombre demandé).

Puis 204 : 12 = 17 grosses avec un reste 0 (2e chiffre du nombre en allant à gauche).

Puis 17 : 12 = 1 douzaine de grosses avec un reste 5 (3e chiffre).

Le 4e chiffre en allant toujours à gauche sera 1.

Le nombre demandé est 1.505 qu'on se gardera bien de lire : quinze cent cinq.

Preuve : Il s'agit de transformer 1.505 (duodécimal) en nombre décimal.

5 unités valent		5 unités.
0 douzaines.		0 —
5 grosses	144 × 5 =	720 —
1 douzaine de grosses .	144 × 12 =	1.728 —
Total. . .		2.453 unités.

II. — *Combien a-t-on employé de caractères pour paginer un volume de 2.421 pages ? — Connaissant ce nombre et le doublant, combien pourra-t-on paginer de pages avec ce nouveau nombre de caractères ?*

1) Les 9 premières pages ont exigé. . . . . 9 caractères.
De la page 10 à la page 99, soit 90 pages, il a fallu employer . . . . 2 × 90 = 180 —
De la page 100 à la page 999, soit 900 pages, il a fallu employer . . . 3 × 900 = 2.700 —
De la page 1.000 à la page 2.421, soit 1.422 pages, il a fallu employer . 4 × 1.422 = 5.688 —
Total des caractères employés. . 8.577 —

2) Nouveau nombre de caractères 8.577 × 2 = 17.154.
Pages 1 à 9. . . . . 9 caractères.
Pages 10 à 99 . . . . 2 × 90 = 180 —
Pages 100 à 999 . . . . 3 × 900 = 2.700 —
Total. . . 2.889 —

Il reste 17.154 — 2.889 = 14.265 caractères.
Comme les pages à partir de *mille* nécessitent 4 caractères, il y aura donc : $\dfrac{14.265}{4}$ = 3.566 pages après la page 999.

On pourra donc paginer 4.565 pages et il restera 1 caractère non employé.

III. — *On écrit la suite des nombres à partir de 1 sans les séparer. On demande quel sera le 200ᵉ chiffre.*

Les 9 premiers nombres écrits, le neuvième chiffre sera un 9.
Lorsqu'on aura écrit le chiffre 99, on aura écrit :
9 + 180 = 189 chiffres, et le dernier sera un 9.
Il reste à écrire 200 — 189 = 11 chiffres.
Comme les nombres suivants ont 3 chiffres, on pourra en écrire : $\dfrac{11}{3}$ = 3, et il restera 2 chiffres à placer.

Les trois derniers nombres écrits sont 100, 101, 102 et par suite, pour employer les 2 derniers chiffres à placer, on commencera le nombre 103. Le 200ᵉ chiffre sera donc un 0.

CHAPITRE II

OPÉRATIONS

ADDITION

32. Définition. — *L'addition est une opération qui a pour but de réunir en un seul nombre toutes les unités contenues dans plusieurs nombres de la même espèce. Le résultat de l'addition se nomme* somme.

Le signe de l'addition est + qui signifie *plus* ou *augmenté de*.

Il est indispensable que les quantités à additionner soient de même espèce, c'est-à-dire aient même nom, même dénomination, même dénominateur.

Il pourra cependant se présenter des cas où les nombres ayant des dénominations différentes pourront être groupés par addition en leur donnant une même dénomination, un dénominateur commun.

Ainsi : *Un bouquet contient 20 roses, 35 œillets, 60 héliotropes, combien contient-il de fleurs?*

Comme les roses, les œillets, les héliotropes sont des fleurs, nous pourrons résoudre ce problème par addition.

THÉORIE DE L'ADDITION

33. 1° Soit à additionner les nombres d'un seul chiffre :

$$5\,;\,2\,;\,4$$

L'opération s'indique :

$$5 + 2 + 4$$

Nous ne connaissons jusqu'alors que la suite des nombres, il est donc indispensable de décomposer en unités les nombres que nous devons ajouter à 5. L'opération précédente se ramène alors à :

$$5 + \binom{1+1}{2} + \binom{1+1+1+1}{4} = 11$$

Ce que nous faisions, enfants, en prenant le doigt pour unité.

Bientôt l'habitude du calcul nous a dispensés de décomposer les nombres en unités et nous avons dit :

$$5 + 2 = 7\quad,\quad 7 + 4 = 11$$

34. L'ordre dans lequel on ajoute les nombres est indifférent.

En effet soit à additionner les nombres $5 + 3 + 6 + 2$; décomposés en leurs unités ces nombres seront $(1+1+1+1+1) + (1+1+1) + (1+1+1+1+1+1) + (1+1)$ et l'opération sera figurée par :

$$1+1+1+1+1+1+1+1+1+1+1+1+1+1+1+1$$

dans lequel le groupement primitif n'apparaît plus et qu'on peut grouper indifféremment sans changer le résultat.

35. 2° Les nombres à additionner sont quelconques.

RÈGLE. — *Pour trouver la* **somme** *de plusieurs nombres, on les écrit les uns au-dessous des autres en ayant soin de placer dans une même colonne verticale les chiffres qui appartiennent au même ordre ; puis on souligne le dernier nombre.*

On fait la somme **des nombres** (d'un chiffre) (1°) *placés dans chaque colonne en opérant de droite à gauche. Lorsqu'une somme partielle est moindre que 10, on l'écrit sous la colonne qui l'a fournie; lorsqu'elle est plus forte, on écrit ses unités et l'on porte ses dizaines à la colonne suivante.*

$$325 + 72 + 5.732$$

se dispose et s'effectue comme il suit :

325   En commençant par la droite nous trouvons 9 comme
72   somme des nombres placés dans la 1re colonne; je l'écris tel
5.732 qu'il est puisque ce nombre ne surpasse pas 9.
6.129 Je fais la somme des nombres de la seconde colonne et je trouve 12 dizaines, j'écris le chiffre des dizaines 2 sous la 2e colonne et je reporte la centaine aux centaines de la colonne suivante (c'est l'explication de : je retiens 1).

Je fais la somme des nombres de la 3e colonne et je trouve 11; mais les nombres ajoutés sont des unités du 3e ordre; notre résultat se décompose donc en 1 unité du 3e ordre, que nous écrivons sous la 3e colonne, et une unité du quatrième que nous reportons aux nombres de la 4e colonne, etc.

36. — Le nombre obtenu 6.129 est bien la somme demandée puisqu'il est la somme des différentes parties des nombres proposés.

Et la somme portera le même nom que les parties qui la constituaient :

Si j'ai additionné 325 francs, plus 72 francs, plus 5.732 francs, je trouverai 6.129 francs.

37. *Addition des nombres décimaux.* — Cette opération se dispose et s'effectue de la même façon que celle des nombres entiers. Et comme en faisant l'opération on connaît toujours la nature des unités qu'on additionne, on séparera à la somme la partie entière de la partie décimale par une virgule. Cette virgule se trouvera d'ailleurs placée sous les virgules des nombres à additionner.

Soit à additionner $328,32 + 7,438 + 23,4$.

Présentée sous cette forme l'opération est théoriquement impossible, puisqu'on ne peut pas ajouter des centièmes à des millièmes, à des dixièmes ; il importe de les réduire au même dénominateur ; ils deviennent alors :

$$328,320 + 7,438 + 23,400$$

328,32
7,438
23,4
―――
359,158

Mais, dans la pratique, on se contente de laisser libre la place des zéros et l'opération se dispose comme ci-contre. Le résultat s'énonce : 359 unités et 158 millièmes.

38. Preuve. — La preuve d'une opération est une seconde opération qu'on effectue pour s'assurer de l'exactitude de la première. Rigoureusement, une preuve aurait besoin d'une preuve, puis la nouvelle preuve d'une autre encore et ainsi jusqu'à l'infini. Mais on se contente toujours d'une seule preuve.

La preuve de l'addition se fait en recommençant l'opération dans un ordre différent.

Quand l'opération est très longue on peut la diviser en plusieurs additions et faire ensuite la somme des totaux partiels.

39. On ne commence pas l'opération par la gauche à cause de l'impossibilité de prévoir la valeur de la retenue qui résulterait de la somme des unités de la colonne suivante.

SOUSTRACTION

40. Définition. — *La soustraction a pour objet de retrancher d'un nombre toutes les unités contenues dans un autre nombre de la même espèce.*

Le résultat de l'opération se nomme **reste**.

Le signe de la soustraction est —, qui signifie *moins* ou *à diminuer de*.

Ainsi retrancher 3 de 7 s'exprimera 7 — 3 et signifiera qu'on doit retrancher de 7 toutes les unités contenues dans 3, c'est-à-dire 3 unités; et qu'après l'opération il *restera* 4 unités.

41. On peut également dire que :
La soustraction a pour objet de trouver combien il manque d'unités à un nombre pour en égaler un autre plus grand et de la même espèce; ou bien encore qu'elle a pour but de trouver de combien d'unités un nombre en surpasse un autre de la même espèce.

Le résultat s'appelle alors *différence* ou, dans le second cas, *excès*. Les nombres 7 et 3 sont les *termes* de la différence.

Ainsi l'opération 7 — 3 consiste à trouver combien il manque d'unités à 3 pour égaler 7, ou bien de combien d'unités 7 excède 3.

42. Le résultat d'une soustraction s'appelle donc *reste*, *excès* ou *différence* suivant la forme de la définition adoptée.

L'opération 7 — 3 pourra alors s'effectuer de deux façons; ou bien, en se servant de la première forme de la définition on dira :

(1°) $7-1=6$; $6-1=5$; $5-1=4$ en retranchant 3 fois 1 de 7.

ou bien

(2°) $3 + \left(\dfrac{1+1+1+1}{4}\right) = 7$ en cherchant combien il manque d'unités à 3 pour égaler 7.

La première façon d'opérer (1) est fondée sur la connaissance des nombres en sens inverse;

La deuxième façon est une opération de numération directe; c'est elle qu'on emploie toujours.

43. Principe. — *La différence de deux nombres ne change pas quand on ajoute un même nombre à ses deux termes.*

Il faut démontrer que

$$(7-4) = (7+2) - (4+2)$$

Si j'ajoutais 2 seulement au plus grand nombre, la différence augmenterait de 2 unités, car il manquerait au plus petit nombre 2 unités de plus pour égaler le grand nombre modifié; mais si pour combler cet excès de différence j'ajoute 2 au plus petit nombre, la différence ne sera plus changée.

RÈGLE GÉNÉRALE DE LA SOUSTRACTION

44. Les nombres à soustraire ont plusieurs chiffres

$$725 - 438$$

On écrit le plus petit nombre sous le plus grand en ayant soin de faire correspondre dans une même colonne verticale les chiffres d'un même ordre et l'on souligne. Puis, opérant de droite à gauche, on retranche, s'il est possible, **chaque chiffre du nombre inférieur de celui qui se trouve immédiatement au-dessus et l'on écrit la différence au-dessous** *(2° 42).*

Mais lorsqu'une soustraction partielle est impossible on augmente le chiffre supérieur de 10 unités de son ordre et pour ne pas changer la différence, on augmente d'une unité de son ordre le chiffre inférieur de la soustraction partielle suivante:

Ainsi
$$725 - 438$$
$$\begin{array}{c} \overset{12\ 15}{7\ 2\ 5} \\ \overset{5\ 4}{4\ 3\ 8} \\ \hline 2\ 8\ 7 \end{array}$$

Et l'on dira 8 à ôter de 5 ne se peut; j'ajoute 10 unités à 5 qui devient 15.

8 ôté de 15 reste 7.

Mais j'ai ajouté 10 unités au nombre supérieur; pour ne pas changer la valeur de la différence (40), j'ajoute 1 dizaine aux 3 dizaines du nombre inférieur (c'est l'explication de : je retiens 1, et 3 font 4).

On continue : 4 dizaines à ôter de 2 ne se peut; j'ajoute 10 dizaines aux dizaines du nombre supérieur qui deviennent 12, et pour ne pas changer la différence, j'ajoute 1 centaine aux 4 centaines du nombre inférieur. Je dis alors : 4 dizaines ôtées de 12 = 8.

Puis 5 centaines ôtées de 7 = 2.

45. On faisait anciennement la soustraction d'une façon un peu différente. Cette méthode s'appelait soustraction par *emprunt*, tandis que la précédente est dite par *compensation*.

Ainsi par exemple :

$$\begin{array}{r} \overset{6\ \ 11\ \ 15}{7\ \ 2\ \ 5} \\ -4\ \ 3\ \ 8 \\ \hline 2\ \ 8\ \ 7 \end{array}$$

On disait 8 de 5 ne se peut ; j'emprunte 1 dizaine aux 2 dizaines du même nombre, et je la convertis en unités que j'ajoute à 5 qui devient 15 unités, alors que 2 dizaines devient 1 dizaine.

8 ôté de 15 reste 7.

3 ôté de 1 ne se peut ; j'emprunte 1 centaine à 7 centaines ; je trouve 11 dizaines, mais 6 centaines :

3 ôté de 11 reste 8.
4 ôté de 6 reste 2.

On a généralement conservé l'habitude, je ne sais pourquoi, d'opérer la soustraction par emprunt, lorsqu'il s'agit des nombres complexes.

46. Preuve. — Pour faire la preuve d'une soustraction, on ajoute le résultat de l'opération au plus petit nombre et l'on doit ainsi retrouver le plus grand. Cela résulte de la définition même de la soustraction.

47. Soustraction des nombres décimaux. — Elle se dispose et s'effectue de la même façon que celle des nombres entiers. On a soin au résultat de placer la virgule sous les virgules des deux termes de la différence.

Là encore, comme dans l'addition, il faut supposer que les nombres décimaux ont le même dénominateur. Ainsi, l'opération pratique :

$$57,32 - 25,728$$

est mise pour

$$57,320 - 25,728$$

48. Remarque. — La soustraction ne peut pas généralement se commencer par la gauche, à cause de la difficulté de prévoir la retenue. Il n'y a que dans le cas particulier où tous les chiffres du nombre supérieur sont plus forts que leurs correspondants du nombre inférieur que l'opération pourrait se commencer par la gauche ;

Ainsi 8 7 5 4 — 3 5 4 2.

49. Principes relatifs à l'addition et à la soustraction.

1° Pour ajouter à un nombre la somme de plusieurs autres, il suffit d'ajouter à ce nombre chacun des autres successivement.

Soit à effectuer :
$$224 + (45 + 27)$$

D'après la définition même de l'addition, on aura :
$$224 + (45 + 27) = 224 + 45 + 27) = 269 + 27 = 296$$

2° Pour retrancher d'un nombre la somme de plusieurs nombres, il suffit de retrancher de ce nombre chacun des autres successivement.

Soit à effectuer :
$$224 - (45 + 27)$$

D'après la définition de la soustraction, on aura :
$$224 - (45 + 27) = 224 - 45 - 27 = 179 - 27 = 152$$

3° Pour ajouter à un nombre la différence de deux nombres, il suffit d'ajouter à ce nombre le plus grand terme et de retrancher du résultat le plus petit.

Soit à effectuer :
$$224 + (45 - 27)$$

On aura :
$$224 + (45 - 27) = 224 + 45 - 27 = 269 - 27 = 242$$

4° Pour retrancher d'un nombre la différence de deux nombres, il suffit de retrancher du nombre le plus grand terme et d'ajouter au résultat le plus petit.

SOUSTRACTION

Soit à effectuer :
$$224 - (45 - 27)$$
On aura :
$$224 - (45 - 27) = 224 - 45 + 27 = 179 + 27 = 206$$

En effet, en retirant 45 de 224, on a retiré un nombre trop grand de 27 unités, il faudra donc ajouter au reste ces 27 unités.

50. Remarque. — Il y a donc lieu de faire très attention à la suppression des parenthèses dans les calculs arithmétiques.

SUJETS DONNÉS AU BREVET ÉLÉMENTAIRE
QUESTIONS TRAITÉES

I. — *Faire comprendre comment on peut trouver deux nombres, connaissant leur somme 127 et leur différence 43.*
On a :
$$\text{Grand Nombre} + \text{Petit nombre} = 127$$
et
$$\text{Grand Nombre} - \text{Petit nombre} = 43$$

En ajoutant membre à membre ces deux égalités, on obtient encore une nouvelle égalité :
$$\text{Grand Nombre} + \text{Petit Nombre} + \text{Grand Nombre} - \text{Petit Nombre}$$
$$= 127 + 43$$
ou
$$2 \text{ fois le Grand Nombre} = 127 + 43$$
$$\text{Grand Nombre} = \frac{127 + 43}{2} = 85$$

Le Petit Nombre sera $127 - 85 = 42$.

On déduit de cette démonstration que le grand nombre est égal à la demi-somme des valeurs données, et que le petit nombre sera égal à la demi-différence des mêmes valeurs.

II. — *En retranchant le nombre 2.792 du nombre 3.241, un enfant a négligé toutes les retenues. Dire, à l'aide d'un raison-*

nement et sans faire l'opération exacte, de combien le résultat trouvé diffère du résultat réel.

Soit la soustraction :

$$3.241 \\ 2.792$$

En négligeant la première retenue, c'est-à-dire celle d'une dizaine, la différence a été augmentée d'une dizaine.

En négligeant la deuxième retenue, c'est-à-dire celle d'une centaine, la différence a été augmentée d'une centaine.

De même pour la troisième retenue, celle des mille, la différence a été augmentée d'un mille.

Au total, la différence trouvée par l'élève est supérieure à la vraie de 1 mille + 1 centaine + 1 dizaine, soit de 1.110 unités.

En effet le résultat trouvé était 1559 et le résultat réel est 449.

MULTIPLICATION

51. Définition. — *La multiplication est une opération qui a pour but de répéter un nombre appelé* **multiplicande** *autant de fois qu'il y a d'unités dans un autre appelé* **multiplicateur**.

Le résultat de l'opération se nomme **produit**.

Le signe de la multiplication est ×, qui signifie *à multiplier par*.

Ainsi 4×3

signifie 4 à répéter 3 fois ou

$$4 + 4 + 4$$

La multiplication est donc une *addition abrégée*.

52. *On peut dire aussi que, dans la multiplication, on cherche un produit qui soit au multiplicande ce que le multiplicateur est à l'unité.*

Dans l'exemple 4×3, si l'on compare le multiplicateur à l'unité on voit qu'il est 3 fois plus grand que l'unité ; alors

le produit doit être 3 fois plus grand que le multiplicande 4.
Ce qui est bien encore $4 + 4 + 4$.

53. Le multiplicande et le multiplicateur sont appelés facteurs du produit.

54. **Emploi de la multiplication.** — *Un mètre d'étoffe coûte 4 francs ; combien coûteront 3 mètres de cette étoffe ?*

3 mètres coûteront 3 fois le prix d'un mètre ; il faudra donc répéter 4 francs 3 fois ; soit

$$4 \text{ fr.} \times 3$$

On voit d'après cet exemple que le multiplicande 4 francs a conservé son nom, qu'il est nombre concret ; mais que le multiplicateur a perdu le sien, qu'il est abstrait.

55. **Remarque.** — Il en sera ainsi dans toute multiplication : le *multiplicande* doit toujours représenter un nombre *concret*, le *multiplicateur* un nombre *abstrait*, et par conséquent le *produit* sera un nombre *concret* de même nature que le multiplicande.

56. **Remarque.** — *Si l'on rend le multiplicande ou le multiplicateur un certain nombre de fois plus grand ou plus petit, le produit est rendu le même nombre de fois plus grand ou plus petit.*

1° Si nous rendons le multiplicande seul 2, 3, 4, 5... fois plus grand, cela indique qu'on répète le même nombre de fois un nombre 2, 3, 4, 5, fois plus grand, le produit sera évidemment 2, 3, 4, 5 fois plus grand.

2° Si c'est le multiplicateur seul que je rends 2, 3, 4 fois plus grand, cela signifie que je répète le même nombre 2, 3, 4... fois plus ; le produit sera donc 2, 3, 4... fois plus grand.

Un produit varie donc dans le même sens que l'un quelconque de ses facteurs.

57. *Comme conséquence :*
1° Si l'un des facteurs devient 3 fois plus grand et que l'autre

devienne 5 fois plus grand, le produit deviendra 3×5 fois plus grand, c'est-à-dire 15 fois plus grand.

2° Si l'un des facteurs devient 3 fois plus grand et que l'autre devienne 3 fois plus petit, le produit ne changera pas.

3° Le produit sera plus petit que le multiplicande si le multiplicateur est plus petit que l'unité :

Car le produit devant être au multiplicande comme le multiplicateur est à l'unité, si le multiplicateur est plus petit que l'unité, le produit sera plus petit que le multiplicande.

PRINCIPES RELATIFS A LA MULTIPLICATION

58. *Principe.* — **Un produit de deux facteurs ne change pas lorsqu'on intervertit leur ordre.**

Il faut démontrer que

$$4 \times 3 = 3 \times 4$$

Si je prends la bille (.) pour unité, le premier membre de l'égalité signifiera 4 billes à répéter 3 fois ; *je figure* en colonne ce produit dans le tableau suivant :

$$\left. \begin{matrix} . & . & . & . \\ . & . & . & . \\ . & . & . & . \end{matrix} \right\} \; 3 \times 4$$

$$4 \times 3$$

Le produit sera le nombre obtenu en comptant ces billes. Mais je puis les compter, sans en laisser échapper aucune, ou bien de haut en bas, ce qui me donne 4 billes répétées 3 fois ;

$$4 \times 3$$

ou bien de gauche à droite, ce qui me donne 3 billes répétées 4 fois, ou

$$3 \times 4$$

sans que le nombre de billes ait changé.

59. *Principe.* — **Un produit de trois facteurs ne change pas quand on intervertit l'ordre des deux derniers facteurs.**

MULTIPLICATION

Je veux démontrer que
$$3 \times 5 \times 4 = 3 \times 4 \times 5$$

Le premier membre de l'égalité signifie d'abord qu'il faut répéter 3 cinq fois ou $3 + 3 + 3 + 3 + 3$; puis, qu'il faut répéter cette quantité 4 fois; je le *figure* dans le tableau suivant :

$$\left.\begin{array}{l} 3 + 3 + 3 + 3 + 3 \\ 3 + 3 + 3 + 3 + 3 \\ 3 + 3 + 3 + 3 + 3 \\ 3 + 3 + 3 + 3 + 3 \end{array}\right\} 3 \times 4 \times 5$$
$$\underbrace{}_{3 \times 5 \times 4}$$

En observant les tranches horizontales je vois 3 répété 5 fois, le tout répété 4 fois ou $3 \times 5 \times 4$; en observant les tranches verticales, je vois 3 répété 4 fois, le tout répété 5 fois ou $3 \times 4 \times 5$. Comme c'est la même figure qui me donne les mêmes façons de voir, c'est que les résultats sont les mêmes.

60. Principe. — **Un produit de plusieurs facteurs ne change pas quand on intervertit l'ordre de deux facteurs consécutifs quelconques.**

Il faut démontrer que :
$$3 \times 8 \times 5 \times 7 \times 2 = 3 \times 8 \times 7 \times 5 \times 2$$

Pour effectuer le calcul du 1er membre de l'égalité, il faudrait d'abord faire le produit 3×8; supposons qu'on ait trouvé a comme produit; on aurait d'abord :

(1) $\qquad 3 \times 8 \times 5 \times 7 \ldots = a \times 5 \times 7 \ldots$

Mais dans un produit de 3 facteurs, on peut intervertir l'ordre des 2 derniers; alors
$$a \times 5 \times 7 = a \times 7 \times 5 \text{ ou} = 3 \times 8 \times 7 \times 5$$

L'égalité (1) peut devenir :

(2) $\qquad 3 \times 8 \times 5 \times 7 \ldots = 3 \times 8 \times 7 \times 5 \ldots$

Sans qu'elle cesse d'être égalité, on peut rendre ses 2 membres 2 fois plus grands, elle devient enfin
$$3 \times 8 \times 5 \times 7 \times 2 = 3 \times \times 7 \times 5 \times 2$$

61. *Principe*. — Un produit de plusieurs facteurs ne change pas quand on intervertit les facteurs dans un ordre quelconque.

Il faut démontrer que

$$3 \times 7 \times 5 \times 6 \times 8 \times 4 = 6 \times 7 \times 4 \times 3 \times 8 \times 5$$

En invoquant le principe précédent, je vais faire permuter 6 avec le 3e facteur ; puis, dans une autre égalité, avec le 2e ; puis avec le premier ; j'aurai successivement :

$$3 \times 7 \times \underline{5 \times 6} \times 8 \times 4 = 3 \times 7 \times 6 \times 5 \times 8 \times 4$$
$$= 3 \times 6 \times \overline{7 \times 5} \times 8 \times 4$$
$$= 6 \times \overline{3 \times 7} \times 5 \times 8 \times 4$$

J'opérerai de même pour placer 7 au 2e rang ; etc.

$$= 6 \times 7 \times 3 \times 5 \times 8 \times 4$$
$$= 6 \times \overline{7 \times 3} \times 5 \times 4 \times 8$$
$$= 6 \times 7 \times 3 \times 4 \times \overline{5 \times 8}$$
$$= 6 \times 7 \times 4 \times \overline{3 \times 5} \times 8$$
$$= 6 \times 7 \times \overline{4 \times 3} \times \underline{8 \times 5}$$

62. *Principe*. — Dans un produit de plusieurs facteurs, on peut remplacer plusieurs facteurs par leur produit effectué.

Il faut démontrer : 1°

$$3 \times 4 \times 5 \times 6 = 60 \times 6$$

ou 2°

$$3 \times 4 \times 5 \times 6 = 3 \times 20 \times 6$$

Le 1° est évident : puisque pour effectuer le produit indiqué il faudrait d'abord faire le produit $3 \times 4 = 12$, puis $12 \times 5 = 60$.

Le 2e se ramène au 1er cas en intervertissant l'ordre des facteurs qui peuvent devenir $4 \times 5 \times 3 \times 6 = 20 \times 3 \times 6 = 3 \times 20 \times 6$.

63. *Réciproquement*. — Pour multiplier un nombre par un produit de plusieurs facteurs, on peut multiplier ce nombre successivement par chacun des facteurs de ce produit.

Soit à multiplier 243 par 24 (considéré comme le produit $2 \times 3 \times 4$) :
$$243 \times 24 = 24 \times 243$$
mais $\qquad 24 = 2 \times 3 \times 4$
d'où $\qquad 243 \times 24 = 2 \times 3 \times 4 \times 243$
mais $\qquad 2 \times 3 \times 4 \times 243 = 243 \times 2 \times 3 \times 4$
donc $\qquad 243 \times 24 = 243 \times 2 \times 3 \times 4$

Ce principe permet de simplifier certains calculs en les rendant possibles mentalement. Ainsi :

427×24 se fera mentalement : $427 \times 4 \times 6$
$32 \times 75 \ldots \ldots \ldots 32 \times 5 \times 5 \times 3$

64. Principe. — Pour multiplier une somme non effectuée par un nombre, il faut multiplier toutes les parties de cette somme par le nombre.

Il faut démontrer que

$$(5 + 4 + 7) \times 3 = (5 \times 3) + (4 \times 3) + (7 \times 3).$$

En effet $(5 + 4 + 7) \times 3$ signifie $(5 + 4 + 7)$ à répéter 3 fois, je le figure :

$$\begin{array}{ccccc} 5 & + & 4 & + & 7 \\ 5 & + & 4 & + & 7 \\ 5 & + & 4 & + & 7 \end{array}$$

qui nous donne bien $(5 \times 3) + (4 \times 3) + (7 \times 3)$

65. Principe. — Pour multiplier une différence par un nombre, il faut multiplier les deux parties de la différence par ce nombre.

Il faut démontrer que

$$(7 - 4) \times 3 = (7 \times 3) - (4 \times 3) :$$

En effet $(7 - 4) \times 3$, signifie $(7 - 4)$ à répéter 3 fois ; je le figure :

$$\begin{array}{ccc} 7 & - & 4 \\ 7 & - & 4 \\ 7 & - & 4 \end{array}$$

qui se lit : $\qquad (7 \times 3) - (4 \times 3)$

66. Inverse des deux principes précédents. — On peut transformer la somme (64) :

$$(5 \times 3) + (4 \times 3) + (7 \times 3)$$

ou la différence (61) :

$$(7 \times 3) - (4 \times 3)$$

en revenant à :

$$(5 + 4 + 7) \times 3 \text{ pour } (64)$$
$$(7 - 4) \times 3 \quad \text{pour } (65)$$

formes infiniment plus commodes pour le calcul.

Cette opération qui consiste à prendre en une seule fois 3, alors que ce nombre était facteur commun à toutes les parties de la somme, s'appelle *mettre 3 en facteur commun*.

67. Principe. — **Pour multiplier un nombre par une somme, il suffit de multiplier ce nombre par chaque partie de la somme et d'additionner les produits obtenus.**

Il faut démontrer que :

$$24 \times (3 + 2) = 24 \times 3 + 24 \times 2$$

En effet, le multiplicateur étant composé de 3 fois l'unité plus 2 fois l'unité, le produit sera composé de 3 fois 24 plus de 2 fois 24.

68. Principe. — **Pour multiplier un nombre par une différence, il suffit de multiplier ce nombre par chaque partie de la différence et de soustraire les produits obtenus.**

Il faut démontrer que :

$$25 \times (4 - 2) = 25 \times 4 - 25 \times 2$$

En effet, le multiplicateur étant composé de 4 fois l'unité, moins 2 fois l'unité, le produit sera composé de 4 fois le multiplicande moins 2 fois ce même multiplicande ou :

$$25 \times 4 - 25 \times 2$$

69. Principe. — **Pour multiplier une somme de deux**

nombres par une somme de deux nombres, il faut multiplier la somme multiplicande par chacune des parties du multiplicateur et ajouter les résultats obtenus.

Il faut démontrer que :

$$(5 + 3) \times (4 + 7) = (5 + 3) \times 4 + (5 + 3) \times 7$$

Si nous voulions figurer le premier membre de l'égalité, il faudrait répéter 5 + 3 d'abord 4 fois, ce qui nous donnerait :

$$(5 + 3) \times 4$$

puis répéter (5 + 3) 7 fois, ce qui donnerait (5 + 3) × 7
nous aurions donc en tout :

$$(5 + 3) \times 4 + (5 + 3) \times 7$$

70. Principe. — Pour multiplier une somme de deux nombres par une différence de deux nombres, on multiplie successivement la somme multiplicande par chacune des parties du multiplicateur et l'on soustrait les résultats obtenus.

Il faut démontrer que

$$(5 + 3) \times (7 - 4) = (5 + 3) \times 7 - (5 + 3) \, 4.$$

Si nous voulions figurer le premier membre de l'égalité, il faudrait répéter (5 + 3) d'abord 7 fois, ce qui donnerait :

$$(5 + 3) \times 7$$

puis 4 fois, ce qui donnerait (5 + 3) × 4
et soustraire :

$$(5 + 3) \times 7 - (5 + 3) \, 4.$$

71. Des démonstrations identiques s'appliquent au produit d'une différence par une somme, ou d'une différence par une différence.

72. On appelle **puissance d'un nombre** le produit de plusieurs facteurs égaux à ce nombre.

Ainsi 16 = 2 × 2 × 2 × 2 est une puissance de 2 ; c'est sa 4ᵉ puissance. On l'exprime en disant :

$$16 = 2^4 \text{ (qui s'énonce 2 puissance 4).}$$

ARITHMÉTIQUE

Le carré d'un nombre est la 2ᵉ puissance de ce nombre.

$$5^2 = 5 \times 5$$

c'est donc le produit de ce nombre par lui-même.

Le cube d'un nombre est sa 3ᵉ puissance.

$$5^3 = 5 \times 5 \times 5$$

72. Principe. — Le produit de plusieurs puissances d'un nombre a pour exposant la somme des exposants des facteurs.

Ainsi : $5^2 \times 5^4 \times 5^5 = 5^{11}$
En effet : $5^2 = 5 \times 5$
$5^4 = 5 \times 5 \times 5 \times 5$
$5^5 = 5 \times 5 \times 5 \times 5 \times 5$

Le produit de ces facteurs est donc :

$$5 \times 5 \times 5 \times 5 \times 5 \times 5 \times 5 \times 5 \times 5 \times 5 \times 5 = 5^{11}$$

73. Carré d'une somme de deux nombres.

Soit : $(7 + 4)^2$

D'après le principe (69)

On a : $(7 + 4)^2 = (7 + 4) \times (7 + 4)$
ou : $= 7 \times 7 + 4 \times 7 + 7 \times 4 + 4^2$
ou encore : $= 7^2 + 2 (7 + 4) + 4^2$

On en conclut que :

Le carré de la somme de deux nombres est égal au carré du premier nombre, plus le double produit du premier par le second, plus le carré du second nombre.

74. Carré d'une différence de deux nombres.

Soit : $(7 - 4)^2$

On a : $(7 - 4)^2 = (7 - 4) \times (7 - 4)$
ou : $= (7 - 4) \times 7 - (7 - 4) \times 4$
ou : $= 7 \times 7 - 4 \times 7 - 7 \times 4 + 4^2$
ou encore : $= 7^2 - 2 (7 + 4) + 4^2$

On en conclut que :

Le carré de la différence de deux nombres est égal au carré

du premier nombre, moins le double produit du premier par le second, plus le carré du second.

75. Produit d'une somme de deux nombres par leur différence.

$$\text{Soit} : (7 + 4) \times (7 - 4)$$

D'après le principe (70)

On a : $(7 + 4) \times (7 - 4) = (7 + 4) \times 7 - (7 + 4) \times 4$
ou : $= 7 \times 7 + 4 \times 7 - 7 \times 4 - 4 \times 4$
ou encore : $= 7^2 - 4^2$

On en conclut que :
Le produit d'une somme de deux nombres par leur différence est égal à la différence des carrés de ces deux nombres.

THÉORIE DE LA MULTIPLICATION

1er CAS.

76. Le multiplicande et le multiplicateur n'ont qu'un seul chiffre.

$$4 \times 3$$

En principe, et pour se conformer à la définition on doit répéter 4 trois fois et dire :

$$4 + 4 + 4 = 12$$

Mais, un tableau appelé *table de multiplication* a été formé, qui renferme tous les produits de deux nombres n'ayant qu'un seul chiffre. On consulte d'abord cette table puis, plus tard, on connaît par cœur les résultats qui y sont contenus, et l'on évite ainsi la perte de temps que nécessiterait l'addition.

Pour construire **une table de multiplication, dite table de Pythagore**, on forme une première ligne horizontale qui renferme les 9 premiers nombres, et une première ligne verticale commençant par ces mêmes 9 premiers nombres, soit :

1 2 3 4 5 6 7 8 9   Pour former la tranche horizontale
2   qui commence par 6, par exemple, on
3   ajoute 6 à lui-même : $6 + 6 = 12$
4   qu'on écrit sous le 2 de la première
5   ligne horizontale; je dis que cette
6 12 18. . . . .   somme 12 est le produit de 6 par 2 :
7   en effet, c'est 6 répété 2 fois. On
8   ajoute ensuite 6 à 12, soit $6 + 12 = 18$
9   qu'on écrit sous le 3 de la première
tranche horizontale; je dis que cette somme 18 est le produit de 6 par 3; en effet, à 3 répété 2 fois j'ai ajouté une fois 6, cela me donne bien 6 répété 3 fois ou 6×3, etc.

On forme ainsi les huit autres lignes en procédant par addition, et l'on voit comment les sommes obtenues constituent cependant des produits.

La table prend alors la disposition suivante :

1	2	3	4	5	6	7	8	9
2	4	6	8	10	12	14	16	18
3	6	9	12	15	18	21	24	27
4	8	12	16	20	24	28	32	36
5	10	15	20	25	30	35	40	45
6	12	18	24	30	36	42	48	54
7	14	21	28	35	42	49	56	63
8	16	24	32	40	48	56	64	72
9	18	27	36	45	54	63	72	81

Pour faire usage de cette table et trouver par exemple le produit de 8 par 6, on suit la tranche horizontale qui commence par 8 et on descend la colonne verticale commençant par 6 ; à l'intersection de ces deux colonnes se trouve 48, produit des deux nombres.

Cela résulte en effet de la disposition donnée à la construction de la table, qui a placé 8 répété 6 fois sous le 6 de la première tranche horizontale.

2ᵉ Cas.

77. Le multiplicande a plusieurs chiffres et le multiplicateur n'en a qu'un seul.

$$846 \times 7$$

Le multiplicande signifie :

$$8 \text{ centaines} + 4 \text{ dizaines} + 6 \text{ unités}.$$

L'opération proposée revient donc à :

$$(8 \text{ centaines} \times 7) + (4 \text{ dizaines} \times 7) + (6 \text{ unités} \times 7)$$

ou : $(56 \text{ centaines}) + (28 \text{ dizaines}) + (42 \text{ unités})$

et : $5.600 + 280 + 42 = 5.922 \text{ unités}.$

Opération qui se dispose plus simplement comme il suit, et dans laquelle on fait à la fois, et la multiplication de chaque chiffre du multiplicande par le multiplicateur, et l'addition des dizaines de chaque ordre avec les unités de l'ordre suivant :

$$\begin{array}{r} 846 \\ 7 \\ \hline 5.922 \end{array}$$

3ᵉ Cas.

78. Le multiplicande a plusieurs chiffres et le multiplicateur est un chiffre significatif suivi de zéros.

$$842 \times 700.$$

On fait dans ce cas l'opération comme si les zéros n'existaient pas au multiplicateur, mais au produit on ajoute autant de zéros à sa droite qu'il y en avait au multiplicateur.

En effet, en supprimant deux zéros, j'ai rendu le multiplicateur 100 fois plus petit que celui qui m'était donné, le produit sera donc 100 fois trop faible; pour lui rendre sa véritable valeur, je devrai le multiplier par 100 (en ajoutant 2 zéros à sa droite).

4° Cas.

79. 4° Les deux facteurs ont plusieurs chiffres.

$$7.846 \times 428$$

Le multiplicateur peut se décomposer

$$428 = 400 + 20 + 8.$$

L'opération proposée revient donc à celles-ci :

$$(7.846 \times 8) + (7.846 \times 20) + (7.846 \times 400)$$

Opérations que nous savons faire (2° et 3°), mais qu'on dispose comme il suit, en supprimant, dans l'opération pratique, les zéros aux multiplicateurs ainsi qu'aux produits partiels.

```
      7.846
        428
      -----
      62768
      15692
      31384
      -------
    3.358.088
```

80. D'où la règle générale : — *On écrit le multiplicande, puis au-dessous de lui le multiplicateur, qu'on souligne. Ensuite on multiplie tout le multiplicande par chaque chiffre du multiplicateur. On écrit les produits partiels les uns au-dessous des autres en ayant soin de placer le premier chiffre de chacun d'eux au rang du chiffre multiplicateur qui a fourni ce produit. On fait ensuite la somme des produits ainsi disposés et obtenus.*

MULTIPLICATION

81. Preuve. — Pour faire la preuve d'une multiplication, on multiplie le multiplicateur par le multiplicande, et si l'on a bien opéré, on doit trouver le même produit.

Cette preuve est fondée sur le principe (58) qui dit qu'un produit de 2 facteurs ne change pas quand on intervertit leur ordre.

MULTIPLICATION DES NOMBRES DÉCIMAUX

82. Soit à faire la multiplication suivante :

$$78,45 \times 5,6$$

En vertu de la définition de la multiplication, nous devons trouver un produit qui soit au multiplicande ce que le multiplicateur est à l'unité ; et ici, un produit qui soit à 78,45 ce que 56 dixièmes est à l'unité.

Or 56 dixièmes sont 56 fois le dixième de l'unité, notre produit doit donc être 56 fois le dixième du multiplicande.

Soit   56 fois 7,845

ou $7,845 \times 56.$

Théoriquement donc, avant d'effectuer l'opération, on devra rendre le multiplicateur entier, en le multipliant par une puissance de 10 suffisante ; et pour ne pas changer le produit, on divisera le multiplicande par la même puissance de 10 — ce qu'on sait faire sans avoir recours à la division (28). *Le produit aura autant de chiffres décimaux que le nouveau multiplicande.*

Mais, dans la pratique, la multiplication des nombres décimaux se dispose et s'effectue comme celle des nombres entiers, en ne tenant pas compte des virgules ; mais sur la droite du produit, on sépare autant de chiffres décimaux qu'il y en a dans les deux facteurs réunis.

Exemple : $78,45 \times 5,7$

On disposera comme il suit :

$$\begin{array}{r}78,45\\5,7\\\hline 54915\\39225\\\hline 447,165\end{array}$$

Et pour justifier cette façon d'opérer on dira qu'il faut séparer 3 chiffres décimaux au produit ; car en supprimant la virgule du multiplicande, j'ai rendu celui-ci 100 fois plus grand et, de ce fait, le produit 100 fois trop grand. En faisant abstraction de la virgule du multiplicateur, j'ai rendu celui-ci 10 fois plus grand et par suite le produit, de ce seul fait, 10 fois trop grand. Ces 2 opérations simultanées ont rendu le produit (100 × 10) 1.000 fois trop fort ; pour lui rendre sa véritable valeur, je dois le diviser par 1000, en séparant trois chiffres sur sa droite.

Cette dernière façon de procéder, commode dans la pratique puisqu'elle ne modifie pas les nombres proposés, est cependant fautive pour plusieurs raisons :

D'abord elle permet l'emploi d'un multiplicateur concret puisqu'il est décimal, ce qui est contraire à la définition.

Puis elle fait exprimer au produit des unités que n'exprime pas le multiplicande ; ainsi dans l'exemple précédent le produit est un nombre de millièmes alors que le multiplicande représentait des centièmes.

SUJETS DONNÉS AU BREVET ÉLÉMENTAIRE
QUESTIONS TRAITÉES

I. — *De combien augmente le produit de deux facteurs quand on les augmente tous deux du même nombre ?*

Soient M le multiplicande, m le multiplicateur, a le nombre ajouté à chaque facteur.

Le nouveau produit est donc :

$$(M + a) \times (m + a) = (M + a) \times m + (M + a) \times a.$$

Ce second membre peut s'écrire :

$$(M \times m) + (a \times m) + (M \times a) + (a \times a).$$

MULTIPLICATION

Comme le produit primitif était $M \times m$, le nouveau produit se trouve augmenté :

1° Du produit du multiplicateur par le nombre ajouté ; plus :

2° Du produit du multiplicande par le nombre ajouté ; plus :

3° Du produit du nombre ajouté par lui-même.

II. — *Ayant un produit de deux facteurs, si l'on multiplie le multiplicande par un nombre, $\frac{2}{3}$ par exemple, et le multiplicateur par un autre $\frac{5}{7}$, le produit des deux facteurs ainsi modifiés est égal au produit primitif multiplié par le produit des deux fractions $\frac{2}{3}$ et $\frac{5}{7}$* (Brevet élémentaire).

Ainsi, soit M le multiplicande et m le multiplicateur.

Si l'on multiplie M par $\frac{2}{3}$ on trouve :

$$\frac{2}{3} \times M.$$

Si l'on multiplie m par $\frac{5}{7}$ on a

$$\frac{5}{7} \times m.$$

Si nous faisons le produit de ces 2 facteurs modifiés il vient

$$\frac{2}{3} \times M \times \frac{5}{7} \times m.$$

Mais dans un produit de plusieurs facteurs, on peut intervertir l'ordre des facteurs et remplacer plusieurs d'entre eux par leur produit effectué ; il vient alors

$$\underbrace{(M \times m)}_{\text{Produit primitif.}} \times \underbrace{\left(\frac{2}{3} \times \frac{5}{7}\right)}_{\text{Produit des fractions.}}.$$

III. — *Si les deux facteurs d'un produit sont terminés par* un 8, *dire quelles conditions doivent exister pour que le produit soit terminé par* 64 (Concours d'École normale. Instituteurs).

8 fois le chiffre des dizaines du multiplicande plus 8 fois le chiffre des dizaines du multiplicateur doit donner un nombre de dizaines tel que ce nombre est terminé par un 0. De cette façon le chiffre 6 de 64 se trouvera être le chiffre des dizaines du produit complet.

Si on représente par D le chiffre des dizaines du multiplicande et par d le chiffre des dizaines du multiplicateur, on aura :

$$8 \times (D + d) = \text{nombre terminé par un } 0.$$

Or, ce cas se produit dans 2 conditions :

1° D + d égalera 10, en effet $8 \times 10 = 80$
1° D + d — 5 — $8 \times 5 = 40$

La première condition présentera 10 solutions.

$$D = 9 \quad \text{et} \quad d = 1$$
$$D = 8 \quad \text{et} \quad d = 2$$
$$D = 7 \quad \text{et} \quad d = 3$$
Etc.

La deuxième condition présentera 5 solutions.

$$D = 5 \quad \text{et} \quad d = 0$$
$$D = 4 \quad \text{et} \quad d = 1$$
Etc.

Il y aura 15 réponses.

Vérification. — En effet, soit D = 8 et $d = 2$.
Le produit : $88 \times 28 = 2.464$ est terminé par 64.
Soit encore : D = 4 $d = 1$.
Le produit : $148 \times 118 = 17.464$ est terminé par 64.

DIVISION

83. Définition. — *La division a pour but de chercher combien un nombre appelé* dividende *contient de fois un autre nombre appelé* diviseur.

Le résultat se nomme quotient.

Le signe de la division est :, placé entre le dividende et le diviseur et sur une même ligne; ou —, placé entre les deux termes situés, le dividende au-dessus, le diviseur au-dessous. Ces deux signes veulent dire *à diviser par*.

Ainsi :
$$29 : 6 \text{ et } \frac{29}{6}$$

signifient : *29 à diviser par 6*.

D'après la définition on doit chercher combien 29 contient de fois 6; il le contiendra évidemment autant de fois qu'on pourra retirer 6 de 29,
ou

$29 - 6 = 23$, 1 fois $\quad\quad 23 - 6 = 17$, 2 fois
$17 - 6 = 11$, 3 fois $\quad\quad 11 - 6 = 5$, 4 fois

J'ai pu retirer 4 fois 6 de 29; 4 est le quotient; le reste est 5.

84. Mais si le diviseur est contenu 6 fois dans le dividende, sauf le reste, le quotient multiplié par le diviseur devra reproduire le dividende sauf le reste; ce qui donne lieu à cette autre définition de la division :

La division est une opération qui a pour but de trouver un nombre appelé quotient qui, multiplié par le diviseur, devra reproduire le dividende, ou plus généralement, *elle a pour but de trouver le plus grand nombre qui, multiplié par le diviseur, pourra se retrancher du dividende*.

85. Cette définition de la division peut se résumer en l'égalité suivante, quand la division se fait exactement, c'est-à-dire sans reste :

$$\text{Dividende} = \text{quotient} \times \text{diviseur}$$

le dividende est alors un produit ayant pour facteurs le quotient et le diviseur.

Ou bien par cette autre, quand la division ne se fait pas exactement :

$$\text{Dividende} = \text{quotient} \times \text{diviseur} + \text{reste}.$$

86. On peut, en se fondant sur cette dernière définition de la division, connaître le nombre des chiffres d'un quotient avant d'avoir fait l'opération.

Ainsi dans la division :

$$\frac{72.428}{842}$$

Le quotient cherché, multiplié par le diviseur 842, ne devra jamais surpasser le dividende 72428 ; il ne sera dans ce cas qu'un nombre de dizaines.

Car 842×10 ou 8.420 sera plus petit que 72.428.
Mais 842×100 ou 84.200 serait plus grand que 72.428.
Ce qui ne doit jamais se produire.

Le quotient qui est un nombre de dizaines aura donc 2 chiffres.

Autre exemple :   54.287 : 42

Si le quotient était :
10, multiplié par 42, il égalerait 420, plus petit que 54.287,
100,   —   4.200   —
1.000,   —   42.000   —
10.000,   —   420.000, qu'on ne peut plus retrancher de 54.287 ; le quotient compris entre 1000 et 10000 aura donc 4 chiffres.

On voit que le nombre des chiffres d'un quotient est égal au plus grand nombre plus un des zéros qu'il faut ajouter au diviseur, pour que celui-ci puisse se retrancher du dividende.

87. Remarques. — 1° *Lorsqu'on multiplie le dividende seul par un nombre entier, la partie entière du quotient se trouve multipliée par ce nombre.*

DIVISION

En effet, si le dividende devient 5 fois plus grand par exemple, le diviseur sera contenu 5 fois plus dans le nouveau dividende, le quotient sera donc 5 fois plus grand.

2° *Lorsqu'on multiplie le diviseur seul par un nombre entier, la partie entière du quotient se trouve divisée par ce nombre.*

En effet, si le diviseur devient 5 fois plus grand, il sera contenu 5 fois moins dans le dividende qui n'a pas changé.

Comme conséquence de ces deux principes, *on ne change pas la valeur d'un quotient lorsqu'on multiplie le dividende et le diviseur par un même nombre.*

Il y a en effet compensation.

On démontrerait de la même façon : *qu'un quotient ne change pas quand on divise le dividende et le diviseur par un même nombre.*

Ces vérités sont démontrées ensemble dans le principe suivant.

88. Principe. — *Le quotient d'une division ne change pas lorsqu'on multiplie ou qu'on divise le dividende et le diviseur par un même nombre; mais le reste, s'il y en a un, est multiplié ou divisé par ce nombre.*

En effet :

$$\text{Dividende} = (\text{quotient} \times \text{diviseur}) + \text{reste}.$$

Si l'on multiplie les deux membres de cette égalité par 5, elle devient :

Dividende $\times 5 =$ (quotient $\times$ diviseur) $\times 5 +$ reste $\times 5 =$ (diviseur $\times 5$) $\times$ quotient $+$ reste $\times 5$.

Égalité qui montre bien que si l'on divise le dividende $\times 5$ par le diviseur $\times 5$ on trouve le même quotient, mais que le reste est multiplié par 5.

car $\dfrac{\text{Dividende} \times 5}{\text{diviseur} \times 5} =$ quotient $+$ (reste $\times 5$).

Ce reste qui augmente ne surpassera jamais le diviseur, car si

1 fois le reste est plus petit que 1 fois le diviseur,
5   —   seront plus petits que 5   —

ARITHMÉTIQUE

THÉORIE DE LA DIVISION

1ᵉʳ Cas.

89. Le diviseur et le quotient n'ont qu'un seul chiffre.

$$\frac{45}{7}$$

On pourrait trouver le quotient par soustractions successives. Mais il est préférable de chercher dans la table de multiplication quel serait le plus grand nombre qui, multiplié par 7, donnerait un produit égal à 45 ou pouvant s'en retrancher ; on trouve 6 ; le nombre 6 est le quotient.

Comme $\qquad 6 \times 7 = 42 \qquad\qquad 45 \,|\, 7$
le reste est $\qquad 45 - 42 = 3 \qquad\qquad 3 \,|\, 6$

C'est donc en se servant de la multiplication, opération connue, qu'on a résolu ce premier cas.

2ᵉ Cas.

90. Le diviseur a plusieurs chiffres et le quotient un seul.

(1) $\qquad\qquad 7.342 : 935$

Le quotient, qui par hypothèse ne renferme que des unités, multiplié par les centaines du diviseur, fournira un produit qui devra être soustrait des centaines du dividende. C'est ce nombre qu'il faut chercher en n'opérant primitivement que sur les centaines. On modifiera l'opération proposée en celle-ci :

(2) $\qquad\qquad 73 : 9 = 8$ (cas précédent)

sera sinon le véritable quotient de (1), du moins un quotient trop fort. (Car le produit du quotient par les dizaines du diviseur pourra fournir des centaines qui, ajoutées aux centaines provenant du produit du quotient par les centaines du diviseur pourront bien ne pas se retrancher des centaines du dividende.)

On l'essaie en faisant le produit de 8 par 935; si le produit peut se retrancher de 7.342, c'est que le quotient est le bon; sinon on essaie 7; en faisant à la fois et la multiplication du quotient par le diviseur, et la soustraction de ce produit du dividende.

$$\begin{array}{r|l} 7.342 & 935 \\ 797 & 7 \end{array}$$

On reconnaît qu'un chiffre essayé au quotient est trop faible, lorsque son produit par le diviseur, soustrait du dividende, égale ou surpasse le diviseur. Car, dans ce cas, c'est que le diviseur peut être encore retiré au moins une fois du dividende.

La recherche du quotient dans ce deuxième cas comprend donc 2 opérations : 1° la recherche probable de ce chiffre; 2° la vérification de l'exactitude de ce chiffre.

91. Règle. — *On cherche combien de fois les plus hautes unités du diviseur sont contenues dans les unités de même ordre du dividende. Puis on multiplie le diviseur par le quotient, qu'on diminue d'un nombre d'unités suffisant pour que le produit obtenu puisse être retranché du dividende.*

3° Cas.

92. Le quotient a plusieurs chiffres.

53426 : 72.

Le quotient aura 3 chiffres; il sera donc un nombre de centaines. Le chiffre des centaines du quotient, multiplié par 72 unités devra fournir un produit qu'on doit pouvoir soustraire des centaines du dividende. Je cherche ce nombre en divisant 534 par 72 (cas précédent).

$$\begin{array}{r|l} 534.26 & 72 \\ 30 & 7 \end{array}$$

On trouve ainsi 7 pour premier chiffre du quotient; et

30 centaines comme reste (le reste étant de même nature que le dividende).

Si nous convertissons ces 30 centaines en dizaines et si nous ajoutons les 2 dizaines que contient le dividende, on a :

$$\begin{array}{r|l} 534.26 & 72 \\ 30.2 & \overline{7} \end{array}$$

302 dizaines qui divisées par le diviseur 72 fourniront le chiffre des dizaines du quotient

$$\begin{array}{r|l} 534.26 & 72 \\ 30.2 & \overline{74} \\ 1.4 & \end{array}$$

soit 4 pour dizaines du quotient et 14 dizaines pour reste ou 140 unités, qui, ajoutées aux 6 du dividende, donnent 146. Ce nombre des unités divisé par le diviseur, fournira les unités du quotient.

$$\begin{array}{r|l} 534.26 & 72 \\ 30.2 & \overline{742} \\ 1.46 & \\ 02 & \end{array}$$

93. Règle générale. — *A gauche du dividende, on sépare le plus petit nombre contenant le diviseur. En effectuant la division de ce dividende partiel par le diviseur, on a le premier chiffre du quotient.*

A droite du reste, on abaisse le chiffre suivant du dividende proposé; on forme ainsi le deuxième dividende partiel; en effectuant la division de ce dividende par le diviseur entier, on trouve le deuxième chiffre du quotient.

Et l'on continue ainsi jusqu'à ce qu'on ait abaissé le dernier chiffre du dividende.

S'il arrivait qu'un dividende partiel ne contînt pas le diviseur, le chiffre correspondant du quotient serait un zéro; et on obtiendrait le dividende partiel suivant en abaissant un nouveau chiffre du dividende.

DIVISION

QUOTIENT APPROCHÉ

94. La division précédente $\dfrac{53.426}{72}$ a donné un reste 2, elle ne s'est donc pas faite exactement; et quand je dirai qu'elle a fourni comme quotient 742, je commettrai une erreur.

En effet, le véritable quotient, s'il existe, est plus grand que 742, mais certainement plus petit que 743. Il est vrai que je commets une erreur en donnant 742 comme quotient, mais je viens de montrer que cette erreur est moindre qu'une unité (puisque le véritable quotient serait compris entre 742 et 743). On dit dans ce cas que 742 est le *quotient approché à moins d'une unité près par défaut*; 743 serait le *quotient à moins d'une unité près par excès*.

Si l'on voulait obtenir un quotient différant du véritable quotient de moins d'un centième, il faudrait faire exprimer au dividende et par suite au reste des centièmes (d'abord des dixièmes, puis des centièmes). Le quotient exprimerait alors des centièmes.

```
534.26   | 72
 30.2    | 742,02
  1.46
   200
    56
```

Ainsi l'opération précédente se continuerait comme il suit :

Je convertis le reste 2 unités en dixièmes; il devient 20 que je divise par 72. Le quotient 0 exprime qu'il n'y a pas de dixièmes, et comme les dixièmes doivent être séparés de la partie entière par une virgule, je la place entre le 2 et le 0.

Je convertis les 20 dixièmes en centièmes, soit 200 qui, divisés par 72, fournissent 2 centièmes comme quotient, et un reste 56 centièmes.

La division ne s'est pas encore faite exactement. Mais le véritable quotient, s'il existe, ne peut être compris qu'entre 742,02 centièmes et 742,03 centièmes. En donnant 742,02 centièmes comme quotient, je commets encore une erreur, mais moindre qu'un centième. 742,02 *est le quotient approché à moins d'un centième près par défaut*, 742,03 *le serait à moins d'un centième près par excès.*

On pourrait, en continuant l'opération, approcher aussi près qu'on le voudrait du véritable quotient.

DIVISION DES NOMBRES DÉCIMAUX

95. Trois cas peuvent se présenter dans la division des nombres décimaux :
1° Le dividende seul est décimal   42,6 : 5
2° Le diviseur seul est décimal   453 : 3,52
3° Les deux termes sont décimaux   3,25 : 2,3

Règle. — *Dans tous les cas, on laisse ou on rend le diviseur entier en le multipliant par une puissance de 10 suffisante; et pour ne pas changer le quotient, on multiplie le dividende par la même puissance de 10.*

Si après cette modification le dividende reste décimal, lorsqu'on abaisse le premier chiffre de la partie décimale du dividende, on met une virgule au quotient : chaque chiffre au quotient représentant en effet le même ordre d'unités que le dernier chiffre du reste qui vient de le former.

Les opérations proposées plus haut se transforment donc :
1° 42,6 : 5   rien ne change ici
2° 453 : 3,52 devient   45.300 : 352
3° 3,25 : 2,3 devient   32,5 : 23
et le 1ᵉʳ et le 3ᵉ s'effectuent comme suit :

```
 42,6 | 5        3,25 | 23
  2 6 |8,5        9 5 |1,4
    1               3
```

96. Preuve. — Pour faire la preuve de la division, on multiplie le diviseur par le quotient, puis au produit obtenu on ajoute le reste, et la somme doit reproduire le dividende.

Cela résulte de la définition même de la division (n° 84).

DIVISION

PRINCIPES RELATIFS A LA DIVISION

97. Principe. — Pour diviser un nombre par un produit de plusieurs facteurs, on peut le diviser successivement par les facteurs de ce produit.

Soit à diviser 450 par 45.

Le nombre 45 est égal au produit 9×5.

Si je partage 450 en 9 parts égales, puis chaque part en 5 autres parts égales, j'obtiendrai 45 parts. On aura donc divisé 450 en 45 parts égales, c'est-à-dire qu'on aura effectué la division par 45.

98. Principe. — Pour diviser un produit de plusieurs facteurs par un nombre, il suffit de diviser l'un des facteurs par ce nombre.

Soit le produit 12×7 à diviser par 4; il suffit de diviser 12 par 4 et on aura pour quotient 3×7.

En effet $12 \times 7 = 7 \times 12$, c'est-à-dire 12 fois 7. Si au lieu de prendre 12 fois 7, on ne prend que 3 fois 7, on aura évidemment un produit 4 fois moins grand qui sera 7×3 ou 3×7.

99. Principe. — Pour diviser une somme ou une différence par un nombre, on peut diviser par ce nombre chacun des termes de la somme ou de la différence. On fait ensuite le total ou la différence des quotients.

Soit à diviser $28 + 12$ par 4.

On veut démontrer que :

$$\frac{28+12}{4} = (28 : 4) + (12 : 4)$$

On sait que :

$$28 + 12 = 4 \text{ fois } (28 : 4) + 4 \text{ fois } (12 : 4)$$

ou :

$$28 + 12 = 28 + 12$$

l'égalité est justifiée.

100. Principe. — Le quotient de deux puissances d'un même nombre a pour exposant la différence des exposants des facteurs.

Soit $5^6 : 5^4$
$5^6 = 5 \times 5 \times 5 \times 5 \times 5 \times 5$
$5^4 = 5 \times 5 \times 5 \times 5$

Le quotient sera $\dfrac{5 \times 5 \times 5 \times 5 \times 5 \times 5}{5 \times 5 \times 5 \times 5} = 5 \times 5 = 5^2$.

SUJETS DONNÉS AU BREVET ÉLÉMENTAIRE
QUESTIONS TRAITÉES

I. — *Dans toute division, la somme du reste par défaut et du reste par excès est égale au diviseur* (Brevet élémentaire).

Dans l'exemple $\dfrac{53.426}{72}$ nous avons obtenu pour quotients : par défaut 742, par excès 743.

Quand le quotient par défaut était 742, le reste de la division était $53.426 - (72 \times 742)$.

Quand le quotient par excès était 743, le reste de la division était $(72 \times 743) - 53.426$.

Faisons la somme de ces restes, nous trouverons

$$53.426 - (72 \times 742) + (72 \times 743) - 53.426.$$

Supprimant 53.426 qui s'ajoute d'une part et se retranche d'autre part ; mettant 72 en facteur commun, il vient :

$$72 \times (743 - 742) = 72 \times 1 = 72, \text{ le diviseur.}$$

II. — *La division d'un certain nombre par 37 donne un reste de 22 ; de combien faudrait-il augmenter le dividende pour avoir au quotient un entier de plus avec un reste égal à 7 ?*

Le 1er dividende est égal à

37 fois le quotient + 12

Le 2ᵉ dividende est égal à

$$37 \text{ fois le quotient} + 37 + 7$$

puisque le quotient avait été augmenté de 1.

Il suffit d'effectuer la différence des deux expressions pour avoir l'augmentation demandée :

$$37 \text{ fois le quotient} + 44 - (37 \text{ fois le quotient} + 12)$$
$$\text{ou } 44 - 12 = 32$$

III. — *La division de deux nombres entiers donne 356 pour quotient et 4.623 pour reste. De combien d'unités peut-on augmenter en même temps le dividende et le diviseur, sans changer le quotient ?* (Écoles normales. Admission.)

Le quotient ne change pas, ce sera toujours 356. Si on ajoute 1 unité au dividende, le reste augmente d'une unité.

Si on ajoute 1 unité au diviseur, le reste diminue de $1 \times 356 = 356$.

Pour une unité ajoutée aux 2 termes, le reste diminue donc de $356 - 1 = 355$.

Il s'ensuit qu'on pourra ajouter au plus

$$\frac{4.623}{355} = 13 \text{ unités}$$

au dividende et au diviseur et, dans ce cas, le reste de la nouvelle division sera le reste de la division $\frac{4.623}{355}$, c'est-à-dire 8.

On peut ajouter aux deux termes de la division un nombre d'unités variant de 1 à 13 au plus, sans changer le quotient.

CHAPITRE III

DIVISIBILITÉ DES NOMBRES

101. Définitions. — On dit qu'un nombre est *multiple* d'un autre ou est *divisible* par un autre, lorsqu'il est le produit de celui-ci par un nombre entier.

Ainsi 72 est multiple de 8 ou est divisible par 8,

parce que : $72 = 8 \times 9$.

On dit qu'un nombre est un *diviseur*, un *sous-multiple*, ou une *partie aliquote* d'un autre lorsque la division de celui-ci par celui-là se fait exactement, lorsque par conséquent ce dernier nombre est multiple du premier.

Ainsi 8 sera un diviseur, un sous-multiple, une partie aliquote de 72, si la division de 72 par 8 se fait exactement ; si 72 est un multiple de 8.

La théorie de la divisibilité a pour objet de fournir des caractères propres à discerner si une division peut ou non se faire exactement, ou plus généralement de fournir le reste d'une division sans effectuer celle-ci.

102. Principe. — *Tout nombre qui en divise plusieurs autres divise leur somme.*

Je suppose que 3 divise :

9, 12, 15

DIVISIBILITÉ DES NOMBRES

Je veux démontrer que 3 divise :

$$9 + 12 + 15.$$

En effet, si 3 divise 9, c'est que 9 est un multiple de 3
Si 3 — 12 — 12 — 3
Si 3 — 15 — 15 — 3

On a alors à chercher la nature de la somme.

$$m.3 + m.3 + m.3 \ (1).$$

Or une somme est toujours de même nature que les parties qui constituent cette somme ; dans ce cas, elle sera un multiple de 3, elle sera donc divisible par 3.

103. Principe. — *Tout nombre qui en divise deux autres divise leur différence.*

Je suppose que 3 divise :

$$15 \text{ et } 9$$

Je veux démontrer que 3 divise :

$$15 - 9$$

Par hypothèse :
$$15 = m.3 \text{ et } 9 = m.3$$
or :
$$m.3 - m.3 = m.3$$

car une différence est de même nature que ses termes.
Donc la différence qui est $m.3$ sera divisible par 3.

104. Corollaire. — *Lorsqu'un nombre divise la somme de deux nombres et l'un de ces nombres, il divise l'autre.*

Soit 3 divisant 27 (la somme des deux nombres 21 et 6) et l'une des parties 21.

Je veux démontrer qu'il divise l'autre partie.

En effet, l'autre partie est $27 - 21$, c'est-à-dire la différence des nombres donnés ;

Or 27 et 21 sont divisibles par 3, par hypothèse, donc leur différence, qui est l'autre nombre, sera divisible par 3.

---

(1) $m.3$ signifie multiple de 3.

105. Principe. — *Lorsqu'un nombre est décomposé en deux parties de somme : 1° tout nombre qui divise l'une de ces parties sans diviser l'autre ne divise pas la somme ; 2° la division du nombre donné et celle de la seconde partie de la somme par le diviseur proposé donneront le même reste.*

Soit le nombre $61 = 42 + 19$.

le nombre 7 divise 42, mais ne divise pas 19, je dis :

1° Qu'il ne divise pas 61.

En effet : $\quad 42 = 7 + 7 + 7 + 7 + 7 + 7 = m.7$
$\qquad\qquad\quad 19 = 7 + 7 + 5 = m.7 + 5$

donc $42 + 19$ ou $61 = m.7 + m.7 + 5 = m.7 + 5$ qui n'est pas exactement un multiple de 7.

2° On voit que : $\qquad 61 = m.7 + 5$
$\qquad\qquad\qquad\quad 19 = m.7 + 5$

Si l'on divise successivement ces 2 multiples de $7 + 5$ par 7 on trouvera bien dans les 2 cas le même reste 5.

106. Principe. — *Tout nombre terminé par un zéro est divisible par 2 et par 5 ; terminé par 2 zéros, par 4 et par 25 ; terminé par 3 zéros, par 8 et par 125.*

Si le nombre est terminé par un zéro, 720 par exemple, il est un nombre exact de dizaines. Or 1 dizaine est divisible par 2 et par 5 :

$$10 = 2 \times 5$$

72 dizaines seront donc divisibles par 2 et par 5.

Si le nombre est terminé par 2 zéros, 6.400 par exemple, c'est un nombre exact de centaines. Or :

$$100 = 4 \times 25$$

donc 64 centaines seront multiples de 4 et de 25.

Si le nombre est terminé par 3 zéros, 5.000 par exemple, il est un nombre exact de mille. Or :

$$1.000 = 8 \times 125$$

donc 5.000 seront divisibles par 8 et par 125.

DIVISIBILITÉ DES NOMBRES

107. Un nombre est divisible par 2, si son dernier chiffre est divisible par 2.

En effet, tout nombre, 478 par exemple, peut se décomposer en ses dizaines plus ses unités :

$$478 = 470 + 8$$

J'ai alors une somme 478 égale à 2 parties de somme 470 et 8.
La première partie de la somme 470 sera toujours divisible par 2 puisque c'est un nombre exact de dizaines (n° 105) ; pour que la somme 478 le soit, il suffit donc que la 2ᵉ partie de la somme, 8, c'est-à-dire son dernier chiffre, le soit.

Or il n'y a que les chiffres pairs qui soient divisibles par 2 : un nombre sera donc divisible par 2 si son dernier chiffre est pair ou zéro (n° 106).

108. Un nombre est divisible par 5, si son dernier chiffre est divisible par 5.

Car
$$725 = 720 + 5.$$

La première partie de la somme 720 est divisible par 5 puisque c'est un nombre de dizaines.
Le nombre tout entier sera donc divisible par 5, si la seconde partie de la somme 5 est divisible par 5.

Or il n'y a que le chiffre 5 qui soit divisible par 5 ; un nombre sera donc divisible par 5 si son dernier chiffre est un 5, ou un 0 (n° 106).

109. Un nombre est divisible par 4, si le nombre formé par ses 2 derniers chiffres est divisible par 4.

En effet, tout nombre, 1.536 par exemple, peut être décomposé en ses centaines plus ses dizaines et unités :

$$1.536 = 1.500 + 36$$

J'ai une somme 1.536 égale à 2 parties de somme 1.500 et 36 ; la première partie de la somme 1.500 sera toujours divisible par 4 puisque c'est un nombre exact de centaines ; pour que la somme 1.536 le soit, il suffira donc que la deuxième partie de la somme, 36, c'est-à-dire le nombre formé par ses 2 derniers chiffres, le soit.

110. Un nombre est divisible par 25, si le nombre formé par ses 2 derniers chiffres est divisible par 25.

La démonstration est exactement la même que pour 4.

Mais comme les seuls nombres de 2 chiffres divisibles par 25 sont 25, 50 et 75, un nombre sera divisible par 25, s'il est terminé par 25, 50 ou 75, ou 2 zéros (n° 106).

111. Un nombre est divisible par 8, si le nombre formé par ses 3 derniers chiffres est divisible par 8.

$$57.136 = 57.000 + 136$$

La première partie de la somme 57.000 est divisible par 8 parce que c'est un nombre exact de mille, il suffit donc que 136 le soit pour que la somme 57.136 soit divisible par 8.

Le caractère de divisibilité d'un nombre par 125 est le même que par 8 en substituant 125 à 8.

112. Un nombre est divisible par 9 lorsque la somme de ses chiffres égale 9 ou un multiple de 9.

On remarquera :

1° *Que toute puissance de 10 est multiple de* $9 + 1$.

En effet :

$$10 = 9 + 1; \qquad 100 = 99 + 1 = m.9 + 1$$
$$1.000 = 999 + 1 = m.9 + 1; \quad 10.000 = 9.999 + 1 = m.9 + 1$$

2° *Que tout chiffre significatif suivi de zéros est un multiple de 9 plus ce chiffre significatif.*

$$40 = 4 \times 10 = 4 \times (9 + 1) = m.9 + 4$$
$$5.000 = 5 \times 1.000 = 5 \times (m.9 + 1) = m.9 + 5.$$

Soit le nombre : $\qquad 43.272$

On peut écrire :

$$43.272 = 40.000 + 3.000 + 200 + 70 + 2$$

Mais :

$$40.000 = m.9 + 4$$
$$3.000 = m.9 + 3$$
$$200 = m.9 + 2$$
$$70 = m.9 + 7$$
$$2 = \quad 2$$

Et la somme $\quad \overline{43.272 = m.9 + (4 + 3 + 2 + 7 + 2)}$

DIVISIBILITÉ DES NOMBRES

j'ai alors une somme 43.272 égale à 2 parties de somme, $m.9$ et $(4+3+2+7+2)$.

La première partie de la somme est divisible par 9 puisque c'est $m.9$; pour que le nombre 43.272 soit divisible par 9, il faut que la seconde partie de la somme $(4+3+2+7+2)$ le soit. Et c'est précisément la somme des chiffres du nombre proposé.

113. Le caractère de divisibilité d'un nombre par 3 est le même que par 9 en substituant 3 à 9.

Car tout multiple de 9 l'est à plus forte raison de 3. Et la démonstration est la même que pour 9. On écrit seulement $m.3$ partout où se trouve $m.9$.

114. Un nombre est divisible par 6, s'il l'est par 2 et par 3. Et en général un nombre est divisible par un produit de *facteurs premiers entre eux* s'il est divisible par chacun de ces facteurs. Un nombre sera divisible par 15, s'il l'est par 3 et par 5; par 21, s'il l'est par 3 et par 7, etc.

Mais il ne le sera pas nécessairement par 12, l'étant par 2 et par 6, parce que 2 et 6 ne sont pas premiers entre eux.

115. Remarque. — On vient de voir que tout nombre est égal à un multiple de 9 augmenté de la somme de ses chiffres. En vertu de ce qui précède, on peut écrire :

$$8.425 = m.9 + (8+4+2+5).$$

Mais si nous divisions 8.425 par 9, nous devrons trouver le même reste que si nous divisions par 9 sa valeur $m. + (8 + 4 + 2 + 5)$.

Or $m.9$ divisé par 9 donne évidemment 0 pour reste.

Donc le reste de la division par 9 de 8.425 sera le même que celui de la division de $8 + 4 + 2 + 5$ par le même nombre.

On voit alors que le reste de la division d'un nombre par 9 est le même que celui que donnerait la division par 9 de la somme des chiffres de ce nombre.

C'est sur cette importante remarque qu'est fondée la théorie de la preuve par 9.

116. Un nombre est divisible par 11 lorsque la différence entre la somme de ses chiffres de rang impair et celle de ses chiffres de rang pair est 0 ou un multiple de 11.

On remarquera d'abord que :

$$10 = 11 - 1$$
$$100 = (11 \times 9) + 1 = m.11 + 1.$$
$$1.000 = (11 \times 91) - 1 = m.11 - 1.$$
$$10.000 = (11 \times 909) + 1 = m.11 + 1.$$

Donc, l'unité suivie d'un nombre impair de 0 est un multiple de 11 moins cette unité ; l'unité suivie d'un nombre pair de 0 est un multiple de 11 plus cette unité.

On verrait de même que tout chiffre significatif suivi de zéros est un multiple de 11 plus ou moins ce chiffre significatif, selon que le nombre des zéros est pair ou impair.

$$30 = 10 \times 3 = m.11 - 3$$
$$500 = 5 \times 100 = m.11 + 5$$
$$7.000 = 1.000 \times 7 = m.11 - 7, \text{etc.}$$

Soit le nombre :

$$62.854$$

On peut écrire :

$$62.854 = 60.000 + 2.000 + 800 + 50 + 4$$
$$60.000 = m.11 + 6$$
$$2.000 = m.11 - 2$$
$$800 = m.11 + 8$$
$$50 = m.11 - 5$$
$$4 = 4$$

et la somme : $62.854 = m.11 + [(6 + 8 + 4) - (2 + 5)]$.

        Chiffres de Chiffres de
        rang impair. rang pair.

J'ai encore une somme 62.854 égale à 2 parties de somme $m.11$ et $[(6 + 8 + 4) - (2 + 5)]$.

La première partie de la somme est divisible par 11 ;

Pour que la somme 62.854 soit divisible par 11, il faut que la deuxième partie de la somme $[(6 + 8 + 4) - (2 + 5)]$ soit divisible par 11.

Et cette seconde partie est précisément formée de la somme des chiffres de rang impair diminuée de la somme des chiffres de rang pair.

Remarque. — Si la somme des chiffres de rang pair l'emportait sur celle de rang impair, qu'on ne pût pas faire la différence, on ajouterait à la somme des chiffres de rang impair autant de fois 11 que cela serait nécessaire pour rendre la différence possible.

Ainsi dans 854.293

la somme des chiffres de rang impair est $3 + 2 + 5 = 10$
                                           pair $9 + 4 + 8 = 21$
La différence est impossible; j'ajoute 1 fois 11 à 10, soit 21; la différence est $21 - 21 = 0$.
Le nombre est divisible par 11.

PREUVES PAR 9 DE LA MULTIPLICATION ET DE LA DIVISION

117. — Preuve par 9 de la multiplication.

Soit à vérifier la multiplication suivante :

```
    1.847
      528
   ──────
   1 4776
   3 694
  92 35
  ──────
  97.5216
```

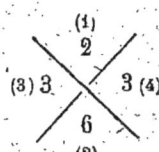

Je recommence l'opération en prenant, à la place du multiplicande et du multiplicateur proposés, leurs valeurs en fonction de multiple de 9. J'ai alors (115) :

$$1.847 = m.9 + 20 = m.9 + 2$$
$$528 = m.9 + 15 = m.9 + 6$$

donc :

1.847×528 doit égaler $(m.9 + 2) \times (m.9 + 6)$
$= (m.9 + 2) \times m.9 + (m.9 + 2) \times 6$
$= (m.9 \times m.9) + (m.9 \times 2) + (m.9 \times 6) + (2 \times 6)$

égale enfin :

$$m.9 + 12 = m.9 + 3,$$

60   ARITHMÉTIQUE

pour que l'opération soit exacte, il faut alors que le produit :

$$975.216 \text{ soit égal à } m.9 + 3$$

comme :

$$975.216 = m.9 + 30 = m.9 + 3$$

la multiplication proposée est bonne.

118. Dans la pratique, on n'écrit pas la valeur des facteurs en fonction de multiple de 9 ; on se contente d'écrire le reste qu'on trouverait si l'on divisait par 9 les deux facteurs, et l'on fait le produit seul des deux restes : en effet, en développant le calcul de $(m.9 + 2) \times (m.9 + 6)$, le seul produit qui ne nous a pas fourni nécessairement un multiple de 9 a été le produit de 2 par 6, c'est-à-dire le produit des restes.

On dispose généralement en une croix, comme il est indiqué plus haut, les restes et les produits qu'on obtient en suivant la règle suivante :

Règle. — *On cherche les restes des divisions par 9 du multiplicande* [1], *du multiplicateur* [2], *du produit* [3]; *le produit des deux premiers restes divisé par 9 doit fournir un nombre* [4] *égal au 3ᵉ reste.*

119. Preuve par 9 de la division. — Si du dividende on retranche le reste de la division, le dividende ainsi diminué devient exactement le produit du diviseur par le quotient. Il suffit alors de vérifier, comme pour la multiplication, si le produit du diviseur par le quotient égale le dividende modifié. Mais, au lieu de chercher l'erreur au produit qui correspond au multiplicande, on la cherche, s'il y a lieu, au reste qui correspond au quotient.

Soit à vérifier l'opération suivante :

```
 734.2684 | 528
 206 2    |-------
   47 86  | 13906
      3484
       316
```

$7342684 - 316 = 7342368$
         (3)   (1)   (4)
$7342368 = 13906 \times 528$
         (1)   (2)

DIVISEURS COMMUNS

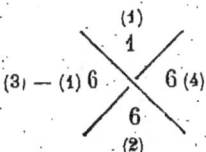

Remarques sur la preuve par 9. — La preuve par 9 n'est pas une certitude que l'opération vérifiée est bonne; elle n'est qu'une probabilité de certitude; en effet :

1° Si deux ou plusieurs chiffres sont interposés dans le résultat, la somme des chiffres étant la même, le reste de la division par 9 sera le même.

2° Si l'erreur consiste en un multiple de 9 elle n'apparaît pas, puisqu'on ne s'inquiète pas de quel multiple de 9 le résultat est formé. L'erreur fréquente d'un 9 mis à la place d'un zéro ou inversement, n'apparaît pas; un zéro ajouté ou manquant à un résultat, ne sera pas signalé par cette preuve.

DIVISEURS COMMUNS

120. On appelle *diviseurs communs* de plusieurs nombres, les nombres qui divisent exactement les nombres proposés.

121. Le plus grand commun diviseur (P. G. C. D.) *de plusieurs nombres est le plus grand nombre qui divise exactement les nombres proposés.*

Ainsi les diviseurs communs de 6, 12 et 36 sont :

1 , 3 et 6

et le P. G. C. D. de 6, 12 et 36 est :

6.

122. Principe. — *Tout nombre qui divise le dividende et le diviseur d'une division divise également le reste de leur division.*

En effet : dividende = (diviseur × quotient) + reste.

Si un nombre divise Dividende et Diviseur, il divisera évidemment (Diviseur×Quot.) qui est aussi un multiple de Diviseur.

Ce nombre divisant une somme Dividende, et l'une des parties de la somme (Diviseur × Quot.), divisera l'autre partie de la somme qui est Reste.

Il résulte de ce principe *que tout diviseur commun au dividende et au diviseur d'une division est aussi diviseur commun du diviseur et du reste.*

Recherche du P. G. C. D. de deux nombres.

123. Le P. G. C. D. de 2 nombres 2.740 et 316 ne sera certainement pas supérieur au plus petit nombre, mais il peut être ce plus petit nombre (si ce plus petit nombre divise le plus grand). On essaie donc la division de 2.740 par 316 ; elle donne le reste 212.

Puisqu'il y a un reste, 316 ne divise pas 2.740.
On a alors :
$$2.740 = (316 \times 8) + 212.$$

Mais le P. G. C. D. de 2.740 et 316 est le même que celui de 316 et 212 (n° 122).

Il sera donc 212 si ce nombre divise 316 et 212. On fait la division et l'on trouve 104 pour le reste.

De même, le P. G. C. D. de 316 et 212 est le même que celui de 212 et 104. On cherche s'il ne serait pas 104, et l'on continue ainsi jusqu'à ce que le reste soit 0. Le dernier diviseur est alors le P. G. C. D. des nombres proposés.

On dispose l'opération comme il suit :

Quotients :		8	1	2	26
	2740	316	212	104	4
Restes :	212	104	4	24	
				0	

Règle. — *Pour trouver le plus grand commun diviseur de* deux nombres, on divise le plus grand par le plus petit. S'il y a un reste, on divise le 1ᵉʳ diviseur par ce reste; ce reste par le 2ᵉ reste; ainsi de suite jusqu'à ce que le reste soit nul. Le dernier diviseur est le P. G. C. D.

124. Principe. — *Lorsqu'un nombre en divise deux autres, il divise leur P. G. C. D.*

En effet, tout nombre qui divise 2.740 et 316 divise 212, le reste de leur division (n° 122); divisant 316 et 212, il divise le reste de leur division 104; et ainsi de suite. Il divisera leur P. G. C. D. qui est le dernier de ces restes.

125. Principe. — *Lorsqu'on multiplie ou qu'on divise deux nombres par un troisième, leur P. G. C. D. est multiplié ou divisé par ce troisième nombre.*

En effet, pour trouver le P. G. C. D. de 2 nombres, on divise le plus grand par le plus petit (n° 123).

Or, lorsqu'on multiplie ou qu'on divise 2 nombres par un troisième, le reste de leur division est multiplié ou divisé par ce nombre, et le P. G. C. D. de 2 nombres est le reste de leur division, après 1ʳᵉ ou 2ᵉ ou 3ᵉ opération.

126. Principe. — *Lorsqu'on divise deux nombres par leur P. G. C. D., les quotients obtenus sont premiers entre eux.*

D'après le principe précédent, si l'on divise par exemple 2.740 et 316 par leur P. G. C. D. 4, les quotients auront pour P. G. C. D. 4 : 4, ou 1.

127. Recherche du P. G. C. D. de plus de deux nombres. — *Pour trouver le P. G. C. D. de plusieurs nombres on cherche le P. G. C. D. de deux quelconques de ces nombres, puis de ce P. G. C. D. et d'un troisième nombre, et ainsi de suite jusqu'à ce que tous les nombres donnés aient été employés. Le dernier P. G. C. D. trouvé est le P. G. C. D. cherché :*

Soit à trouver le P. G. C. D. de 12.600, 1.890, 1.980, et 360.
 Le P. G. C. D. entre 12.600 et 1.890 est 630.
 Le P. G. C. D. entre 1.980 et 630 est 90.
 Le P. G. C. D. entre 360 et 90 est 90.
Le P. G. C. D. entre les nombres donnés est 90.

ARITHMÉTIQUE

NOMBRES PREMIERS

128. *Un nombre* **premier** *est un nombre qui n'est divisible que par lui-même et par l'unité ;* il n'a donc que 2 diviseurs :

$$5 \ ; \ 13 \ ; \ 29$$

sont des nombres premiers.

129. Principe. — *Tout nombre qui divise le produit de deux facteurs et qui est premier avec l'un d'eux, divise nécessairement l'autre.*

Soit le nombre 4 divisant le produit 9×12, mais premier avec 9, je dis qu'il doit diviser 12.

En effet, 4 et 9 étant premiers entre eux ont 1 pour P. G. C. D. Si nous multiplions 4 et 9 par 12, leur P. G. C. D. sera multiplié par 12 (n° 125) ; donc :

Le P. G. C. D. entre 4×12 et 9×12 sera 1×12 ou 12.

Or 4 divise le 1er produit 4×12 puisqu'il en est un des facteurs ; il divise par hypothèse le 2e produit 9×12.

Il divisera donc leur P. G. C. D. 12, puisque, lorsqu'un nombre en divise deux autres, il divise leur P. G. C. D. (n° 124).

130. *Des nombres sont* **premiers entre eux** *lorsqu'ils n'ont que l'unité pour diviseur commun.*

(1) 5, 13 et 29 (2) 8, 25, 33.

Tous les nombres premiers sont premiers entre eux.

Mais des nombres qui ne sont pas premiers peuvent être premiers entre eux.

131. Règle. — *Pour reconnaître si un nombre donné est premier ou non, on divise ce nombre par les nombres premiers 2, 3, 5, 7, 11, 13, 17... jusqu'à ce qu'on trouve pour quotient un nombre égal ou inférieur au diviseur essayé.*

Si aucune de ces divisions ne s'est faite exactement, le nombre est premier.

En effet, si le nombre proposé était divisible par un nombre supérieur au dernier diviseur essayé, il serait aussi divisible par un quotient plus petit que ce diviseur, ce qui a été reconnu impossible.

Ainsi, nous voulons savoir si 107 est premier.

Après avoir essayé les divisions de 107 par 2, 3, 5, 7, 11, et vérifié qu'aucune de ces divisions ne s'est faite exactement, je ne continuerai pas à essayer la division par 13, car 107 : 11 nous a fourni 10 pour quotient, nombre inférieur au diviseur essayé 11.

Si alors nous prenions 13 pour diviseur, le quotient deviendrait 8, et si la division se faisait exactement, c'est que le nombre serait divisible par 13, mais aussi par 8, ce qui a été vérifié impossible.

132. Construction d'une table de nombres premiers. — Pour construire une table de nombres premiers, jusqu'à 50 par exemple, on écrit les 50 premiers nombres. Puis on barre :

Tous les nombres de 2 en 2 à partir de 4 (ce sont des multiples de 2);

Tous les nombres de 3 en 3 à partir de 6 (ce sont des multiples de 3);

Tous les nombres de 5 en 5 à partir de 10 (ce sont des multiples de 5), etc.

Tous les nombres non barrés sont premiers.

1 — 2 — 3 — 4 — 5 — 6 — 7 — 8 — 9 — 10 — 11
12 — 13 — 14 — 15 — 16 — 17 — 18 — 19 — 20 — 21
22 — 23 — 24 — 25 — 26 — 27 — 28 — 29 — 30 — 31
32 — 33 — 34 — 35 — 36 — 37 — 38 — 39 — 40 — 41
42 — 43 — 44 — 45 — 46 — 47 — 48 — 49 — 50...

133. Remarque. — Lorsqu'on barre les nombres non premiers, on remarque que le 1er nombre à barrer comme divisible par 2 est 4 ; que le 1er à barrer à cause de 3 est 9 (6 est barré par 2) ; que le 1er à barrer à cause de 5 est 25 (10, 15, 20, sont déjà barrés par 2 ou 3), que le 1er à barrer par 7 est 49 (14, 21, 28, 35, 42 sont déjà barrés par 2, 3, ou 5).

BRÉMANT. — Math. Brevet.

Or :

$\quad$ 4 est le carré de 2
$\quad$ 9 — 3
$\quad$ 25 — 5
$\quad$ 49 — 7

Il est donc inutile de chercher à barrer les multiples de 11 : il n'en existe pas dans cette table, car le 1er nombre à barrer serait :

$$11^2 = 121.$$

134. Décomposer un nombre en ses facteurs premiers. — Décomposer 720 en ses facteurs premiers, c'est trouver les nombres premiers dont le produit soit égal à 720.

Pour cela, on divise le nombre proposé par les nombres premiers qui le divisent exactement, autant de fois qu'il est possible, en commençant par les plus petits.

On dispose l'opération comme il suit :

```
720 | 2
360 | 2
180 | 2
 90 | 2         et l'on écrit :
 45 | 3         720 = 2⁴ × 3² × 5
 15 | 3
  5 | 5
  1 |
```
$720 = 2^4 \times 3^2 \times 5$

135. Principe. — *Un nombre n'est décomposable que d'une seule manière en ses facteurs premiers.*

$$\text{Soit } 720 = 2^4 \times 3^2 \times 5.$$

Je dis : 1° qu'il ne peut pas contenir d'autres facteurs premiers que 2, 3 et 5 ; 2° qu'il ne peut les contenir qu'avec les exposants 4 pour le facteur 2 ; 2 pour le facteur 3 ; 1 pour le facteur 5.

1° S'il contenait le facteur 7 par exemple, 7 diviserait 720, par conséquence sa valeur $2^4 \times 3^2 \times 5$, il diviserait donc au moins un des facteurs de ce produit (n° 129), ce qui est impossible puisque chaque facteur est un nombre premier.

2° 2, par exemple ne peut pas avoir d'autre exposant que 4; s'il pouvait avoir 3 pour exposant, c'est que :

$$720 \text{ pourrait égaler } 2^4 \times 3^2 \times 5 \text{ et } 2^3 \times 3^2 \times 5$$

d'où :
$$2^4 \times 3^2 \times 5 = 2^3 \times 3^2 \times 5$$

divisant les deux membres de l'égalité par $3^2 \times 5$

$$2^4 = 2^3$$

ce qui est impossible.

Il n'est donc qu'un seul système de facteurs premiers dont le produit égale 720.

DIVISEURS D'UN NOMBRE

136. Principe. — *Pour qu'un nombre soit divisible par un autre, il suffit qu'il contienne tous les facteurs premiers de cet autre avec des exposants au moins égaux.*

Soit le nombre :
$$N = 2^2 \times 3^2 \times 5$$

et un autre nombre
$$n = 2 \times 3.$$

N est divisible par n.
En effet on peut écrire :
$$N = 2 \times 2 \times 3 \times 3 \times 5$$

ou encore :
$$N = \underline{2 \times 3} \times 2 \times 3 \times 5$$

ou en remplaçant la partie soulignée par la valeur n égale
$$N = n \times 2 \times 3 \times 5.$$

N est donc bien divisible par n, puisqu'il en est le multiple.

137. Trouver tous les diviseurs d'un nombre. — On décompose ce nombre en ses facteurs premiers. Puis on fait toutes les combinaisons possibles de ces facteurs affectés de tous les exposants qui leur sont propres.

Ainsi :
$$270 = 2 \times 3^3 \times 5.$$

On aura pour les diviseurs de 270,
d'abord :
$$1, 2, 3, 3^2, 3^3, 5;$$
puis toutes les combinaisons possibles de tous ces diviseurs entre eux :
$$2\times3;\ 2\times3^2;\ 2\times3^3;\ 2\times5;\ 3\times5;$$
$$2\times3\times5;\ 3^2\times5;\ 3^2\times2\times5;$$
$$3^3\times5;\ 3^3\times2\times5.$$

Car tout nombre divisible par plusieurs autres, premiers entre eux deux à deux, est divisible par leur produit.

Et, pour ne laisser échapper aucune combinaison, on dispose l'opération comme il suit :

	Facteurs premiers.	Diviseurs.
		1.
270	2	2.
135	3	3. 6.
45	3	9. 18.
15	3	27. 54.
5	5	5. 10. 15. 30. 45. 90. 135. 270.
1		

Après avoir décomposé 270 en ses facteurs premiers, pour former la colonne qui contient tous ses diviseurs, on écrit d'abord le diviseur 1, puis on le multiplie par le facteur 2 ; on écrit le produit en regard des facteurs 2. Ensuite on multiplie les diviseurs 1 et 2 par le premier facteur 3 ; on écrit le produit en regard de ce facteur 3. Ensuite, parce que le facteur 3 se répète, on multiplie par la dernière ligne des diviseurs trouvés, de même pour le nouveau 3 qui se répète encore. Enfin on multiplie tous les diviseurs déjà inscrits par le facteur 5 nouvellement trouvé.

Autre exemple. — Trouver tous les diviseurs de 540.

	Facteurs premiers.	Diviseurs.
		1.
540	2	2.
270	2	4.
135	3	3. 6. 12.
45	3	9. 18. 36.
15	3	27. 54. 108.
5	5	5. 10. 20. 15. 30. 60. 45. 90. 180.
1		125. 270. 540.

Le plus petit est toujours 1 ; le plus grand est le nombre proposé.

138. Plus grand commun diviseur de plusieurs nombres. — Soit à trouver le plus grand commun diviseur des nombres

$$90 \quad , \quad 270 \quad , \quad 360 \quad , \quad 1.035.$$

On pourrait chercher tous les diviseurs de ces nombres : choisir ceux qui sont communs, et prendre le plus grand. Il serait bien le plus grand commun diviseur.

Mais ce procédé trop lent est remplacé avantageusement par le suivant :

On décompose les nombres proposés en leurs facteurs premiers ; puis on fait le produit des facteurs communs à tous les nombres, en prenant chacun d'eux avec son plus petit exposant.

Ainsi :

$$90 = 2 \times 3^2 \times 5 \quad , \quad 270 = 2 \times 3^3 \times 5$$
$$360 = 2^3 \times 3^2 \times 5 \quad , \quad 1.035 = 3^2 \times 5 \times 23$$

$$\text{P. G. C. D.} = 3^2 \times 5.$$

1° Ce nombre ($3^2 \times 5$) est bien un diviseur commun puisqu'il est contenu dans tous les nombres proposés.

2° Il est bien le plus grand, car si, pour le rendre plus grand, j'avais introduit le facteur 2, il aurait cessé d'être diviseur de 1.035 puisqu'il n'aurait plus été contenu dans ce nombre. Je ne puis pas non plus ajouter une puissance, 3^3 par exemple, parce que tous les nombres proposés ne contiennent pas le facteur 3^3, et que le nombre trouvé aurait cessé d'être contenu dans 90, 360 et 1.035.

139. Plus petit commun multiple de plusieurs nombres. — Un nombre 72 est *multiple commun de plusieurs nombres* 2, 3, 6, 9, lorsqu'il est le produit de chacun de ces nombres par des nombres entiers différents 36, 24, 12, 8. Ce multiple commun de plusieurs nombres est évidemment divisible par tous ces nombres.

On trouve un multiple commun de plusieurs nombres en faisant le produit de ces nombres.

Le *plus petit commun multiple* de plusieurs nombres est le plus petit nombre qui soit exactement divisible par tous les nombres proposés.

Pour trouver le P. P. C. M. de plusieurs nombres on fait le produit de tous leurs facteurs premiers communs ou non communs; mais ceux qui sont communs ne sont pris qu'une seule fois, avec leur plus grand exposant.

Soit à trouver le P. P. C. M. de

$$90 \; , \; 270 \; , \; 360 \; , \; 1035.$$

$$90 = 2 \times 3^2 \times 5 \; , \quad 270 = 2 \times 3^3 \times 5$$
$$360 = 2^3 \times 3^2 \times 5 \; , \quad 1035 = 3^2 \times 5 \times 23$$

$$\text{P. P. C. M.} = 2^3 \times 3^3 \times 5 \times 23.$$

1° Ce nombre est bien un multiple commun de 90, 270, 360, 1.035, puisqu'il contient au moins tous les facteurs de ces 4 nombres. Il contient 270 puisqu'il renferme sa valeur $2 \times 3^3 \times 5$; il contient 1.035 puisqu'il renferme sa valeur $3^2 \times 5 \times 23$, etc.

2° Il est le plus petit, car si je supprime un seul facteur, 23, par exemple, il ne contiendra plus 1.035 qui est un multiple de 23 et cessera d'être multiple commun ; si je prends seulement 2^2, le nombre que je trouverai ne contiendra plus 360 qui est un multiple de 2^3.

SUJETS DONNÉS AU BREVET ÉLÉMENTAIRE
EXEMPLES DE SOLUTIONS

I. — *On donne le nombre* 725.400 ; *quels chiffres significatifs peut-on mettre à la place des deux zéros pour faire un nombre qui soit divisible à la fois par 4 et par* 9.

725.400 est déjà divisible par 4 et par 9 (par 4, parce que c'est un nombre exact de centièmes ; par 9, parce que la somme de ses chiffres, 18, est divisible par 9); le nombre de deux chiffres que nous devrons substituer aux deux zéros devra donc être lui aussi un multiple de 4 et 9, il sera leur produit $4 \times 9 = 36$ ou tous les multiples de 36 n'ayant que deux chiffres : soit le seul, $2 \times 36 = 72$.

Les deux zéros pourront être remplacés par 3 et 6, ou 7 et 2.

PROBLÈMES

II. — *Trouver un nombre de 3 chiffres compris entre 300 et 400 qui, divisé séparément par 8 et par 9, donne le même reste 5* (École normale, Cahors).

Le nombre demandé est N
On a
$$N = \text{multiple de } 8 + 5$$
$$N = \text{multiple de } 9 + 5$$
ou encore
$$N - 5 = \text{multiple de } 8$$
$$N - 5 = \text{multiple de } 9$$

8 et 9 étant premiers entre eux, on aura
$$N - 5 = \text{multiple de } 72.$$

Or entre 300 et 400, il n'y a qu'un nombre multiple de 72, c'est $72 \times 5 = 360$.
Le nombre demandé sera donc $360 + 5 = 365$.

III. — *Démontrer que le produit de deux nombres est égal au produit de leur plus grand commun diviseur par leur plus petit commun multiple.*

Soit le produit 48×18.
Leur plus grand commun diviseur est
$$\left. \begin{array}{l} 48 = 2^4 \times 3 \\ 18 = 2 \times 3^2 \end{array} \right\} \; 2 \times 3$$

Leur plus petit commun multiple est
$$2^4 \times 3^2$$

Le produit du P. G. C. D. et du P. P. C. M est
$$2 \times 3 \times 2^4 \times 3^2$$
ou encore
$$2^4 \times 3 \times 2 \times 3^2$$

Mais le produit de 48×18 égale aussi $2^4 \times 3 \times 2 \times 3^2$; le théorème est donc démontré.

CHAPITRE IV

FRACTIONS

140. *Une fraction est une ou plusieurs parties de l'unité divisée en un certain nombre de parties égales.*

141. Une fraction est représentée par deux nombres : l'un appelé *dénominateur*, qui indique en combien de parties égales l'unité a été divisée ; l'autre *numérateur*, qui indique combien on prend de ces parties.

142. Pour écrire une fraction, on place d'abord le nombre qu'exprime le numérateur, on le souligne, puis on écrit le dénominateur au-dessous de ce trait.

143. Pour lire une fraction, on énonce le numérateur, puis le dénominateur qu'on fait suivre de la terminaison *ième*. Excepté pour les dénominateurs 2, 3, 4, qu'on prononce *demi*, *tiers*, *quart*.

Ainsi la fraction $\frac{5}{6}$ s'énoncera cinq sixièmes et signifiera : par son dénominateur 6, que l'unité a été divisée en 6 parties égales ; et par son numérateur 5, qu'on a pris 5 de ces parties.

Le dénominateur est donc un nom, une dénomination, donnée au numérateur.

FRACTIONS

144. Principe. — *Une fraction est le quotient de son numérateur par son dénominateur.*

Il faut démontrer que $\frac{5}{6}$ est le quotient de 5 par 6.

On sait que le quotient de toute division multiplié par le diviseur doit reproduire le dividende :

or $\qquad \frac{5}{6} \times 6$ ou $\frac{5 \times 6}{6} = 5$

Donc $\frac{5}{6}$ est bien le quotient de 5 par 6, puisque multiplié par le diviseur 6, il reproduit le dividende 5.

145. À la seule inspection d'une fraction, il sera possible de voir si elle est plus petite ou plus grande que l'unité, ou égale à l'unité.

Supposons en effet que l'unité soit représentée par la ligne AB et divisée en 7 parties égales. Chaque partie sera $\frac{1}{7}$.

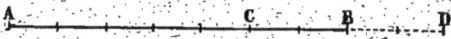

Si je prends moins de 7 parties, 5 par exemple, la longueur AC représentera $\frac{5}{7}$ de l'unité, et comme AC est plus petit que AB, $\frac{5}{7}$ sera plus petit que l'unité.

146. Une fraction est **plus petite** que l'unité lorsque son numérateur est **plus petit** que son dénominateur;

147. Une fraction est **égale** à l'unité lorsque son numérateur égale son dénominateur (voir la figure) : $\frac{7}{7}$ ou AB.

148. Si le numérateur d'une fraction est plus grand que son dénominateur, la fraction prend le nom d'*expression fractionnaire*. On voit aisément qu'une **expression fractionnaire** est plus grande que l'unité : $\frac{9}{7}$ ou AD.

149. Nous appellerons **complément** d'une fraction, la fraction qui manque à la première pour égaler l'unité :

Le complément de la fraction $\frac{5}{7}$ sera $\frac{2}{7}$

celui de la fraction $\frac{1}{5}$ sera $\frac{4}{5}$.

150. Nous appellerons **supplément** d'une expression fractionnaire, la fraction dont l'expression fractionnaire surpasse l'unité :

le supplément de l'expression fractionnaire $\frac{9}{5}$ sera $\frac{4}{5}$,

celui de l'expression $\frac{7}{4}$ sera $\frac{3}{4}$.

151. *Un nombre entier peut toujours être considéré comme une expression fractionnaire dont le dénominateur serait* 1.

Il nous sera quelquefois commode d'écrire $\frac{5}{1}$ à la place de 5 ;

$\frac{10}{1}$ à la place de 10, etc.

152. Un *nombre fractionnaire* est un nombre entier accompagné d'une fraction : $4\frac{5}{6}$

Le signe $+$ est sous entendu entre l'entier et la fraction.

$$4\frac{5}{6} \text{ signifie } 4 + \frac{5}{6}$$

153. On voit, d'après ce qui précède, que plus le numérateur d'une fraction augmentera et plus la valeur de la fraction augmentera elle-même :

$$\frac{2}{7}, \frac{5}{7}, \frac{7}{7}, \frac{9}{7}$$

FRACTIONS 75

Alors, de plusieurs fractions qui ont même dénominateur, la plus grande est celle qui a le plus grand numérateur.

La chose est évidente, car si cinq objets forment un nombre supérieur à deux objets de même nature, il en sera de même si les objets s'appellent des septièmes : plus il y en aura, plus le nombre sera grand.

154. Inversement : De plusieurs fractions qui ont le même numérateur la plus grande est celle qui a le plus petit dénominateur :

$$\frac{3}{4}, \frac{3}{7}, \frac{3}{11}.$$
$$AC \quad AD \quad AE$$

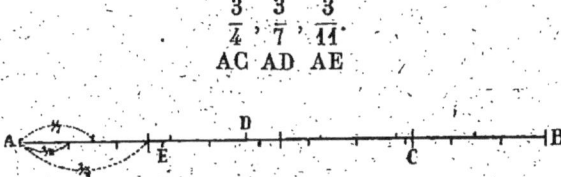

En effet, plus le dénominateur est petit, plus les parties en lesquelles on divise l'unité sont grandes, et puisque les numérateurs sont égaux, la fraction qui a le plus petit dénominateur est bien la plus grande.

155. Conséquence. — Une fraction varie dans le même sens que son numérateur, et en sens inverse de son dénominateur.

156. Comparaison des fractions entre elles. — Nous venons de voir deux moyens de comparer des fractions entre elles :

1° Lorsqu'elles ont même dénominateur ;
2° Lorsqu'elles ont même numérateur.

Il nous est encore possible de les comparer lorsque leurs compléments ont le même numérateur ; par conséquent lorsqu'il y a même différence et de même sens entre les numérateurs et les dénominateurs des fractions proposées.

Soit à comparer les fractions suivantes :

$$\frac{4}{7}, \frac{8}{11}, \frac{12}{15}, \frac{17}{20}.$$

Ces fractions ont pour compléments :

$$\frac{3}{7},\ \frac{3}{11},\ \frac{3}{15},\ \frac{3}{20}$$

Le plus petit complément étant $\frac{3}{20}$, la plus grande fraction est $\frac{17}{20}$, puisque c'est à celle-ci qu'il manque la plus petite quantité pour égaler l'unité.

157. Principe I. — *Lorsqu'on multiplie le numérateur seul d'une fraction par un nombre entier, la fraction devient ce nombre de fois plus grande.*

Soit la fraction $\frac{2}{7}$

Si je multiplie son numérateur par 3, elle deviendra

$$\frac{2 \times 3}{7} = \frac{6}{7}$$

Il faut démontrer que $\frac{6}{7}$ est trois fois plus grand que $\frac{2}{7}$.

En effet, $\frac{2}{7}$ et $\frac{6}{7}$ indiquent toutes deux que l'unité a été divisée en 7 parties égales; mais dans $\frac{2}{7}$ on ne prend que 2 de ces parties, tandis que dans $\frac{6}{7}$ on en prend 6, c'est-à-dire 3 fois plus.

$\frac{6}{7}$ est donc trois fois plus grand que $\frac{2}{7}$.

158. Principe II. — *Lorsqu'on multiplie le dénominateur seul d'une fraction par un nombre entier, la fraction devient ce nombre de fois plus petite.*

Soit la fraction $\frac{2}{7}$

En multipliant son dénominateur par 3, elle devient

$$\frac{2}{7 \times 3} = \frac{2}{21}$$

FRACTIONS

Il faut démontrer que $\frac{2}{21}$ est 3 fois plus petit que $\frac{2}{7}$.

En effet, dans la fraction $\frac{2}{7}$ l'unité est divisée en 7 parties égales : dans la fraction $\frac{2}{21}$ la même unité est divisée en 21 parties, c'est-à-dire en parties 3 fois plus petites. Et comme dans les 2 cas on prend le même nombre de parties, $\frac{2}{21}$ est bien 3 fois plus petit que $\frac{2}{7}$.

159. Conséquence. — On ne change pas la valeur d'une fraction lorsqu'on multiplie ses deux termes par un même nombre.

$$\frac{2}{7} = \frac{2 \times 3}{7 \times 3}$$

Il y a compensation (Principes I et II).

160. Un raisonnement analogue nous permettrait de démontrer que :

On ne change pas la valeur d'une fraction lorsqu'on divise ses 2 termes par un même nombre.

Ce principe serait la conséquence des deux suivants :

1° *Lorsqu'on divise le numérateur seul d'une fraction par un nombre entier, on rend cette fraction ce nombre de fois plus petite.*

2° *Lorsqu'on divise le dénominateur seul d'une fraction par un nombre entier, on rend cette fraction ce nombre de fois plus grande.*

161. Pour rendre une fraction 2 fois plus grande, par exemple, on pourra, ou bien multiplier son numérateur par 2, ou bien diviser son dénominateur par 2.

Ainsi, deux valeurs d'une fraction 2 fois plus grande que $\frac{5}{6}$ seront
$$\frac{5 \times 2}{6} = \frac{10}{6} \text{ et } \frac{5}{6 : 2} = \frac{5}{3}.$$

Par analogie, deux valeurs d'une fraction 2 fois plus petite que $\frac{4}{5}$ seront
$$\frac{4 : 2}{5} = \frac{2}{5} \text{ et } \frac{4}{5 \times 2} = \frac{4}{10}.$$

162. Principe. — Si l'on ajoute un même nombre aux deux termes d'une fraction ou d'une expression fractionnaire, toutes deux se rapprochent de l'unité (la fraction en augmentant, l'expression fractionnaire en diminuant).

Si l'on ajoute 2 aux deux termes de la fraction $\frac{2}{3}$, elle devient
$$\frac{2+2}{3+2} = \frac{4}{5}.$$

à $\frac{4}{5}$ il manque $\frac{1}{5}$ pour égaler l'unité.

à $\frac{2}{3}$ il manque $\frac{1}{3}$.

Or $\frac{1}{5}$ est plus petit que $\frac{1}{3}$; donc $\frac{4}{5}$ est plus près de l'unité que $\frac{2}{3}$.

Par cela même $\frac{4}{5}$ est plus grand que $\frac{2}{3}$.

Mais si aux termes de l'expression $\frac{3}{2}$ j'ajoute 2, je trouve
$$\frac{3+2}{2+2} = \frac{5}{4}$$

$\frac{5}{4}$ surpasse l'unité de $\frac{1}{4}$ ou $= 1 + \frac{1}{4}$

$\frac{3}{2}$ — de $\frac{1}{2}$ ou $= 1 + \frac{1}{2}$

$\frac{1}{4}$ est plus petit que $\frac{1}{2}$

Donc $\frac{5}{4}$ surpasse moins l'unité que $\frac{3}{2}$; elle est plus près de l'unité et par suite elle est plus petite que $\frac{3}{2}$.

163. On démontrerait d'une façon analogue que:

Si l'on retranche un même nombre aux deux termes d'une fraction ou d'une expression fractionnaire, toutes deux s'éloignent de l'unité (la fraction en diminuant, l'expression fractionnaire en augmentant).

1° Si des 2 termes de la fraction $\frac{5}{7}$ je retranche 2, elle deviendra $\frac{5-2}{7-2} = \frac{3}{5}$

Je dis que $\frac{3}{5}$ est plus éloigné de l'unité que $\frac{5}{7}$;

le complément de $\frac{3}{5}$ est $\frac{2}{5}$

Celui de $\frac{5}{7}$ est $\frac{2}{7}$

$\frac{3}{5}$ ayant le plus grand complément est plus éloigné de l'unité que $\frac{5}{7}$ qui a le plus petit complément.

$\frac{5}{7}$ en s'éloignant de l'unité diminue donc.

2° Si aux 2 termes de l'expression fractionnaire $\frac{11}{8}$ je retranche 4, elle devient $\frac{7}{4}$.

le supplément de $\frac{11}{8}$ est $\frac{3}{8}$

celui de $\frac{7}{4}$ est $\frac{3}{4}$

le plus grand supplément étant $\frac{3}{4}$, l'expression fractionnaire $\frac{7}{4}$ est plus éloignée de l'unité que $\frac{11}{8}$

L'expression fractionnaire $\frac{11}{8}$ en s'éloignant de l'unité grandit.

164. Convertir un nombre fractionnaire en une expression fractionnaire. — Soit à convertir $4\frac{2}{5}$ mis pour $4 + \frac{2}{5}$ en expression fractionnaire.

On convertit d'abord l'entier 4 en cinquièmes, puis on ajoute les $\frac{2}{5}$. On dit :

1 unité contient 5 cinquièmes,

4 unités en contiendront 4 fois plus

ou $\qquad 5 \times 4 = 20$ cinquièmes $= \dfrac{20}{5}$

et enfin $\qquad \dfrac{20}{5} + \dfrac{2}{5} = \dfrac{22}{5}$

165. Règle. — *Pour convertir un nombre fractionnaire en expression fractionnaire, on multiplie l'entier par un nombre égal au dénominateur de sa fraction; on ajoute à ce produit le numérateur, et l'on donne à cette somme pour dénominateur le dénominateur de la fraction qui accompagne l'entier.*

Dans cette règle, nous disons qu'on multiplie la partie entière par un *nombre égal* au dénominateur et non pas par le dénominateur; car le nombre 5 qui multiplie l'entier 4 n'est pas le dénominateur de la fraction $\dfrac{2}{5}$, mais bien le numérateur de l'unité 5 cinquièmes.

166. Convertir une expression fractionnaire en nombre fractionnaire ou extraire les entiers contenus dans une expression fractionnaire.

Soit $\dfrac{22}{5}$ à convertir en nombre fractionnaire.

5 cinquièmes valent 1 unité.

$\qquad 1 \qquad - \qquad - \qquad \dfrac{1}{5}$

et 22 $\qquad - \qquad - \qquad \dfrac{1 \times 22}{5}$

On trouve pour quotient 4 et pour reste 2.
Comme le dividende est un nombre de cinquièmes et que le reste est de même nature que le dividende,

on aura $\qquad \dfrac{1 \times 22}{5} = 4 + \dfrac{2}{5}$

ou $\qquad 4\dfrac{2}{5}$

167. Règle. — *Pour extraire les entiers contenus dans une expression fractionnaire, on divise le numérateur par un nombre*

FRACTIONS 81

égal au dénominateur. *Le quotient fournit la partie entière qu'on fait suivre d'une fraction ayant pour numérateur le reste et pour dénominateur celui de l'expression fractionnaire.*

Nous disons qu'on divise le numérateur par un *nombre égal* au dénominateur et non par le dénominateur ; car le raisonnement montre bien que le diviseur n'est pas le dénominateur de $\frac{22}{5}$, mais le numérateur 5 de l'unité 5 cinquièmes.

168. Simplification des fractions. — *Simplifier une fraction, c'est la transformer en une fraction ayant même valeur, mais avec des nombres moins forts comme termes.*

Pour simplifier une fraction ou la réduire à une plus simple expression, on divise ses deux termes par un même nombre.

Ainsi
$$\frac{8}{12} \; ; \; \frac{8:2}{12:2} = \frac{4}{6}$$

$\frac{4}{6}$ est une fraction plus simple que $\frac{8}{12}$; de plus, elle est bien équivalente à $\frac{8}{12}$ puisqu'elle est obtenue en divisant ses deux termes par un même nombre, et qu'on ne change pas la valeur d'une fraction quand on divise ses deux termes par un même nombre. Mais elle n'est pas la plus simple expression de $\frac{8}{12}$.

169. Pour réduire une fraction à sa plus simple expression, on divise ses deux termes par leur plus grand commun diviseur.

Soit à réduire à sa plus simple expression :
$$\frac{270}{1.035}$$

le plus grand commun diviseur des deux termes est 45.

Il vient, en suivant la règle :
$$\frac{270:45}{1.035:45} = \frac{6}{23}$$

La fraction $\frac{6}{23}$ est irréductible ;

En effet, les 2 termes de la fraction $\dfrac{270}{1.035}$ ayant été divisés par le plus grand nombre qui pouvait les diviser sont devenus *premiers entre eux* (n° 126); la fraction ne peut plus être simplifiée puisqu'il n'y a plus que l'unité qui puisse diviser ses deux termes.

170. *Une fraction est dite irréductible lorsqu'il n'existe pas de fraction équivalente dont les termes soient plus petits.*

171. Principe. — Toute fraction irréductible a ses termes premiers entre eux.

La fraction précédente $\dfrac{6}{23}$ a ses termes premiers entre eux, puisque ses deux termes ont pour P. G. C. D. l'unité.

Réciproquement, une fraction dont les termes sont premiers entre eux est irréductible, car toute fraction équivalente a pour termes des équimultiples de ceux de la première.

Soit la fraction $\dfrac{3}{5}$ dont les termes sont premiers entre eux.

Supposons une autre fraction $\dfrac{a}{b}$ et $\dfrac{3}{5} = \dfrac{a}{b}$.

Il faut démontrer que $\left. \begin{array}{l} a \text{ est un multiple de } 3 \\ b \quad\quad\quad\quad\quad\quad\quad\quad 5 \end{array} \right\}$ équimultiples.

Multiplions les deux termes de la 1ʳᵉ fraction par b et les deux termes de la deuxième fraction par 5,

$$\dfrac{3}{5} = \dfrac{a}{b}$$

$$\dfrac{3 \times b}{5 \times b} = \dfrac{a \times 5}{b \times 5}$$

On a donc $3 \times b = a \times 5$ (1).

3 divise le produit $3 \times b$, mais il est premier avec 5, donc il divise a.

On peut écrire $a = 3 \times q$.

Dans l'expression (1), portons la valeur de a, on a :

$$3 \times b = 3 \times q \times 5.$$

Divisons par 3 et l'on tire
$$b = q \times 5.$$
On voit bien que $a = 3 \times q$
$b = 5 \times q$

c'est-à-dire que a et b sont des équimultiples de 3 et de 5.

172. Réduire plusieurs fractions au même dénominateur. — *Réduire des fractions au même dénominateur, c'est les transformer en des fractions équivalentes et ayant toutes le même dénominateur.*

Pour réduire plusieurs fractions :
$$\frac{2}{3}, \frac{3}{4}, \frac{4}{5}, \frac{7}{8},$$

au même dénominateur, on peut multiplier les deux termes de chaque fraction par le produit des dénominateurs des autres fractions :

$$\frac{2 \times 4 \times 5 \times 8}{3 \times 4 \times 5 \times 8}, \frac{4 \times 8 \times 3 \times 4}{5 \times 8 \times 3 \times 4}$$
$$\frac{3 \times 5 \times 8 \times 3}{4 \times 5 \times 8 \times 3}, \frac{7 \times 3 \times 4 \times 5}{8 \times 3 \times 4 \times 5}$$

Ces fractions seront bien équivalentes aux fractions proposées, car les deux termes de chaque fraction ont été multipliés par un même nombre.

Elles auront bien même dénominateur, car tous les dénominateurs sont le produit des mêmes facteurs.

En effectuant les calculs indiqués plus haut, on trouve :
$$\frac{320}{480}, \frac{360}{480}, \frac{384}{480}, \frac{420}{480}.$$

173. Comme on peut prendre pour dénominateur commun un multiple quelconque des dénominateurs, il sera toujours plus avantageux de le prendre le plus petit possible, c'est-à-dire de choisir pour dénominateur commun le *P. P. C. M.* des dénominateurs; ce sera le plus petit *dénominateur commun*.

174. Pour réduire plusieurs fractions à leur plus petit dénominateur commun, on cherchera le P. P. C. M. des dénominateurs. On divisera ce P. P. C. M. par chaque dénominateur et l'on multipliera les deux termes de chaque fraction par le quotient correspondant.

Exemple :

$$\frac{7}{8} \ , \ \frac{5}{12} \ , \ \frac{1}{24} \ , \ \frac{5}{36}$$

le P. P. C. M. des dénominateurs est 72

$$72 : 8 = 9 \ , \ 72 : 12 = 6 \ , \ 72 : 24 = 3 \ , \ 72 : 36 = 2$$

$$\frac{7 \times 9}{8 \times 9} = \frac{63}{72} \ , \ \frac{5 \times 6}{12 \times 6} = \frac{30}{72} \ , \ \frac{1 \times 3}{24 \times 3} = \frac{3}{72} \ , \ \frac{5 \times 2}{36 \times 2} = \frac{10}{72}$$

Les fractions ont bien le même dénominateur 72 ; elles n'ont pas changé de valeur puisque les deux termes de chacune ont été multipliés par le même nombre.

175. On peut quelquefois convertir une fraction en une autre équivalente ayant pour dénominateur un dénominateur donné.

Soit par exemple à convertir $\frac{3}{7}$ en quatre-vingt-quatrièmes,

7 doit devenir 84, il faut pour cela le multiplier par

$$84 : 7 = 12$$

Et pour que la fraction ne change pas de valeur, nous devrons multiplier ses deux termes par ce même nombre 12. Elle deviendra

$$\frac{3 \times 12}{7 \times 22} = \frac{36}{84}$$

fraction exprimée en quatre-vingt-quatrièmes et ayant même valeur que $\frac{3}{7}$.

L'opération ne sera possible que si le nouveau dénominateur proposé est un multiple du dénominateur de la fraction à convertir.

On ne pourrait pas convertir des septièmes en quinzièmes parce que aucun nombre entier multiplié par 7 ne peut fournir 15.

ADDITION DES FRACTIONS

176. *L'addition des fractions a pour but de réunir, en une seule, plusieurs fractions de même nature (de même dénomination, de même dénominateur).*

1er CAS.

177. Si les fractions données ont le même dénominateur :

$$\frac{3}{4}+\frac{1}{4}+\frac{5}{4}$$

on additionne les numérateurs et l'on donne à la somme le dénominateur commun :

En effet, 3 fleurs écrites $\frac{3}{\text{fleurs}}+\frac{1}{\text{fleur}}+\frac{5}{\text{fleurs}}=\frac{9}{\text{fleurs}}$ ou 9 fleurs.

$$\frac{3}{4}+\frac{1}{4}+\frac{5}{4}=\frac{3+1+5}{4}=\frac{9}{4}$$

On extrait les entiers et on réduit la fraction à sa plus simple expression s'il y a lieu.

$$\frac{9}{4}=2\frac{1}{4}$$

2e CAS

178. Si les fractions n'ont pas le même dénominateur, on les y réduit et l'on continue comme il est indiqué au 1er cas.

Car 2 roses écrites $\frac{2}{\text{roses}}+\frac{3}{\text{œillets}}+\frac{1}{\text{héliotrope}}+\frac{5}{\text{marguerites}}$ ont dû être transformés en fleurs avant d'être additionnés.

$$\frac{2}{3}+\frac{3}{4}+\frac{1}{12}+\frac{5}{24}$$

ou

$$\frac{16}{24}+\frac{18}{24}+\frac{2}{24}+\frac{5}{24}=\frac{16+18+2+5}{24}=\frac{41}{24}=1\frac{17}{24}$$

3º Cas.

179. S'il se trouve des nombres fractionnaires, on fait séparément l'addition des fractions, puis celle des entiers, et l'on ajoute les deux sommes.

soit
$$3\frac{2}{3}+7\frac{3}{4}+\frac{1}{12}+2\frac{5}{24}$$

mis pour
$$3+\frac{2}{3}+7+\frac{3}{4}+\frac{1}{12}+2+\frac{5}{24}$$

Comme l'ordre dans lequel on ajoute les nombres est indifférent, on peut effectuer :

$$\left(\frac{2}{3}+\frac{3}{4}+\frac{1}{12}+\frac{5}{24}\right)+(3+7+2)$$

ou
$$1\frac{17}{24}+12$$

et enfin
$$13\frac{17}{24}$$

SOUSTRACTION DES FRACTIONS

180. *La soustraction des fractions a pour but de retrancher l'une de l'autre deux fractions de même nature.*

1ᵉʳ Cas.

181. Les fractions ont même dénominateur.

$$\frac{7}{8}-\frac{3}{8}$$

On retranche le numérateur de la fraction à soustraire de l'autre numérateur, et on donne à la différence le dénominateur commun.

$$\frac{7-3}{8} = \frac{4}{8}$$

On fait les réductions s'il y a lieu :

$$\frac{4}{8} = \frac{1}{2}$$

2ᵉ Cas.

182. Si les fractions n'ont pas le même dénominateur, on les y réduit et l'on continue comme il est indiqué au 1ᵉʳ cas.

$$\frac{5}{6} - \frac{7}{15}$$

ou

$$\frac{25}{30} - \frac{14}{30} = \frac{25-14}{30} = \frac{11}{30}$$

3ᵉ Cas.

183. Si les quantités à soustraire sont des nombres fractionnaires, on fait séparément la soustraction des entiers et celle des fractions.

$$5\frac{5}{6} - 3\frac{7}{15}$$

$$5 - 3 = 2$$

$$\frac{25}{30} - \frac{14}{30} = \frac{11}{30}$$

La différence est :

$$2\frac{11}{30}$$

184. — Mais s'il arrive que la fraction de l'expression à soustraire soit plus forte que la première fraction, on prend une unité au premier nombre fractionnaire, on la convertit en fraction qu'on ajoute à la plus petite.

Soit :
$$5\frac{7}{15} - 3\frac{5}{6}$$

comme $\frac{7}{15}$ est plus petit que $\frac{5}{6}$ on modifiera l'opération en :
$$4\frac{22}{15} - 3\frac{5}{6}$$

ou :
$$4 - 3 = 1$$
$$\frac{44}{30} - \frac{25}{30} = \frac{19}{30}$$

La différence est :
$$1\frac{19}{30}$$

MULTIPLICATION DES FRACTIONS

185. — *La multiplication des fractions a pour but de trouver un produit qui soit au multiplicande ce que le multiplicateur est à l'unité.*

Soit :
$$\frac{5}{6} \times \frac{3}{4}$$

Multiplier $\frac{5}{6}$ par $\frac{3}{4}$ c'est trouver un produit qui soit à $\frac{5}{6}$ ce que $\frac{3}{4}$ est à l'unité.

Or $\frac{3}{4}$ est 3 fois le quart de l'unité, donc le produit sera trois fois le quart de $\frac{5}{6}$.

Multiplier $\frac{5}{6}$ par $\frac{3}{4}$ revient donc à prendre les $\frac{3}{4}$ de $\frac{5}{6}$.

MULTIPLICATION DES FRACTIONS

$$\frac{1}{4} \text{ de } \frac{5}{6} = \frac{5}{6 \times 4}$$

$$\frac{3}{4} \text{ de } \frac{5}{6} = \frac{5 \times 3}{6 \times 4}$$

D'où la règle générale : Pour multiplier une fraction par une autre, on fait le produit des numérateurs qu'on divise par le produit des dénominateurs.

186. Le produit est plus faible que le multiplicande, puisque le multiplicateur est plus faible que l'unité (n° 57). Il est également plus petit que le multiplicateur; on le montrerait en intervertissant l'ordre des facteurs.

187. Si l'on avait :

$$\frac{5}{6} \times 3 \quad \text{ou} \quad 3 \times \frac{5}{6}$$

on ramènerait à :

$$\frac{5}{6} \times \frac{3}{1} \quad \text{ou} \quad \frac{3}{1} \times \frac{5}{6}$$

en observant notre convention du n° 150.

On appliquerait la règle générale.

188. Cependant, si l'on demandait d'exposer la théorie de la multiplication de $\frac{5}{6} \times 3$ avant qu'on ait exposé la théorie générale, on dirait :

Le produit devant être à $\frac{5}{6}$ ce que 3 est à l'unité, et 3 étant 3 fois l'unité, le produit sera 3 fois $\frac{5}{6}$ ou :

$$\frac{5 \times 3}{6}$$

d'où cette règle particulière : Pour multiplier une fraction par un nombre entier, on multiplie le numérateur seul de la fraction par le nombre entier.

189. De même si l'on voulait exposer la théorie de $3 \times \frac{5}{6}$ avant la théorie générale, on dirait :

Le produit doit être à 3 ce que $\frac{5}{6}$ est à l'unité ; $\frac{5}{6}$ est 5 fois le sixième de l'unité, le produit sera 5 fois le sixième de 3, ou

$$\frac{3\times 5}{6}$$

D'où l'on tire la même règle que n° 188.

190. *Si les quantités à multiplier sont des nombres fractionnaires, on les réduit en expressions fractionnaires, et l'on opère comme pour les fractions.*

Soit à multiplier :

$$5\frac{2}{3} \times 4\frac{7}{8}$$

Ces nombres fractionnaires deviennent :

$$\frac{17}{3} \times \frac{39}{8}$$

et enfin :

$$\frac{17\times 39}{3\times 8} = \frac{663}{24} = 27\frac{15}{24} = 27\frac{5}{8}.$$

191. On pourrait se dispenser de faire la réduction des nombres fractionnaires en expressions fractionnaires, et effectuer le produit de la somme de 2 nombres par la somme de 2 nombres (n° 69), soit :

$$\left(5+\frac{2}{3}\right) \times \left(4+\frac{7}{8}\right)$$

que nous pouvons disposer comme il suit :

$$5+\frac{2}{3}$$
$$4+\frac{7}{8}$$
$$(5\times 4)+\left(\frac{2}{3}\times 4\right)+\left(5\times \frac{7}{8}\right)+\left(\frac{2}{3}\times \frac{7}{8}\right)$$

ou :

$$20 + \frac{8}{3} + \frac{35}{8} + \frac{14}{24} = 20 + \frac{64+105+14}{24} = 20\frac{183}{24}$$

et enfin :
$$27\frac{15}{24} = 27\frac{5}{8}$$

192. Fractions de fractions. — On peut se proposer de prendre les $\frac{3}{7}$ des $\frac{4}{5}$ de $\frac{8}{9}$.

On prend d'abord les $\frac{4}{5}$ de $\frac{8}{9}$, soit :
$$\frac{8\times 4}{9\times 5}$$

on prend ensuite les $\frac{3}{7}$ de l'expression trouvée; soit :
$$\frac{8\times 4\times 3}{9\times 5\times 7}$$

193. Principe. — Un produit de plusieurs facteurs fractionnaires ne change pas quand on intervertit leur ordre.

Il faut démontrer que :
$$\frac{5}{7}\times\frac{3}{4}\times\frac{8}{9}\times\frac{6}{11} = \frac{8}{9}\times\frac{5}{7}\times\frac{6}{11}\times\frac{3}{4}$$

Le premier membre de cette égalité peut s'écrire :
$$\frac{5\times 3\times 8\times 6}{7\times 4\times 9\times 11}$$

Mais le numérateur de cette fraction peut devenir
$$8\times 5\times 6\times 3$$

le dénominateur peut également devenir
$$9\times 7\times 11\times 4$$

et la fraction :
$$\frac{8\times 5\times 6\times 3}{9\times 7\times 11\times 4}$$

et enfin :
$$\frac{8}{9}\times\frac{5}{7}\times\frac{6}{11}\times\frac{3}{4}$$

DIVISION DES FRACTIONS

194. — *La division des fractions est une opération qui a pour but de trouver un quotient qui, multiplié par le diviseur, reproduise le dividende.*

Soit :
$$\frac{8}{9} : \frac{2}{3}$$

C'est trouver un quotient qui, multiplié par $\frac{2}{3}$ reproduise $\frac{8}{9}$.

Mais multiplier le quotient par $\frac{2}{3}$ c'est prendre les $\frac{2}{3}$ du quotient (n° 145).

Si :
$$\frac{2}{3} \text{ du quotient} = \frac{8}{9}$$
$$\frac{1}{3} \quad - \quad \text{égalera 2 fois moins}$$

ou :
$$\frac{8}{9 \times 2}$$

et $\frac{3}{3}$ du quotient 3 fois plus

ou :
$$\frac{8 \times 3}{9 \times 2}$$

d'où la règle générale :

Pour diviser une fraction par une autre fraction, on multiplie la fraction dividende par la fraction diviseur renversée.

195. — Le même raisonnement pourrait conduire à une façon différente d'opérer :

Si :
$$\frac{2}{3} \text{ du quotient} = \frac{8}{9}$$
$$\frac{1}{3} \quad - \quad \text{égalera 2 fois moins}$$

ou :
$$\frac{8:2}{3}$$

et $\frac{3}{3}$ du quotient égaleront 3 fois plus

ou :
$$\frac{8:2}{9:3}$$

qui donne lieu à cette règle particulière :

Pour diviser une fraction par une fraction, on divise les deux termes de la fraction dividende par les termes correspondants de la fraction diviseur.

Cette dernière règle devra être suivie, mais ne pourra être suivie que chaque fois que les termes de la fraction dividende seront des multiples des termes correspondants de la fraction diviseur.

196. — On pourrait encore expliquer l'opération de la division des fractions en suivant ce raisonnement :

Soit à faire la division :
$$\frac{8}{9} : \frac{2}{3}$$

Si au lieu de diviser $\frac{8}{9}$ par $\frac{2}{3}$, je divise $\frac{8}{9}$ par 2 unités, je trouve (n° 125) :

$$(1)\ \frac{8}{9 \times 2} \quad \text{ou} \quad (2)\ \frac{8:2}{9}$$

Mais dans ce cas, j'ai un quotient 3 fois trop faible, puisque j'ai pris un diviseur 3 fois plus grand que celui qui m'était donné $\left(2 \text{ est } 3 \text{ fois plus grand que } \frac{2}{3}\text{; car c'est } 2\right)$. Pour trouver le véritable quotient, je dois multiplier les fractions précédentes par 3. Elles deviennent alors :

$$(1)\ \frac{8 \times 3}{9 \times 2} \quad \text{ou} \quad (2)\ \frac{8:2}{9:3}$$

D'où l'on tire comme il est énoncé plus haut : de (1) la règle générale ; et de (2) une règle particulière.

197. — Si maintenant, pour trouver le quotient de la division de deux fractions, nous invoquons la définition de la division donnée en premier lieu pour les nombres entiers, à savoir que cette opération a pour but de connaître combien de fois le dividende contient le diviseur, nous devrons d'abord réduire nos fractions au même dénominateur, car on ne peut retrancher l'une de l'autre que des quantités de même nature :

Soit à faire l'opération suivante :

$$\frac{5}{7} : \frac{3}{8}$$

Je réduis ces fractions au même dénominateur, elles deviennent :

$$\frac{5\times 8}{7\times 8} : \frac{3\times 7}{8\times 7}$$

Mais le quotient de ces deux fractions entre elles est le même que celui de quantités (7×8) fois plus grandes (n° 87), c'est-à-dire de $5\times 8 : 3\times 7$.

Le quotient de $\frac{5}{7} : \frac{3}{8}$ est donc :

$$5\times 8 : 3\times 7 \quad \text{ou} \quad \frac{5\times 8}{7\times 3}$$

ce que les raisonnements précédents indiquaient déjà. On voit alors que, dans la division d'une fraction par une fraction, on peut réduire les deux fractions au même dénominateur puis diviser le nouveau numérateur de la fraction dividende par le nouveau numérateur de la fraction diviseur.

198. — Si l'on avait :

$$\frac{8}{9} : 2 \quad \text{ou} \quad 2 : \frac{8}{9}$$

on transformerait en :

$$\frac{8}{9} : \frac{2}{1} \quad \text{ou} \quad \frac{2}{1} : \frac{8}{9}$$

et l'on appliquerait l'une des règles indiquées plus haut.

199. — Cependant si l'explication de ces opérations était demandée avant qu'on eût formulé la règle générale, on dirait, pour :

$$\frac{8}{9} : 2$$

2 fois le quotient $= \frac{8}{9}$

1 — $= \frac{8}{9 \times 2}$ ou $\frac{8:2}{9}$

D'où l'on tirerait la règle : **Pour diviser une fraction par un nombre entier on multiplie le nombre entier diviseur par le dénominateur de la fraction ; ou, si possible, on divise le numérateur par le nombre entier.**

200. Soit :

$\frac{8}{9}$ du quotient $= 2$

$\frac{1}{9}$ — $= \frac{2}{8}$

et $\frac{9}{9}$ — $= \frac{2 \times 9}{8}$

D'où la règle : **Pour diviser un nombre entier par une fraction, on multiplie l'entier par la fraction diviseur renversée.**

201. — Si les quantités à diviser sont des nombres fractionnaires, on les réduit en expressions fractionnaires et l'on opère comme pour les fractions.

ainsi :

$$7\frac{3}{5} : 4\frac{8}{9}$$

deviennent :

$$\frac{38}{5} : \frac{44}{9}$$

dont le quotient est :

$$\frac{38 \times 9}{5 \times 44}$$

PREUVES DES OPÉRATIONS SUR LES FRACTIONS

202. — Les principes des preuves des opérations sur les fractions sont les mêmes que celles que nous avons énoncées pour les nombres entiers.

Pour l'*addition*, on recommence l'opération en l'effectuant dans un ordre différent.

Pour la *soustraction*, la différence trouvée ajoutée à la plus petite fraction doit reproduire la plus grande.

$$\text{si} : \frac{5}{6} - \frac{7}{15} = \frac{11}{30}$$

$$\frac{11}{30} + \frac{7}{15} \text{ devra égaler } \frac{5}{6}$$

Pour la *multiplication*, on peut intervertir l'ordre des facteurs, ou diviser le produit à vérifier par l'un des facteurs, on doit retrouver l'autre :

$$\frac{17}{18} \times \frac{5}{12} \text{ doit égaler } \frac{5}{12} \times \frac{17}{18}$$

ou :

$$\frac{85}{216} : \frac{5}{12} \text{ doit égaler } \frac{17}{18}$$

Dans la *division*, il faut que le quotient trouvé multiplié par le diviseur reproduise le dividende :

si :
$$\frac{17}{18} : \frac{5}{12} = \frac{17 \times 12}{18 \times 5} = \frac{204}{90}$$

l'opération sera bonne si :
$$\frac{204}{90} \times \frac{5}{12} = \frac{17}{18}$$

CONVERSION DES FRACTIONS ORDINAIRES EN FRACTIONS DÉCIMALES ET RÉCIPROQUEMENT

203. — Nous rappellerons qu'une fraction décimale est une fraction qui a pour dénominateur 10 ou une puissance de 10. On ne l'écrit pas généralement sous la forme des fractions à deux termes en vertu de conventions que nous avons étudiées dans la numération; mais $0,35$ et $\frac{35}{100}$ sont la même fraction décimale.

204. Pour réduire une fraction ordinaire en fraction décimale, on effectue la division du numérateur par le dénominateur.

En effet, une fraction étant le quotient de son numérateur par son dénominateur, en effectuant la division on la convertira en fraction décimale.

205. En faisant cette opération, on peut trouver :
1° Un *quotient décimal exact* :

$$\frac{4}{5} = 0,8 \qquad \begin{array}{r|l} 40 & 5 \\ \hline & 0,8 \end{array}$$

2° Soit un quotient *non terminé* :

$$\frac{4}{11} = 0,363636... \qquad \begin{array}{r|l} 40 & 11 \\ 70 & \overline{0,3636...} \\ 40 & \\ 70 & \\ 4 & \end{array}$$

BRÉMANT. — Math. Brevet.

206. Principe. — Pour qu'une fraction ordinaire irréductible puisse être exactement convertie en une fraction décimale, il faut que son dénominateur ne contienne pas d'autres facteurs premiers que 2 et 5.

Convertir une fraction ordinaire en fraction décimale, c'est la transformer en une autre fraction équivalente ayant pour dénominateur 10 ou une puissance de 10;

or :
$$10 = 2 \times 5 \quad , \quad 100 = 2^2 \times 5^2$$
$$1.000 = 2^3 \times 5^3 ; \quad 10.000 = 2^4 \times 5^4.$$

C'est-à-dire que toute puissance de 10 est un produit des facteurs 2 et 5 affectés des mêmes exposants.

Comme on prend, par hypothèse, une fraction irréductible, la seule opération qu'on puisse lui faire subir sans changer sa valeur, c'est de multiplier ses deux termes par un même nombre, c'est-à-dire leur ajouter de nouveaux facteurs.

Si donc le dénominateur contient un facteur étranger à ceux qui peuvent constituer une puissance de 10, la multiplication des deux termes pour un même nombre ne pourra jamais le faire disparaître, et jamais la fraction qui le possède ne deviendra décimale.

Ainsi $\frac{3}{4}$ pourra devenir fraction décimale,

en effet :
$$\frac{3}{4} = \frac{3}{2^2}$$

Multiplions les deux termes de cette fraction par 5^2, elle deviendra

$$\frac{3 \times 5^2}{2^2 \times 5^2} = \frac{75}{100}, \text{ fraction décimale,}$$

de même :
$$\frac{7}{20} = \frac{7}{2^2 \times 5}$$

multiplions ses deux termes par 5 :

$$\frac{7 \times 5}{2^2 \times 5 \times 5} = \frac{35}{100}, \text{ fraction décimale.}$$

Enfin : $\dfrac{3}{40} = \dfrac{3}{2^3 \times 5}$ multiplions ses deux termes par 5^2 :

$$\dfrac{3 \times 5^2}{2^3 \times 5 \times 5^2} = \dfrac{75}{1.000}$$ fraction décimale.

Mais : $\dfrac{5}{14} = \dfrac{5}{2 \times 7}$

Aucun nombre multipliant les deux termes ne pourra faire disparaître 7 ; jamais alors le dénominateur ne deviendra décimal.

207. Remarque. — On voit qu'on peut, à l'avance, trouver le nombre des chiffres décimaux qu'aura une fraction décimale exacte ; *il est égal au plus haut exposant des facteurs 2 ou 5 de la fraction irréductible donnée.*

Ainsi : $\dfrac{7}{20} = \dfrac{7}{2^2 \times 5}$ fournira une fraction décimale de 2 chiffres ; $\dfrac{9}{250} = \dfrac{3}{2 \times 5^3}$ fournira un nombre de millièmes, soit 3 chiffres décimaux.

208. Si, en effectuant la division du numérateur par le dénominateur d'une fraction ordinaire, on ne trouve pas un quotient exact, il arrivera nécessairement un moment où, dans l'opération, on trouvera un reste qui s'est déjà produit ; ce même reste donnera un quotient déjà trouvé, qui à son tour fournira un autre reste déjà trouvé et ainsi de suite ; à partir de ce moment, les chiffres du quotient se répéteront toujours et indéfiniment dans le même ordre ; on aura un *quotient périodique*.

209. Il existe deux espèces de quotients périodiques :

Le quotient est **périodique simple** *quand la période commence immédiatement après la virgule :*

soit 0,528 528 528 528... la période est 528.

Le quotient est **périodique mixte** *quand la période est précédée d'une partie irrégulière, qui ne se répète pas :*

0,43 675 675 675 675...

210. Quand il a été prévu que, de la conversion d'une fraction ordinaire en fraction décimale, doit résulter une fraction périodique, il est possible de savoir combien d'opérations il faudra faire au plus, avant de trouver le premier chiffre de la seconde période, c'est-à-dire combien la période aura de chiffres.

Soit en effet à convertir $\frac{4}{7}$ en fraction décimale.

Nous voyons d'abord qu'elle donnera naissance à une fraction périodique, puisque son dénominateur contient 7 comme facteur.

Puis, nous disons que sa période aura au plus 6 chiffres. En

```
40   | 7
 50  | 0,571428.57...
  10
   30
    20
     60
      40
       50
```

effet, les seuls restes que la division de 4 par 7 puisse donner sont : 1, 2, 3, 4, 5, 6, puisque le reste d'une division doit être inférieur au diviseur ; quand tous ces restes auront été obtenus — en admettant qu'on les obtienne tous, ce qui arrivera rarement — on retrouvera nécessairement un reste qui s'est déjà trouvé, qui fournira un quotient déjà trouvé, et à partir de ce moment nous aurons la période.

La période peut donc avoir au plus autant de chiffres qu'il y a d'unités moins une dans le dénominateur.

211. On appelle **fraction génératrice** *d'une fraction décimale la fraction ordinaire qui donnerait naissance à une fraction décimale périodique.*

Convertir une fraction décimale en fraction ordinaire.

212. 1° La fraction donnée n'est pas périodique.

Règle. — *Pour donner à une fraction décimale la forme d'une fraction ordinaire, on prendra pour numérateur la partie* décimale, et pour dénominateur l'unité suivie d'autant de zéros qu'il y aura de chiffres dans la partie décimale.

$$0,8 = \frac{8}{10}$$

Cela résulte de la définition même des fractions.

213. 2° La fraction décimale donnée est périodique simple :

$$0,36\ 36\ 36\ 36...$$

Soit F la fraction ordinaire recherchée, équivalente à la fraction décimale donnée.

On doit avoir :

(1) $\qquad F = 0,36\ 36\ 36\ 36...$

Je multiplie par 100 les deux membres de cette égalité, pour rendre entière la première période. On trouve :

(2) $\qquad 100\ F = 36,36\ 36\ 36...$

Retranchons ces égalités membre à membre : (2) moins (1).

(2) $\qquad 100\ F = 36,36\ 36\ 36...$
(1) $\qquad \underline{\ F = 0,36\ 36\ 36\ 36...}$
$\qquad\quad\ 99\ F = 36,00\ 00\ 00\ 36...$

Soustraction que je dois faire nécessairement par la gauche dans les deux membres puisque la partie décimale n'a pas de limite à droite.

Mais la partie décimale 36 est relativement près de la partie entière parce que j'ai pris un nombre limité de périodes ; si j'avais pris, ce qui est vrai, un nombre infini de périodes, la partie décimale 36 se serait trouvée infiniment loin de la partie entière ; elle pourra donc être négligée sans entraîner aucune erreur. Il reste alors :

$$99\ F = 36$$

$$F = \frac{36}{99}$$

Règle. — *La fraction ordinaire, génératrice d'une fraction périodique simple, a pour numérateur une période, et pour dénominateur, autant de 9 qu'il y a de chiffres à la période.*

214. 3° La fraction décimale donnée est périodique mixte.

$$0, 436\ 36\ 36\ 36...$$

Soit F la fraction ordinaire cherchée. On doit avoir :

(1) $\qquad F = 0, 436\ 36\ 36\ 36...$

Multiplions ces deux membres par 1.000 pour faire sortir comme partie entière la première période de la partie non périodique.

(2) $\qquad 1.000\ F = 436, 36\ 36\ 36...$

Multiplions la même égalité (1) par 10 pour faire sortir en partie entière la partie non périodique :

(3) $\qquad 10\ F = 4, 36\ 36\ 36\ 36...$

Retranchons (3) de (2)

$$\begin{array}{r} 1.000\ F = 436 \qquad 36\ 36\ 36... \\ \underline{10\ F = \quad 4, \qquad 36\ 36\ 36\ 36...} \\ 990\ F = (436-4), 00\ 00\ 00\ 36... \end{array}$$

Un raisonnement analogue à celui de la démonstration précédente nous montrera qu'on peut rigoureusement supprimer la partie décimale. Il reste :

$$990\ F = 436 - 4$$

d'où :

$$F = \frac{436 - 4}{990}$$

Règle. — *La fraction ordinaire, génératrice d'une fraction périodique mixte, a pour numérateur la partie non périodique suivie de la première période, moins la partie non périodique, et pour dénominateur autant de 9 que de chiffres dans la période, suivis d'autant de zéros que de chiffres dans la partie non périodique.*

OPÉRATIONS DES NOMBRES DÉCIMAUX

Considérés comme des expressions fractionnaires.

215. Addition. — Soit à additionner les nombres décimaux :

$$2,5 + 42,53 + 9,536 + 4,3$$

Convertis en expressions fractionnaires, ils deviennent :

$$\frac{25}{10} + \frac{4.253}{100} + \frac{9.536}{1.000} + \frac{43}{10}$$

Il faut les réduire au même dénominateur 1.000 et les additionner :

$$\frac{2.500}{1.000} + \frac{42.530}{1.000} + \frac{9.536}{1.000} + \frac{4.300}{1.000} = \frac{58.866}{1.000}$$

Et enfin, convertir la somme en nombre décimal :

$$58,866$$

216. Soustraction. — Soit à faire la soustraction :

$$72,4 - 5,58$$

Il vient :

$$\frac{724}{10} - \frac{558}{100}$$

Ou :

$$\frac{7.240}{100} - \frac{558}{100} = \frac{6.682}{100}$$

Et enfin 66,82.

217. Multiplication. — Soit à effectuer :

$$7,45 \times 32,3$$

Il vient :

$$\frac{745}{100} \times \frac{323}{10} = \frac{745 \times 323}{100 \times 10}$$

Ou :

$$\frac{240.635}{1.000} = 240,635$$

218. On voit que lorsqu'on multiplie un nombre de centièmes par un nombre de dixièmes, on trouve un nombre de millièmes.

249. Division. — Soit à effectuer :

$$87{,}95 : 32{,}4$$

Il vient :

$$\frac{8.795}{100} : \frac{324}{10}$$

Multipliant la fraction dividende par la fraction diviseur renversée, on trouve :

$$\frac{8.795 \times 10}{100 \times 324} = \frac{87.950}{32.400}$$

Ou, divisant les deux termes par 10 pour simplifier la fraction :

$$8.795 : 3.240$$

On trouve alors cette règle générale :

Pour faire une division de nombres décimaux, on égalise, en ajoutant un ou plusieurs zéros, les nombres des chiffres décimaux du dividende et du diviseur, on supprime les virgules, et l'on opère sur les nombres devenus entiers.

220. Nous trouvons ici une règle un peu différente de celle énoncée lors de la division des nombres décimaux (n° 95). Ici, en effet, les deux termes deviennent entiers, tandis que dans la règle précitée, le dividende pouvait rester décimal. D'ailleurs les deux façons de procéder conduisent au même résultat.

SUJETS DONNÉS AU BREVET ÉLÉMENTAIRE
QUESTIONS TRAITÉES

I. — *Former une fraction équivalente à* $\frac{91}{143}$ *et dont le dénominateur soit* 110.

Réduisons la fraction à sa plus simple expression. On a :

$$\frac{91 : 13}{143 : 13} = \frac{7}{11}$$

La fraction $\frac{7}{11}$ est équivalente à $\frac{91}{143}$

Pour avoir une fraction équivalente à $\frac{7}{11}$ mais qui ait pour dénominateur 110, il suffit de multiplier les deux termes par 10, soit :

$$\frac{7 \times 10}{11 \times 10} = \frac{70}{110}$$

II. — *Pourrait-on réduire deux fractions au même numérateur ? Comment ? Quelle pourrait être l'utilité de cette opération ? Pourrait-elle remplacer dans tous les cas la réduction au même dénominateur ? Prendre comme exemple les deux fractions $\frac{6}{13}$ et $\frac{4}{9}$*

1° On peut réduire deux fractions au même numérateur. Il suffit de multiplier les deux termes de la première par le numérateur de la deuxième et les deux termes de la deuxième par le numérateur de la première.

$$\frac{6}{13} \text{ et } \frac{4}{9} \text{ donnent } \frac{6 \times 4}{13 \times 4} \text{ et } \frac{4 \times 6}{9 \times 6}$$

qu encore :

$$\frac{24}{52} \text{ et } \frac{24}{54}$$

On aurait pu prendre un numérateur commun, c'est-à-dire le P. P. C. M. des numérateurs. Ici c'eût été 12.
On aurait eu :

$$\frac{[6 \times 2]}{13 \times 2} \text{ et } \frac{4 \times 3}{9 \times 3} \text{ soit } \frac{12}{26} \text{ et } \frac{12}{27}$$

2° Cette opération permet de comparer les grandeurs de deux fractions.

Mais elle ne pourrait pas remplacer dans tous les cas la réduction au même dénominateur, car il serait impossible d'additionner

$$\frac{24}{52} \text{ et } \frac{24}{54}$$

sans les réduire au même dénominateur.

De même, cette opération n'a aucune utilité pour la soustraction des fractions.

III. — *Les deux facteurs d'un produit ont été l'un multiplié par $\frac{1}{3}$, l'autre divisé par $\frac{1}{4}$. Le produit des résultats de ces deux opérations est 3.456. Quel était le produit primitif?*

Soit P ce produit primitif. En multipliant un des deux facteurs par $\frac{1}{3}$, on a rendu le produit 3 fois moins fort. En le divisant par $\frac{1}{4}$, on l'a rendu 4 fois plus fort.

Il est donc devenu $\frac{P \times 4}{3}$, les 4/3 du produit primitif.

D'où :
$$\frac{P \times 4}{3} = 3.456$$

et :
$$P = \frac{3.456 \times 3}{4} = 2.592$$

IV. — *Pour quelles valeurs de n la fraction $\frac{n}{2n+1}$ se réduit-elle à un nombre décimal fini ?*

Un nombre décimal veut dire que la division de n par $2n+1$ finira par un reste 0.

1° Quel que soit n, il n'existera jamais aucun diviseur commun entre n et $2n+1$, car n divise $2n$, mais ne peut diviser 1, sauf un seul cas, quand $n = 1$. On a alors $\frac{1}{3}$ qui ne répond pas à la question.

2° On sait que pour qu'on ait un nombre décimal fini, le dénominateur de la fraction ne doit contenir que les facteurs 2 ou les facteurs 5.

Le dénominateur $2n+1$ ne contiendra jamais le facteur 2, car il est toujours impair.

Il faut donc que $2n+1$ égale 5 ou une *puissance* de 5. On dit *puissance* et non *multiple* de 5, car si on disait multiple, on introduirait au dénominateur un facteur autre que 5, et dans ce cas on n'obtiendrait pas un nombre décimal fini.

Si :
$$2n+1 = 5 \text{ ou puissance de } 5$$

on aura :
$$n = \frac{\text{Puissance de } 5 - 1}{2}$$

Les valeurs à donner à n sont donc les puissances de 5 diminuées de 1 et dont on prendrait la moitié.

Ce sont donc :
$$\frac{5-1}{2} = 2$$

$$\frac{25-1}{2} = 12$$

$$\frac{125-1}{2} = 62$$

et ainsi de suite en multipliant le nombre précédent par 5 et en ajoutant 2 unités à ce produit.

CHAPITRE V

RACINES

EXTRACTION DE LA RACINE CARRÉE

221. Rappelons que le carré d'un nombre est le produit de ce nombre par lui-même.

$$5^2 = 5 \times 5 = 25$$

222. La racine carrée d'un nombre proposé *est le nombre qui multiplié par lui-même reproduit le nombre proposé*. Le signe de l'extraction de la racine carrée est $\sqrt{}$.

Ainsi :

$$\sqrt{25} \text{ est } 5$$

parce que :

$$5 \times 5 = 25$$

223. 1° Extraire à une unité près, la racine carrée d'un nombre plus petit que 100.

Il suffit de chercher dans la table de multiplication le plus grand nombre dont le carré égale le nombre proposé ou puisse s'en retrancher.

Ainsi :

$$\sqrt{64} = 8$$
$$\sqrt{40} = 6 \text{ à une unité près.}$$

RACINE CARRÉE   109

C'est-à-dire qu'elle est comprise entre 6 et 7.

2° **Le nombre donné est plus grand que 100 mais plus petit que 10.000.**

La racine carrée d'un tel nombre sera plus grande que 10 mais plus petite que 100 ; elle aura donc 2 chiffres.

En effet :
$$10^2 = 100 \text{ et } 100^2 = 10.000.$$

Cette racine contenant des dizaines et des unités, son carré sera le carré de la somme de 2 nombres : dizaines et unités.

Or, le carré d'un nombre formé de dizaines et d'unités renferme :

1° *Le carré des dizaines ;*

2° *Le double produit des dizaines par les unités ;*

3° *Le carré des unités.*

Et si, pour abréger, nous appelons d le chiffre des dizaines d'une racine et u le chiffre de ses unités, on aura :
$$(d+u)^2 = d^2 + 2\,du + u^2$$

Soit à extraire la racine carrée de 7.215.

Sa racine sera comprise entre 10 et 100 ; elle contiendra donc un chiffre de dizaines (d) et un chiffre d'unités (u). Ce sont ces 2 chiffres qu'il s'agit de trouver.

$$\begin{array}{r|l}
d^2 + 2\,du + u^2 + \text{R} = 72.15 & du \\
2\,du + u^2 + \text{R} = 81.5 & 8\,4 \\
\text{R} = 159 & \overline{164 \times 4 = 656} \\
 & (2\,d+u)\,u = 2\,du + u^2
\end{array}$$

Le carré des dizaines (d^2) ne pouvant être qu'un nombre de centaines se trouvera dans les 72 centaines du nombre donné.

Je sépare donc par un point les centaines de 7.215, et j'extrais la racine carrée de 72. Je trouve ainsi 8 qui est le chiffre exact des dizaines (d).

Si je retranche le carré de 8 dizaines (d^2) de 7.215 il me restera 815 qui ne renferme plus que :

(2) Le double produit des dizaines par les unités.

(3) Le carré des unités ; et peut-être un reste (R).

Or, le double produit des dizaines par les unités ($2\,du$) est un nombre de dizaines qui sera contenu dans les dizaines du premier reste 815, je sépare ces dizaines par un point.

Mais 81 dizaines ne contiennent peut-être pas seulement les dizaine qui proviennent du double produit des dizaines par les unités, elles peuvent contenir en outre des dizaines qui proviennent du carré des unités, et celles du reste. Alors en divisant 81 dizaines par le double 16 des dizaines de la racine (2 d) on trouvera ou le chiffre des unités (u) ou un chiffre trop fort :

$$81 : 16 \text{ donne 5 pour quotient.}$$

Pour vérifier ce chiffre 5, on le place à côté de 16 (2 d) et on multiplie le nombre 165 (2 d + u) par 5 (u), on obtient ainsi le double produit des dizaines par les unités, plus le carré des unités (2 du + u^2) ; si cette somme ne peut pas se retrancher de 815, c'est que 5 (u) est trop fort, on essaye 4. Dans ce cas $2 du + u^2 = 656$ qu'on peut retrancher de 815 ; 4 est le chiffre des unités.

La racine carrée de 7.215 est donc 84 ; elle donne 159 pour reste.

3° Le nombre donné est plus grand que 10.000.

Soit à extraire la racine carrée de 6.423.047.

```
6.4 2.3 0.4 7  | 2.534
24.2           |
  1 7 3.0      | 45 × 5
    2 2 1 4.7  | 503 × 3
      1 8 9 1  | 5.064 × 4
```

Le carré des dizaines de la racine est contenu dans les centaines du nombre proposé 6.423.047. Je sépare ses centaines par un point. Si j'extrais la racine de 64.230, j'aurai les dizaines de la racine.

Mais 64230, étant plus grand que 100, aura une racine plus grande que 10. Le carré de ces dernières dizaines sera contenu dans les centaines de 64230 ; je les sépare par un point. Il restera à extraire la racine de 642, opération qu'on sait faire.

La racine carrée de 642 est 25.

Ce nombre 25 peut être considéré comme étant les dizaines de la racine du nombre 642.30 et le nombre 22147 ne doit plus contenir que les deux autres parties du carré, et le reste s'il y en a un.

En cherchant, comme il est indiqué plus haut (2°), le chiffre des unités de cette racine on trouve 3.

La racine carrée de 6.42.30 est 253.

Mais on doit, cette fois, considérer le nombre 253 comme étant les dizaines de la racine du nombre 6.42.30.47. Il ne reste plus à chercher que le chiffre de ses unités par le procédé connu ; ce chiffre est 4.

La racine carrée de 6.423.047 est 2.534.

RACINE CARRÉE

De cette théorie on tire la règle suivante :

Règle. — *Pour trouver à une unité près la racine carrée d'un nombre, on le partage de droite à gauche en tranches de deux chiffres. (La dernière tranche à gauche peut n'avoir qu'un chiffre.) On cherche la racine de la dernière tranche à gauche ; et l'on a ainsi le 1er chiffre à gauche de la racine.*

On soustrait de la 1re tranche le carré du 1er chiffre de la racine. A la droite du reste on abaisse la tranche suivante du nombre proposé.

On divise les dizaines du nombre ainsi formé par le double du nombre inscrit à la racine. Le quotient est le chiffre suivant de la racine ou un chiffre trop fort. Pour essayer ce quotient on l'écrit à droite du diviseur qui l'a fourni ; on multiplie le nombre ainsi formé par le chiffre à éprouver ; si l'on peut retrancher ce produit du nombre formé par le premier reste suivi de la seconde tranche du nombre donné, le chiffre est le bon ; sinon il est trop fort.

On le diminue alors d'une ou de plusieurs unités et on éprouve les chiffres diminués, comme il vient d'être dit. Quand on a trouvé le chiffre convenable, on le porte à la racine à droite du premier.

Pour trouver le troisième chiffre de la racine, à droite du dernier reste, on abaisse la tranche suivante du nombre proposé, on divise les dizaines du nombre ainsi formé par le double du nombre trouvé à la racine ; le quotient éprouvé est le chiffre suivant de la racine.

On continue ainsi jusqu'à ce qu'on ait abaissé et employé toutes les tranches du nombre donné.

Si un dividende était moindre que le diviseur correspondant, le chiffre à placer à la racine serait un zéro. On abaisserait une nouvelle tranche et on continuerait à appliquer la règle.

224. Preuve. — Pour faire la preuve de l'extraction de la racine carrée d'un nombre, on fait le carré de la racine, on y ajoute le dernier reste, et l'on doit retrouver le nombre proposé.

225. Remarque I. — *Le reste ne doit jamais surpasser le double du nombre qui figure à la racine; dans le cas contraire, le chiffre essayé est trop faible.*

226. Remarque II. — *La racine a autant de chiffres que le nombre dont on l'a extraite avait de tranches.*

Ainsi $\quad ^2\sqrt{\overline{5.23.46.28}}$ aura quatre chiffres.

227. Racine carrée des nombres décimaux. — On rend pair le nombre des chiffres décimaux (s'il ne l'est déjà) en ajoutant un zéro. On opère ensuite comme si le nombre était entier. Mais au résultat, on sépare autant de chiffres décimaux qu'il y a de tranches dans la partie décimale du nombre dont on a extrait la racine.

Ainsi $\quad ^2\sqrt{34263,456} = {^2\sqrt{3.42.63,45.60}}$.

La racine aura 2 chiffres à sa partie décimale (voir remarque II).

228. Racine carrée d'un nombre à moins d'une unité décimale donnée.

Soit à extraire $\quad ^2\sqrt{3}$ à 0,001 près.

On ajoutera sur la droite de 3 autant de tranches de zéros qu'on veut obtenir de chiffres décimaux et on continuera l'opération comme si le nombre était décimal.

$^2\sqrt{3}$ à 0,001 près, se modifie en $^2\sqrt{3,00\ 00\ 00}$.

229. Racine carrée d'une fraction. — Pour extraire la racine carrée d'une fraction, on peut, ou extraire la racine carrée de la fraction décimale équivalente, ou extraire la racine carrée de ses deux termes.

$$^2\sqrt{\frac{8}{11}} = \frac{^2\sqrt{8}}{^2\sqrt{11}}$$

On peut cependant, dans ce cas, éviter d'extraire deux

racines. Si je multiplie les deux termes de la fraction $\frac{\sqrt{8}}{\sqrt{11}}$ par $\sqrt{11}$, elle deviendra, sans changer de valeur :

$$\frac{\sqrt{8} \times \sqrt{11}}{\sqrt{11} \times \sqrt{11}}$$

Or le dénominateur deviendra 11, le numérateur $\sqrt{8 \times 11}$, donc la fraction

$$\frac{\sqrt{8}}{\sqrt{11}} = \frac{\sqrt{8 \times 11}}{11} = \frac{\sqrt{88}}{11}$$

dans laquelle il n'y a plus qu'à extraire une racine.

CUBE ET RACINE CUBIQUE DES NOMBRES [1]

230. On appelle *cube* d'un nombre le produit de 3 facteurs égaux à ce nombre.

Ainsi le cube de 6 est $6 \times 6 \times 6 = 216$.

Les cubes de :

1 ; 2 ; 3 ; 4 ; 5 ; 6 ; 7 ; 8 ; 9 ; 10.

sont

1 ; 8 ; 27 ; 64 ; 125 ; 316 ; 343 ; 512 ; 729 ; 1000.

La *racine cubique* d'un nombre est un nombre dont le cube reproduit le nombre proposé.

Ainsi $\sqrt[3]{343} = 7$.

231. Théorème. — Le cube de la somme de deux nombres se compose de quatre parties :

1° *Le cube du premier nombre* ;

---

[1] Ce chapitre ne fait pas partie du programme de l'examen du brevet élémentaire de capacité.

2° *Le triple produit du carré du premier par le second nombre.*

3° *Le triple produit du premier par le carré du second.*

4° *Le cube du second.*

Alors tout nombre plus grand que 10, qui évidemment contient des dizaines (d) et des unités (u) aura son cube exprimé comme suit :

$$(d \times u)^3 = d^3 \times 3\,d^2\,u \times 3\,d\,u^2 \times u^3$$

232. 1° Soit à extraire la racine cubique d'un nombre inférieur à 1.000 ; par exemple 270.

Ce nombre étant plus petit que 1.000 aura une racine cubique moindre que 10 ; il suffit, pour trouver celle-ci, de chercher dans la table des cubes des dix premiers nombres, le cube qui se rapproche le plus, en moins de 270 ; c'est 216, dont la racine est 6.

$\sqrt[3]{270} = 6$ à moins d'une unité près, car sa racine est comprise entre 6 et 7.

2° Le nombre donné est plus grand que 1.000 mais plus petit que 1.000.000 ; soit 63.849.

Puisque ce nombre est plus grand que 1.000, sa racine cubique est plus grande que 10 ; elle contient donc des dizaines et des unités, donc le cube sera composé :

1° Du cube des dizaines, d^3 ;
2° Du triple produit du carré des dizaines par les unités, $3\,d^2\,u$;
3° Du triple produit des dizaines par le carré des unités, $3\,d\,u^2$;
4° Du cube des unités, u^3 ;
5° Et d'un reste probable R.

$$
\begin{array}{l|l}
d^3 + 3d^2u + 3du^2 + u^3 + R = 63.849 & du \\
\,d^327 & 39 \\
\cline{2-2}
3d^2u + 3du^2 + u^3 + R = 36.849 & 3 \times 3^2 = 27 = 3d^2 \\
\,32.319 & 3 \times 30^2 = 2700 = 3d^2 \\
\,R4.530 & 3 \times 30 \times 9 = 810 = 3du \\
& 9^2 = 81 = u^2 \\
\cline{2-2}
& 3591 \times 9 = 32319 \\
& (3d^2 + 3du + u^2) \times u
\end{array}
$$

RACINE CUBIQUE   115

d^3 étant un nombre de mille ne peut se trouver que dans les 63 mille du nombre donné. Je sépare les mille par un point. En extrayant la racine cubique de 63 j'aurai le chiffre des dizaines de la racine : c'est 3 ; si je retranche 27 mille, le cube de 3 dizaines, du nombre proposé 63.849 il restera 36.849 qui renferme encore :

2° $3d^2u$.
3° $3du^2$.
4° u^3.
5° R.

Mais $3 d^2u$ étant le produit d'un nombre de centaines par des unités donnera un nombre de centaines qui doit être contenu dans les 368 centaines du reste 368.49. Je sépare ces centaines par un point.

Mais ces 368 centaines peuvent contenir des centaines qui proviendraient des 3 dernières parties 3°, 4°, 5°. De sorte qu'en divisant 368 centaines par $3 d^2$ ou 27 centaines, on trouvera le chiffre des unités ou un chiffre trop fort. Le quotient est 9.

Pour l'essayer on peut employer deux méthodes :

1° Faire le cube de 39, et voir s'il peut être retranché de 63.849 ; mais ce procédé est plus long et ne permet pas de profiter des calculs déjà effectués.

2° Comme on a déjà retranché d^3 du nombre donné, il suffit de retrancher du reste 36.849 les 3 autres parties.

$$3 d^2u + 3 du^2 + u^3 \text{ ou plus simplement :}$$

$$(3d^2 + 3du + u^2)u$$

soit $\begin{pmatrix} 3 \times 30^2 + 3 \times 30 \times 9 + 9^2 \\ 2700 \quad + \quad 810 \quad + 81 \end{pmatrix} \times 9 = 32.319$

Si 32.319 peut être soustrait de 36.849, c'est que 9 est le chiffre des unités. Si 9 essayé avait fourni une somme supérieure à 36.849, il eût fallu essayer 8, etc.

$$\sqrt[3]{63849} = 39 \text{ à moins d'une unité près.}$$

3° **Le nombre proposé est plus grand que 1.000.000, soit 76.928.432.701.**

Le cube des dizaines de la racine doit être contenu dans les mille

116 ARITHMÉTIQUE

```
76.928.432.701 | 4253
64             |
 12 9 28       |
 10 0 88       |
  2 8 40 4.32  |
  2 6 77 6 25  |
    1 62 8 07 7.01
    1 62 6 77 2 77
         1 30 4 24
```

$4^2 \times 3$	=	48	$42^2 \times 3$	=	5292	$425^2 \times 3$	=	541375
$3 = 40^2$	=	4800	3×420^2	=	529200	3×4250^2	=	54187500
$3 \times 40 \times 2$	=	240	$3 \times 420 \times 5$	=	6300	$3 \times 4250 \times 3$	=	38250
2^3	=	4	5^2	=	25	3^2	=	9
		5044			535525			54225759
	$\times 2$			$\times 5$			$\times 3$	
		10088			2677625			162677277

de 76928432701. Je sépare ces mille par un point, et en extrayant la racine cubique de 76.928.432 je devrais trouver les dizaines de la racine.

Mais 76928432, étant encore plus grand que 1.000, aura une racine composée de dizaines et d'unités.

Le cube de ces dernières dizaines sera contenu dans les mille de 76928432 ; je les sépare par un point.

Il restera à extraire la racine cubique de 76.928, opération indiquée au 2°.

La racine cubique de 76.928, est 42, nombre qui représente les dizaines de la racine de 76.928.432, et la différence 2.840.432 ne contient plus que les quatre dernières parties du cube, en comptant le reste.

En cherchant le chiffre des unités de cette racine on trouve 5.

La racine cubique de 76.928.432 est 425. Mais ce nombre 425 peut être considéré comme représentant les dizaines de la racine du nombre 76.928.432.701.

La recherche du chiffre de ses unités nous donne 3,

d'où $\sqrt[3]{76928432701} = 4.253$ à moins d'une unité près.

233. Règle. — *Pour extraire la racine cubique d'un nombre, il faut le partager en tranches de 3 chiffres à partir de la droite (la première tranche à gauche peut n'avoir qu'un ou deux chiffres). On extrait la racine cubique de la dernière tranche, ce qui fournit le chiffre des plus hautes unités de la racine ; on soustrait le cube de ce chiffre de la dernière tranche.*

A la droite du reste on abaisse la tranche suivante, on sépare ses 2 premiers chiffres de droite et on divise la partie gauche par le triple carré de la racine obtenue ; le quotient est le second chiffre de la racine ou un chiffre trop fort. Pour l'essayer on forme les 3 autres parties du cube et leur somme doit pouvoir être retranchée du premier reste suivi de la 2ᵉ tranche.

A la droite du nouveau reste on abaisse la 3ᵉ tranche, on sépare ses centaines par un point et on les divise par le triple carré de la racine composée maintenant de 2 chiffres ; le quotient est le troisième chiffre de la racine, qu'on essaye comme il est indiqué plus haut.

On continue ainsi jusqu'à ce qu'on ait abaissé et employé toutes les tranches du nombre donné.

Remarque I. — On reconnaît qu'un chiffre placé à la racine est trop faible lorsque le reste surpasse 3 fois le carré de la racine trouvée, plus 3 fois cette racine.

Remarque II. — On trouve autant de chiffres à la racine qu'il y a de tranches dans le nombre proposé.

Racine cubique d'un nombre décimal.

234. Pour extraire la racine cubique d'un nombre décimal, on commence par ajouter à sa droite un ou deux zéros, afin d'avoir un nombre de chiffres décimaux multiple de 3. On continue l'opération comme si le nombre était entier, puis à la racine on sépare par une virgule la partie entière de celle qui doit être décimale, en se rappelant que chaque tranche fournit un chiffre à la racine.

Exemple :
$$\sqrt[3]{76928,4327} = \sqrt[3]{76928,432.700} = 42,53.$$

Cube et racine cubique d'une fraction.

235. Pour élever une fraction au cube, on doit élever chacun de ses deux termes au cube.

En effet
$$\left(\frac{3}{4}\right)^3 = \frac{3}{4} \times \frac{3}{4} \times \frac{3}{4} = \frac{3^3}{4^3} = \frac{27}{64}$$

Il est alors évident que pour extraire la racine cubique d'une fraction on pourra extraire la racine cubique de ses deux termes.

$$\sqrt[3]{\frac{27}{64}} = \frac{\sqrt[3]{27}}{\sqrt[3]{64}} = \frac{3}{4}$$

On peut aussi convertir la fraction ordinaire en fraction décimale et extraire la racine cubique de cette dernière.

Racine cubique d'un nombre à moins d'une fraction décimale.

236. Si l'on veut extraire la racine cubique d'un nombre à moins d'un centième près, par exemple, comme la racine doit contenir deux chiffres décimaux, on devra ajouter à la suite du nombre proposé deux tranches de trois zéros qu'on considérera comme chiffres décimaux. On effectuera ensuite comme il est indiqué pour les nombres décimaux.

Ainsi, soit à extraire :

$$\sqrt[3]{3542} \text{ à } 0{,}01 \text{ près.}$$

On disposera l'opération comme si l'on avait :

$$\sqrt[3]{3242{,}000.000}.$$

Preuve.

237. Pour faire la preuve de l'opération, on fait le cube de la racine trouvée auquel on ajoute le reste : on doit retrouver le nombre proposé.

SUJETS DONNÉS AU BREVET ÉLÉMENTAIRE
QUESTIONS TRAITÉES

I. — *Trouver le plus petit nombre par lequel il faut diviser 9.720 pour avoir un quotient carré parfait* (École normale).

Décomposons 9.720 en ses facteurs premiers.
On a :
$$9.720 = 2^3 \times 3^5 \times 5.$$

Pour qu'on puisse avoir un carré parfait, il faudrait n'avoir que des facteurs à exposant pair. En effet, tout facteur à exposant pair est un carré parfait, car sa racine est égale au facteur lui-même affecté d'un exposant égal là a moitié du premier. C'est ainsi que 5^4 est un carré parfait, car $5^4 = 5 \times 5 \times 5 \times 5 = (5 \times 5) \times (5 \times 5) = 5^2 \times 5^2$.

Dans le cas donné, il faudrait avoir

$$2^2 \times 3^4, \text{ qui serait un carré parfait.}$$

Il suffira donc de diviser 9.720 par $2 \times 3 \times 5 = 30$.

II. — *Tout carré d'un nombre impair divisé par 8 donne 1 pour reste et la différence des carrés de deux nombres impairs est toujours divisible par 8* (École normale).

1° Un nombre impair est toujours

$$\text{multiple de } 4 - 1$$
$$\text{multiple de } 4 + 1$$

Si on élève au carré ces deux expressions, on aura toujours comme résultat multiple de $8 + 1$.

En effet :

$$\text{multiple de } 4 - 1$$
$$\underline{\text{multiple de } 4 + 1}$$
$$(\text{multiple de } 4)^2 - 2 \text{ multiples de } 4 + 1$$

Or (multiple de 4)² est un multiple de 8, de même 2 fois un multiple de 4 donne un multiple de 8.

On a donc :

$$(\text{multiple de } 4 - 1)^2 = \text{multiple de } 8 - \text{multiple de } 8 + 1$$
$$= \text{multiple de } 8 + 1$$

Le reste de la division d'un nombre entier par 8 élevé au carré sera donc de 1.

2° Quels que soient les nombres impairs considérés, on aura :

$$N = \text{multiple de } 8 + 1$$
$$\underline{n = \text{multiple de } 8 - 1}$$
$$N - n = \text{multiple de } 8$$

CHAPITRE VI

CALCUL MENTAL

238. Calculer mentalement, c'est exécuter les opérations de tête. Ce calcul a des règles propres, différentes de celles du calcul écrit.

On peut énoncer quelques règles générales :

1° *Avant d'effectuer toute opération, classer les nombres donnés en mettant en premier le plus grand nombre;*

2° *Tâcher de remplacer les nombres par d'autres qui permettent un calcul plus facile. On rectifiera le résultat ensuite;*

3° *Commencer toutes les opérations par les unités du plus haut rang.*

ADDITION

239. Exercice I. — Soit à additionner 76 et 28.

On dira : 7 dizaines et 2 dizaines font 9 dizaines; 6 unités et 8 unités font 14 unités ou 1 dizaine et 4 unités. En tout, on obtient 10 dizaines et 4 unités, soit 104.

On peut encore remplacer 76 par 80 et 28 par 30. On aura : 8 dizaines et 3 dizaines font 11 dizaines, desquelles il faut retrancher 4 unités prises en trop dans 80 et 2 unités prises en trop dans 30, soit 6 unités. Il restera 10 dizaines et 4 unités, soit 104.

240. *Exercice II*. — Soit à additionner 489 et 503.

Les deux méthodes précédentes peuvent s'appliquer. Cependant la deuxième est préférable, car les nombres donnés sont très près de nombres exprimant des centaines exactes.

On dira 5 centaines et 5 centaines font 10 centaines, desquelles on retranchera 11 unités prises en trop et auxquelles on ajoutera 3 unités prises en moins. Soit alors 8 unités à retrancher. Il restera donc 10 centaines ou 100 dizaines moins 8 unités, soit 99 dizaines et 2 unités, ce qui donne 992.

SOUSTRACTION

241. *Exercice I*. — Soit à effectuer

$$85 - 19$$

On devra éviter de dire 9 ôtés de 15. Il suffira de prendre le nombre 89 au lieu de 85. On voit de suite qu'on aura 8 dizaines moins 1 dizaine, soit 7 dizaines, desquelles il faudra déduire 4 unités ajoutées à 85. Il restera 7 dizaines moins 4 unités, soit 6 dizaines, 6 unités, ce qui donne 66.

On aurait pu soustraire le nombre 20 de 85, il serait resté 6 dizaines et 5 unités, mais on a retranché une unité en trop, il faudra l'ajouter au résultat. On retrouve 6 dizaines et 6 unités, soit 66.

242. *Exercice II*. — Soit à effectuer

$$493 - 109$$

Il y a avantage à remplacer 493 par 500 et 109 par 100. On obtient de suite 4 centaines, desquelles il faudra diminuer 7 unités, ajoutées en trop au grand nombre et 9 unités diminuées du petit nombre, soit 16 unités à retirer de 4 centaines, ou de 40 dizaines. En enlevant la dizaine, on a 39 dizaines et les 6 unités retirées donnent 38 dizaines 4 unités, soit 384.

243. *Exercice III*. — Soit à effectuer

$$80 \text{ fr.} - 49 \text{ fr. } 75$$

On peut faire comme dans le commerce, chercher ce qu'il faut ajouter à 49 fr. 75 pour obtenir 80 francs. On ajoute d'abord 0 fr. 25 et on obtient 50 francs. De 50 francs pour aller à 80 francs, il faut ajouter 30 francs. La différence est donc 30 fr. 25.

MULTIPLICATION

244. *Exercice I*. — Soit à effectuer

$$354 \times 8$$

On dira : 8 fois 3 centaines font 24 centaines ; 8 fois 5 dizaines sont 40 dizaines ou 4 centaines, au total on a 28 centaines. Puis 8 fois 4 unités font 32 unités ou 3 dizaines et 2 unités. Le résultat sera 2.832 unités.

245. *Exercice II*. — Soit à effectuer

$$48 \times 18$$

Il y aura avantage à effectuer 48×20, on aura de suite, en supprimant le zéro à condition de se souvenir qu'on aura des dizaines, 2 fois 48 ou 2 fois 50, ce qui fait 100 moins 4, ce qui donne 96 dizaines ou 960 unités.

Il faut maintenant déduire de ce nombre 2 fois 48, c'est-à-dire 96 (voir ci-dessus) unités. Pour retirer 96 unités, je retire 100 unités et il reste 860 que j'augmente de 4 unités retirées en trop, ce qui fait 864.

246. *Exercice III*. — Soit à effectuer

$$50 \times 37$$

Il y a tout avantage à intervertir l'ordre des facteurs, on aura 37×50. Or, 50 fois 37, c'est 100 fois 37 ou 3.700. Il ne reste plus qu'à prendre la moitié de 3.700. La moitié de 3.800 est 1.900, il faut en déduire la moitié de 100, ou 50. Il reste 1.850.

247. En général, les *procédés sont innombrables et dépendent*

CALCUL MENTAL : MULTIPLICATION

des nombres eux-mêmes. Cependant, il existe certaines règles applicables à certains nombres. En voici quelques-unes :

1° *Pour multiplier un nombre par 9, il suffit de le multiplier par 10 et de retirer du résultat le nombre lui-même;*

2° *Pour multiplier un nombre par 99, il suffit de le multiplier par 100 et de retirer du résultat le nombre lui-même;*

3° *Pour multiplier un nombre par 102, il suffit de le multiplier par 100 et d'y ajouter deux fois le même nombre;*

En général, *pour multiplier un nombre approchant 10, 100, 1.000, il suffit de le multiplier par 10, 100, 1.000, et de retrancher ou d'ajouter un certain nombre de fois ce premier nombre;*

4° *Pour multiplier un nombre par 5, il suffit de le multiplier par 10 et d'en prendre ensuite la* $\frac{1}{2}$;

5° *Pour multiplier un nombre par 25, il suffit de le multiplier par 100 et d'en prendre ensuite le* $\frac{1}{4}$;

6° *Pour multiplier un nombre par 15, il suffit de multiplier ce nombre par 10, puis d'ajouter au résultat la moitié de celui-ci;*

7° *Pour multiplier un nombre par 75, il suffit de le multiplier par 100 et d'en prendre les* $\frac{3}{4}$;

8° *Pour multiplier un nombre par 0,5, il suffit d'en prendre la* $\frac{1}{2}$;

9° *Pour multiplier un nombre par 0,25, il suffit d'en prendre le* $\frac{1}{4}$.

248. Exercice IV. — Soit à effectuer

$$125 \times 98$$

On dira : 100 fois 125 donnent 125 centaines, desquelles il faut déduire 2 fois 125, soit 250. Il restera 122 centaines et demie ou 12.250.

249. Exercice V. — Soit à effectuer

$$425 \times 103$$

On dira : 100 fois 425 donnent 425 centaines, auxquelles il faut ajouter 3 fois 425, c'est-à-dire 12 centaines et 75 unités, ce qui fait 425 et 12 ou $425 + 10 + 2 = 437$ centaines et 75 unités. En tout 43.775.

250. Exercice VI. — Soit à effectuer

$$476 \times 25$$

On multipliera par 100, on obtiendra 476 centaines, desquelles il faudra prendre le $\frac{1}{4}$. Le $\frac{1}{4}$ de 400 centaines est 100 centaines, le $\frac{1}{4}$ de 76 centaines est 19. Résultat : 11.900.

251. Exercice VII. — Soit à effectuer

$$273 \times 15$$

On dira 10 fois 273 font 273 dizaines ou 2.730 unités, dont il faut prendre la moitié. La moitié de 2.800 est 1.400, la moitié de 70 est 35, la moitié de 2.730 sera $1.400 - 35$ ou 1.365. Il s'agit ensuite d'ajouter 2.730 à 1.365. Pour cela, ajoutons les centaines $27 + 13$, cela fait 40 centaines. Ajoutons aux 30 unités, 70 unités, nous aurons 100 unités, desquelles nous devrons retrancher 5 unités comptées en trop. Reste 95 unités. Le résultat est 4.095.

252. Exercice VIII. — Soit à effectuer

$$87 \times 0,25$$

Il suffira de prendre le $\frac{1}{4}$ de 87. Prenons la $\frac{1}{2}$, 43,5 ; puis la $\frac{1}{2}$ de 43 est 21,5 et la $\frac{1}{2}$ de 0,5 est 0,25, cela fait $21,5 + 0,25 = 21,75$.

DIVISION

253. Ici encore, il existe quelques règles applicables à certains diviseurs :

1° *Pour diviser un nombre par 5, il suffit de le diviser par 10 et d'en prendre le double ;*

2° *Pour diviser un nombre par 25, il suffit de le diviser par 100 et d'en prendre le quadruple ;*

3° *Pour diviser un nombre par 50, il suffit de le diviser par 100 et de doubler le résultat ;*

4° *Pour diviser un nombre par 0,5, il suffit de le doubler ;*

5° *Pour diviser un nombre par 0,25, il suffit de le quadrupler ;*

Etc...

254. Exercice I. — Soit à effectuer

$$884 : 25$$

On aura 884 qu'il faut multiplier par 4. On dira : 4 fois 8 centaines donnent 32 centaines ; 4 fois 8 dizaines donnent 32 dizaines qui, ajoutées aux 32 centaines donnent 35 centaines et 2 dizaines. Puis il restera 4 fois 4 unités qui feront 16 unités qui, ajoutées à 35 centaines 2 dizaines donnent 35 centaines 3 dizaines 6 unités ou 3.536. Il suffira de diviser ce nombre par 100. Le résultat sera 35,6.

255. Exercice II. — Soit à effectuer

$$4.823 : 0,5$$

On aura 4.823×2 ou 2 fois 48 centaines, ce qui fait 96 centaines, et 2 fois 23 unités, ce qui fait 46 unités. Le résultat sera 9.646 unités.

CHAPITRE VII

SYSTÈME MÉTRIQUE DÉCIMAL

256. Le **Système métrique**, ou *système légal des poids et mesures*, est *l'ensemble des mesures seules reconnues en France par la loi ayant pour base le* MÈTRE.

257. L'Assemblée nationale décréta, le 8 mai 1790, la suppression de l'ancien système des mesures françaises; elle chargea une commission, dans laquelle figuraient Berthollet, Lagrange, Delambre, Laplace, Méchain, de présenter un nouveau système de mesures.

L'emploi de ces mesures fut définitivement rendu obligatoire à partir du 1ᵉʳ janvier 1840.

L'ancien système était *très compliqué*, les subdivisions des unités principales étaient très nombreuses et se déduisaient très irrégulièrement de l'unité principale.

Il manquait d'uniformité : les mesures n'avaient ni le même nom ni la même valeur d'une province à une autre ou d'une ville à l'autre. Le même nom de mesure n'indiquait même pas toujours la même valeur : ainsi pour le boisseau.

Il manquait de stabilité : les mesures changeaient suivant les circonstances, le temps, etc., surtout pour les monnaies.

258. Les principaux avantages du nouveau système sont d'abord : le choix qui a été fait d'une *unité fondamentale rigoureusement invariable, le mètre;* puis la division des unités secondaires en parties *de 10 en 10 fois plus petites ou plus grandes*, ce qui donne plus de facilité dans les calculs; enfin leur uniformité d'emploi du Nord au Sud de la France.

Presque tous les États civilisés ont adopté notre système métrique décimal, sauf l'Allemagne et l'Angleterre

UNITÉS DE LONGUEUR

259. *Le* **mètre, unité de longueur,** *est la dix-millionième partie du quart du méridien terrestre, ou* $\frac{1}{40.000.000}$ *du méridien tout entier.*

Ce furent Méchain et Delambre qui mesurèrent l'arc du méridien compris entre Dunkerque et Barcelone. De leurs travaux ils conclurent que le quart du méridien a une longueur de 5.130.740 toises. Le mètre a donc 0,513.074 toise.

On appelle *méridien*, ou plus exactement *méridienne* d'un lieu A, la circonférence passant par ce lieu et par les deux pôles de la terre.

L'*équateur* est la circonférence du cercle perpendiculaire au méridien et passant par le centre de la terre.

La *latitude* d'un lieu, Rennes, par exemple, est l'arc du méridien de Rennes compris entre ce lieu et l'équateur : RS. Les latitudes sont boréales ou australes, soit, pour Rennes, environ 48° de latitude boréale.

La *longitude* d'un lieu R est l'arc de l'équateur compris entre le méridien de Paris (origine des méridiens) et le méridien du lieu. Les longitudes sont orientales ou occidentales, soit, pour Rennes, environ 4° de longitude occidentale : BS.

Le mot *midi* signifie moitié du temps pendant lequel il fait jour dans une journée de 24 heures.

Il est *midi* en un lieu lorsque le méridien de ce lieu passe devant le centre du soleil.

(Ce n'est pas exactement ce midi que marquent nos horloges, mais c'est ailleurs que nous apprendrons la différence entre le temps vrai et le temps moyen.)

La terre tournant de l'ouest vers l'est, le méridien d'un lieu situé à l'est de Paris A, Nancy N, par exemple, passera devant le soleil avant celui de Paris; il sera donc midi plus tôt à Nancy qu'à Paris. Pour trouver de combien de minutes l'heure de Nancy avance sur celle Paris, il faut calculer le temps que la terre met à tourner de 4° (longitude de Nancy), en sachant qu'elle fait un tour complet de 300° en 24 heures.

Soit $$\frac{24 \times 4}{360} = 16 \text{ minutes.}$$

Lorsqu'il sera midi à Paris, il sera donc midi 16 minutes à Nancy, mais midi moins 16 ou 11 heures 44 minutes à Rennes (4° de longitude occidentale).

Connaissant les latitudes des deux villes situées sur un même méridien, on peut facilement calculer la distance de ces deux villes en se rappelant que le méridien tout entier, qui renferme 360 degrés, a 40.000.000 de mètres.

La longueur de 1 degré est donc
$$\frac{40.000.000}{360} = 111.111 \text{ mètres.}$$

260. Le mètre a pour multiples :

Le *décamètre* (D. a. m.), qui signifie 10 mètres.
L'*hectomètre* (Hm.), qui signifie 100 mètres.
Le *kilomètre* (Km.), qui signifie 1.000 mètres.
Le *myriamètre* (Mm.), qui signifie 10.000 mètres.

Les sous-multiples sont :

Le *décimètre* (dm.), le *centimètre* (cm.), le *millimètre* (mm.), qui signifient :

$$0 \text{ m. } 1, \quad 0 \text{ m. } 01, \quad 0 \text{ m. } 001,$$

On remarque que toutes ces unités sont de 10 en 10 fois plus grandes ou plus petites; qu'il faut alors un chiffre pour représenter chaque ordre d'unités :

12 mètres 4 centimètres s'écrivent : 12 m. 04.

261. Choix de l'unité. — Dans la mesure de certaines longueurs, ou très grandes ou très petites, on ne conserve pas toujours le mètre pour unité; ainsi les cotes d'un dessin sont exprimées en millimètres, la longueur d'une règle en centimètres, la distance entre deux villes en kilomètres.

Sur les routes de quelque importance se trouvent, tous les kilomètres, des bornes dites kilométriques, entre chacune desquelles se trouvent 9 bornes hectométriques numérotées 1. 2. 3. 4. 5. 6. 7. 8. 9.

262. Mesures effectives ou réelles. — On appelle mesures *effectives* ou *réelles* des mesures qui sont construites, qu'on peut voir, dont on peut se servir dans le commerce et l'industrie, comme le mètre en bois, le stère, le litre, etc.

Les autres mesures, qui ne sont employées généralement que dans le calcul, qui n'existent pas réellement, sont dites *mesures fictives :* le mètre carré, l'are, le mètre cube, etc.

Toutes les fois que l'emploi d'une mesure effective a été décrété, on a décrété en même temps l'emploi de son double et de sa moitié; il n'y a d'exception que pour la plus grande mesure qui peut bien ne pas avoir son double, et la plus petite qui peut bien ne pas avoir sa moitié.

Les principales mesures effectives de longueur sont :
Le *double décamètre* ou 20 mètres.
Le *décamètre* (chaîne d'arpenteur), 10 mètres.
Le *demi-décamètre* ou 5 mètres.
Le *double mètre* ou 2 mètres.
Le *mètre* (droit ou pliant).
Le *demi-mètre* ou 0 m. 50.
Le *double-décimètre* (pour le dessin), 0 m. 2.
Le *décimètre*, — 0 m. 1.

263. Anciennes mesures de longueur encore en usage. — Les anciennes mesures encore en usage pour les distances terrestres ou marines sont :

La *lieue de poste*, qui vaut 4 kilomètres.

La *lieue commune*, qui vaut 4 km. 444; cette lieue est contenue 25 fois dans un degré du méridien terrestre.

La *lieue marine*, qui vaut 5 km. 555; elle est contenue 20 fois dans un degré du méridien terrestre.

Le *mille marin*, qui vaut $\frac{1}{3}$ de lieue marine ou 1.852 mètres.

Le *nœud*, qui vaut $\frac{1}{120}$ du mille, ou 15 m. 40.

264. Mesure des longueurs. — Mesurer une longueur quelconque, c'est chercher combien cette longueur contient d'unités de longueur.

On dira qu'un coupon d'étoffe contient 14 mètres s'il contient 14 fois la longueur du mètre.

UNITÉS DE SURFACE

265. *Le* **mètre carré**, *unité principale des surfaces, est un carré construit sur le mètre, unité de longueur.*

266. Ses multiples sont :

Le *décamètre carré* (dam²) carré qui a 1 d. a. m. de côté.
L'*hectomètre carré* (hm²) — 1 hm. —
Le *kilomètre carré* (km²) — 1 km. —
Le *myriamètre carré* (Mm²) — 1 Mm. —

Ses sous-multiples sont :

Le *décimètre carré* (dm²) carré de 1 dm. de côté.
Le *centimètre carré* (cm²) — 1 cm. —
Le *millimètre carré* (mm²) — 1 mm. —

267. Dans ces mesures de surface, les diverses unités sont de 100 en 100 fois plus grandes ou plus petites :

Soit ABCD un mètre carré; la base CD contient 10 décimètres sur lesquels je puis déposer 10 décimètres carrés ayant 1 décimètre de hauteur; au-dessus de cette bande de 10 décimètres carrés j'en puis déposer 9 autres qui constitueront en tout 10

Cent millimètres carrés font un centimètre carré.

bandes de 10 décimètres carrés : soit 100 décimètres carrés dans le mètre carré.

Le même raisonnement montrerait que 100 millimètres carrés font 1 centimètre carré, etc.

Les unités des différents ordres, dans ces mesures, croissant ou décroissant de 100 en 100, une tranche de deux chiffres sera nécessaire parce qu'on pourra avoir à écrire jusqu'à 99 unités de chaque ordre, elle sera suffisante parce que l'on n'aura jamais à exprimer plus de 99 unités de chaque ordre.

12 mètres carrés 4 centimètres carrés s'écrivent : 12 m² 0004.

268. Are. — Pour la mesure des champs, des bois, des grandes étendues, on prend généralement pour unité l'*are*.

L'are est une mesure agraire qui équivaut au *décamètre carré*; il a donc une surface égale à 100 mètres carrés.

Son seul multiple employé est l'*hectare* (Ha.) qui vaut 100 ares et qui équivaut par conséquent à l'*hectomètre carré*.

Son seul sous-multiple usité est le *centiare* (ca.), qui vaut 100 fois moins qu'un are; il équivaut au *mètre carré*.

UNITÉS DE SURFACE

269. Changement d'unité. — 1° Soit à convertir :

$$1 \text{ hm}^2 \; 5236 \text{ en ares.}$$

Je le convertis en décamètres carrés ; soit 152 dam² 36 que j'appelle :

$$152 \text{ a. } 36 \text{ centiares.}$$

2° Soit à convertir 72.386 m² 37 en hectares.

Je le convertis en décamètres carrés, 723⁴ dam² 8637 que j'appelle ares : soit 723 a. 8637 que je convertis en hectares : 7 ha. 238637.

Où, sachant que les hectomètres carrés et les hectares sont équivalents, je convertis immédiatement 72.386 m² 37 en hectomètres carrés, 7 hm² 238637 que j'appelle 7 ha. 238637.

3° Soit à convertir 5 ha. 26947 en mètres carrés.

Les hectares et les hectomètres carrés sont équivalents ; le nombre précédent peut donc se lire :

$$5 \text{ hm}^2 \; 26947$$

qui, convertis en mètres carrés, donnent :

$$52.694 \text{ m}^2 \; 70.$$

270. Il n'existe pas de mesures effectives de surface ; toutes les unités sont fictives.

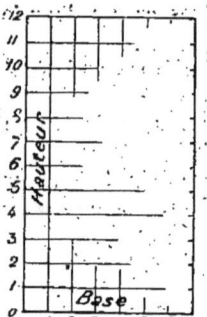

271. Mesure des surfaces. — Mesurer une surface, c'est chercher combien elle contient d'unités de surface ; on dira qu'un parquet a 25 mètres carrés s'il renferme exactement 25 fois le mètre carré pris pour unité.

Pour trouver la surface d'un rectangle, il faut répéter les unités de surface que contient la base autant de fois qu'il y a de mètres dans la hauteur.

Dans le rectangle ci-contre, la base a 7 mètres et la hauteur 12. Pour trouver sa surface, il suffira de remarquer que sur la base peuvent se placer 7 mètres carrés, que le rectangle peut contenir 12 bandes semblables, qu'il contient donc :

$$7 \text{ m}^2 \times 12 = 84 \text{ m}^2.$$

Plus communément, mais improprement, on dit que pour trouver la surface d'un rectangle, on multiplie la longueur de sa base par celle de sa hauteur :

$$\text{ou } 7 \text{ m.} \times 12 \text{ m} = 84 \text{ m}^2.$$

En procédant ainsi on commet deux erreurs d'arithmétique : 1° le multiplicateur est un nombre concret; 2° le produit n'est pas de même nature que le multiplicande.

272. Nous rappellerons dans le tableau suivant la mesure des surfaces. (Voir *Géométrie usuelle*, p. 314.)

Surface des parallélogrammes : $b \times h$.
Surface du losange : $\dfrac{D \times d}{2}$.
Surface des triangles : $\dfrac{B \times h}{2}$.
Surface des polygones réguliers : $\dfrac{p \times a}{2}$.
Surface du trapèze : $\dfrac{B+b}{2} \times h$.
Longueur de la circonférence : $2 \times \pi \times R$.
Surface du cercle : $\pi \times R^2$.
Surface du secteur : $\dfrac{\widehat{b} \times R}{2}$.

dans lequel :

b	signifie	*base*.	B	signifie	*grande base*.
h	—	*hauteur*.	π	—	3,1416.
D,d	—	grande, petite diagonale.	R	—	*rayon*.
p	—	*périmètre*.	$\widehat{b}$	—	*arc de base*.
a	—	*apothème*.			

UNITÉS DE VOLUME

273. *Le* **mètre cube** (m³), **unité des volumes,** *est un cube qui a 1 mètre d'arête ou de côté.*

274. Son seul multiple est le *myriamètre cube*, employé pour exprimer le volume de la Terre.

Ses autres multiples qui s'appelleraient décamètre cube, hectomètre cube, kilomètre cube, ne sont pas usités.

UNITÉS DE VOLUME

Ses sous-multiples sont :

Décimètre cube (dm³), *centimètre cube* (cm³), *millimètre cube* (mm³).

Le décim. cube est un cube constr. sur 0 m. 1 de longueur.
Le centimètre cube est — 0 m. 01 —
Le millimètre cube est — 0 m. 001 —

275. Il est facile de se rendre compte que, dans ces mesures, il faut 1.000 unités d'un ordre pour faire une unité de l'ordre immédiatement supérieur.

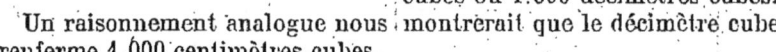

Imaginons en effet un mètre cube creux ; sur sa surface de base qui est un mètre carré nous pourrons déposer 100 décimètres cubes qui s'élèveront à la même hauteur de 1 décimètre, c'est-à-dire au 10ᵉ de la hauteur totale. Comme nous pourrons ajouter au-dessus de cette première assise 9 autres assises semblables nous aurons bien dans notre cube 10 fois 100 décimètres cubes ou 1.000 décimètres cubes.

Un raisonnement analogue nous montrerait que le décimètre cube renferme 1.000 centimètres cubes.

Dans ces mesures de volume, les unités étant de 1.000 en 1.000 fois plus grandes ou plus petites, il faut donc 3 chiffres pour représenter chaque ordre d'unités (car on ne peut pas écrire plus de 999 unités de chaque ordre, mais on peut avoir à exprimer jusqu'à 999 unités de chaque ordre).

12 mètres cubes 4 centimètres cubes s'écrivent : 12 m³ 000004.

276. Le mètre cube, ses multiples et ses sous-multiples sont tous des volumes FICTIFS : on ne construit aucun d'eux pour l'usage.

277. Mesure des volumes. — Mesurer un volume, c'est chercher combien de fois ce volume contient d'unités de volume.

Généralement, mais improprement et pour les raisons que

nous avons données (n° 271), on dit qu'un volume est le produit de 3 dimensions, longueur, largeur, épaisseur, ou le produit d'une surface par une longueur.

278. Nous rappellerons dans le tableau suivant la façon de trouver le volume des principaux solides :

VOLUMES

Volume prisme : $s.b. \times h$.

Volume cylindre : $s.b. \times h = \pi \times R^2 \times h$.

Volume pyramide : $\dfrac{s.b. \times h}{3}$.

Volume cône : $\dfrac{s\,b \times h}{3} = \dfrac{\pi \times R^2 \times h}{3}$.

Volume sphère : $\dfrac{4 \times \pi \times R^3}{3}$.

Volume tronc de pyramide ou cône :

$$\frac{h}{3} \times (s\,B + s\,b + \sqrt{s\,B \times s\,b}).$$

Volume tonneau : $\dfrac{\pi \times h}{4} \times \left(\dfrac{2D + d}{3}\right)^2$.

Volume tas de cailloux :

$$\frac{h}{6} \times [C \times (2C' + c') + c' \times (2c + C)].$$

s. b	signifie *surface de base*.	
h	— *hauteur*.	
R	— *rayon*.	
π	— 3,1416.	
S. B	— *surface de la grande base*.	
s. b	— *surface de la petite base*.	

D, d	signifie *grand, petit diamètre*.	
C, C'	— *côtés du grand rectangle de base*.	
c, c'	— *côtés du petit rectangle de base*.	

279. **Stère.** — *Le stère est une unité de volume employée au mesurage des bois de chauffage.* Il équivaut à 1 mètre cube.

C'est une mesure formée de *deux montants* verticaux fixés

dans une base horizontale appelée *sole*. Les dimensions du stère sont :

Longueur de sole comprise entre les deux montants, 1 mètre.
Hauteur utile des montants, 0 m. 88.
Longueur des bûches, 1 m. 14.

Ses multiples et sous-multiples sont :
Décastère (Das.) ou 10 *stères* et *décistère* (d. s.) ou 0^{s}1.

280. Les mesures effectives en usage pour le bois de chauffage sont : le *stère*, le *double stère* et le *demi-décastère* (5 stères).

L'emploi du stère tend de plus en plus à disparaître devant l'usage à peu près constant de la vente des bois au poids.

281. Exercice. — 1° *La longueur des bûches de bois étant de 95 centimètres, jusqu'à quelle hauteur faudra-t-il les empiler dans le stère pour avoir 1 stère de bois ?*

Le produit des 3 dimensions doit fournir 1 mc. et la quantité constante est l'écart entre les montants, soit 1 mètre :

$$1 \times 0,95 \times h = 1 m^3$$

ou (suivant l'usage) 0 mq. 95 $\times$ h $= 1 m^3$

$$h = \frac{1}{0,95} = 1 \text{ m. } 0526.$$

2° Si les bûches avaient 1 m. 40 de long,

$$1 \times 1,4 \times h = 1 m^3.$$

ou
et
$$1 \text{ mq. } 40 \times h = 1 m^3.$$

$$h = \frac{1}{1,4} = 0 \text{ m. } 7142.$$

UNITÉS DE POIDS

282. *Le* **kilogramme**, *unité des poids, est le poids d'un décimètre cube d'eau distillée, pesée à la température de 4° dans le vide.*

MESURES DE POIDS

283. Avant 1903 l'unité de poids était le gramme, c'est pourquoi on avait des multiples et des sous-multiples. Depuis 1903, on énonce simplement les unités diverses de poids qui sont :

Tonne métrique (Tm.)	1.000 kilogrammes.
Quintal métrique (Qm.)	100 —
Myriagramme (Mg.)	10 —
Kilogramme (kg.)	1.000 grammes.
Hectogramme (hg.)	100 —
Décagramme (dag.)	10 —
Gramme (g.)	
Décigramme (dg.)	0 gr. 1
Centigramme (cg.)	0 — 01
Milligramme (mg.)	0 — 001

284. Les mesures effectives de poids sont au nombre de 24, savoir :

$\begin{cases} 50 \text{ kilogrammes.} \\ 20 \quad — \\ 10 \quad — \\ 5 \quad — \\ 2 \quad — \\ 1 \quad — \\ 1/2 \text{ kilogramme (500 gr.)} \end{cases}$

$\begin{cases} 2 \text{ hectogrammes (200 gr.)} \\ 1 \quad — \quad (100 \text{ gr.}) \\ 1/2 \text{ hectogramme (50 gr.)} \end{cases}$

$\begin{cases} 2 \text{ décagrammes (20 gr.)} \\ 1 \quad — \quad (10 \text{ gr.}) \\ 1/2 \text{ décagramme (5 gr.)} \end{cases}$

$\begin{cases} 2 \text{ grammes.} \\ 1 \text{ gramme.} \\ 1/2 \text{ gramme (5 décigr.)} \end{cases}$

$\begin{cases} 2 \text{ décigrammes.} \\ 1 \quad — \\ 1/2 \text{ décigramme (5 centigr.)} \end{cases}$

$\begin{cases} 2 \text{ centigrammes.} \\ 1 \quad — \\ 1/2 \text{ centigramme (5 milligr.)} \end{cases}$

$\begin{cases} 2 \text{ milligrammes.} \\ 1 \quad — \end{cases}$

Les poids ont diverses formes et sont faits de métaux différents, suivant leurs dimensions :

Ils sont en fonte, et en forme de tas de sable pour les gros poids : 50 kilogrammes et 20 kilogrammes ; en fonte et en forme de pyramide hexagonale tronquée pour les poids variant de 10 kilogrammes au demi-hectogramme.

Ils sont en cuivre et de forme cylindrique pour les poids variant de 20 kilogrammes à 1 gramme.

Il existe enfin des poids en forme de lames minces en cuivre, en argent ou en en platine, allant du demi-gramme au milligramme.

Pour peser les pierres précieuses, on emploie comme unité le carat, qui pèse 0 gr. 2058.

285. La **densité** *d'un corps solide ou liquide est le nombre qui exprime en kilogrammes le poids d'un décimètre cube de ce corps, ou en grammes le poids d'un centimètre cube.* (Voir la *Physique*.)

Si la densité du fer est 7, cela signifie que 1 décimètre cube de fer pèse 7 kilogrammes, ou que 1 centimètre cube de fer pèse 7 grammes.

UNITÉS DE CONTENANCE OU DE CAPACITÉ

286. Litre. — *Le litre est l'unité des mesures de capacité ; c'est le volume occupé par 1 kilogramme d'eau pure prise à son maximum de densité sous la pression normale.*

Le volume du litre est très approximativement égal à **1 décimètre cube.**

Ses multiples et sous-multiples généralement employés sont :

Décalitre (dal.), *hectolitre* (hl), qui signifient 10 litres, 100 litres.

Décilitre (dl), *centilitre* (cl) qui signifient 0 l. 1 ; 0 l. 01.

287. Les unités, dans ces mesures, sont de 10 en 10 fois plus petites ou plus grandes ; il suffit donc, dans ces mesures de volume, d'un seul chiffre pour exprimer chaque ordre d'unités.

1° *Convertir* 15 dal. 725 *en litres.*

$$15 \text{ dal. } 725 = 157 \text{ l. } 25$$

2° *Convertir* 7 dam³ 5289 *en litres.*

Le litre est un décimètre cube ; 7 dam³ 5289 = 7.528.900 décimètres cubes que j'appelle 7.528.900 litres.

MESURES DE CAPACITÉ

3° *Convertir* 5.432 dal. 53 *en décamètres cubes.*

$$5.432 \text{ dal. } 53 = 5.4325 \text{ l. } 3$$

que j'appelle 5.4325 dm³ 3, que je convertis en décamètres cubes.

Soit :

$$0 \text{ dam}^3 \, 0543253.$$

288. Les mesures effectives de capacité reconnues par la loi sont au nombre de 13, savoir :

L'hectolitre.	100 litres	Le double litre.	2 litres
Le demi-hectolitre	50 —	Le litre	1 —
		Le demi-litre.	0 l. 5
Le double décalitre	20 litres	Le double décilitre.	0 l. 2
Le décalitre	10 —	Le décilitre	0 l. 1
Le demi-décalitre	5 —	Le demi-décilitre	0 l. 05
		Le double centilitre.	0 l. 02
		Le centilitre	0 l. 01

Ces mesures effectives de capacité servent pour les liquides : le vin, le vinaigre, l'eau-de-vie, le lait, l'huile ; pour les matières sèches comme le blé, les pommes de terre, le charbon, etc.

C'est la forme cylindrique qu'on a adoptée pour toutes ces mesures parce qu'elle donne plus de facilité pour le maniement et le nettoyage.

Elles sont *en étain* pour le commerce au détail des liqueurs alcooliques ; dans ce cas, la hauteur est double du diamètre intérieur.

Elles sont *en fer-blanc* pour le lait ; elles ont alors une hauteur égale à leur diamètre intérieur.

Elles sont *en bois* ou *en tôle* pour la mesure des matières sèches ; la hauteur est égale encore à leur diamètre. Pour rendre leur maniement facile, elles sont munies de deux tiges de fer placées à l'intérieur, l'une verticale, l'autre horizontale et formant le T.

UNITÉS MONÉTAIRES

289. *Le* franc, unité des monnaies, *est la valeur de 5 grammes d'argent monnayé.*

Ses multiples n'ont pas de noms particuliers ; on dit 10 francs, 100 francs.

Son sous-multiple est le *centime*, 0 fr. 01. Au lieu de décime, on dit généralement 10 centimes.

Les monnaies sont en or ou en argent combinés au cuivre, en bronze ou en nickel.

290. *On appelle* **titre** *d'un alliage le rapport entre le poids du métal fin et le poids total de l'alliage.*

$$\text{Titre} = \frac{\text{Poids total du métal}}{\text{Poids total de l'alliage}}.$$

Les pièces de bronze sont formées de 95 centièmes de leur poids en cuivre, de 4 centièmes d'étain, et de 1 centième de zinc.

Les pièces de nickel sont formées de nickel pur.

Les pièces d'argent de 0 fr. 20, 0 fr. 50, 1 franc et 2 francs sont au titre de :

$$\frac{835}{1.000}$$

Les pièces d'argent de 5 francs et toutes les pièces d'or sont au titre de :

$$\frac{9}{10}$$

291. Dans ces dernières pièces ou dans un lingot de même titre, *le poids total est 10 ; le poids du métal fin est 9, celui du cuivre 1.*

Il y a donc 10 fois plus de poids total que de cuivre et 9 fois plus de métal fin que de cuivre.

292. On peut calculer la valeur d'un poids quelconque de monnaie d'or ou de bronze, ou le poids d'une valeur quelconque de monnaie d'or ou de bronze en sachant que, *à poids égal, l'or vaut 15 fois et demi plus que l'argent, et le bronze 20 fois moins que l'argent.*

Alors : 1 gramme de monnaie d'argent vaut $\dfrac{1 \text{ fr.}}{5} = 0$ fr. 20

1 gramme de monnaie d'or vaut 0 fr. 20 × 15,5 = 3 fr. 10

1 gramme de monnaie de bronze vaut $\dfrac{0 \text{ fr. } 20}{20} = 0$ fr. 01.

1° *Quel est le poids de 100 francs en or ?*

Le poids en argent serait 5 gr. × 100 = 500 grammes.
en or il sera :

$$\dfrac{500}{15,5} = 32 \text{ gr. } 26$$

2° *Quelle est la valeur de 300 grammes d'or ?*

La valeur de 300 grammes d'argent est $\dfrac{300}{5} = 60$ francs.
La valeur en or sera :

$$60 \times 15,5 = 930 \text{ francs.}$$

3° *Quelle est la valeur de 800 grammes de monnaie de bronze ?*

La valeur de 800 grammes d'argent est $\dfrac{800}{5} = 160$ francs.

Sa valeur en bronze sera $\dfrac{160}{20} = 8$ francs.

293. Les monnaies effectives sont de quatre espèces : la *monnaie d'or*, celle *d'argent*, celle de *nickel* et celle de *bronze*, savoir :

NATURE DES PIÈCES		POIDS	TITRE	DIAMÈTRE
Or	100 fr.	32gr,258	0,900	35 millimètres
	50 fr.	16gr,129		28 —
	20 fr.	6gr,452		21 —
	10 fr.	3gr,226		19 —
	5 fr.	1gr,613		17 —
Argent	5 fr.	25 grammes	0,900	37 millimètres
	2 fr.	10 —	0,835	27 —
	1 fr.	5 —	—	23 —
	0f,50	2gr,5	—	18 —
	0f,20	1 gramme	—	16 —
Nickel	0f,25	7 grammes	0,98	24 —
Bronze	0f,10	10 grammes		30 millimètres
	0f,05	5 —		25 —
	0f,02	2 —		20 —
	0f,01	1 —		15 —

294. Fabrication des monnaies. — Les monnaies sont fabriquées dans l'*Hôtel des monnaies* de Paris ; elles sont fabriquées, sous le contrôle d'une commission spéciale, par des entrepreneurs auxquels on alloue 1 fr. 50 par kilogramme d'argent au titre de 0,9 et 6 fr. 70 par kilogramme d'or au même titre.

On appelle **valeur absolue**, **valeur intrinsèque** d'une somme ou d'un objet d'or ou d'argent, la valeur de l'or ou de l'argent pur qu'ils contiennent sans tenir compte ni des frais de fabrication de la monnaie ni de la main-d'œuvre.

295. 1° *Quelle est la valeur de 1 kilogramme d'or pur ?*

1 kilogramme d'or monnayé au titre de 0,9 vaut :

$$\frac{1.000 \times 15,5}{5} = 3.100 \text{ francs}$$

Pour monnayer cette somme on prend 6 fr. 70.

En or monnayé 1 kilogramme vaut donc 3.100 fr. — 6,70 = 3.093 fr. 3.

c'est l'or seul, c'est-à-dire les $\frac{9}{10}$ du poids, qui valait 3.093 fr. 3.

Le kilogramme d'or pur vaut donc $\frac{3.093,3 \times 10}{9} =$ 3.437 fr.

2° *Quelle est la valeur de* 1 *kilogramme d'argent pur monnayé ?*

1 kilogramme d'argent monnayé au titre de 0,9 vaut :

200 fr. — 1,5 = 198 fr. 50

1 kilogramme d'argent pur vaudra $\frac{198,5 \times 10}{9} =$ 220 fr. 56.

Anciennes mesures que le système métrique a remplacées.

LONGUEURS

296. *La toise de Paris vaudrait* 1 m. 949.

La toise valait 6 *pieds.*

1 *pied* (0 m. 325) *valait* 12 *pouces.*

1 *pouce valait* 12 *lignes* (*chaque ligne valait* 12 *points*).

C'est à l'aide de la toise que Méchain et Delambre mesurèrent l'arc du méridien de Paris, compris entre Dunkerque et Barcelone, qui leur permit de trouver la longueur du méridien tout entier.

D'autres mesures de longueur étaient :

L'*aune* de longueur variable.

La *perche*, de 18 pieds à Paris, et généralement de 22 pieds.

SURFACES

297. *Arpent de Paris :* 100 *perches de Paris.*

Arpent des eaux et forêts : 100 *perches des eaux et forêts.*

Perche carrée de Paris : carré dont le côté valait 18 *pieds.*

Perche carrée des eaux et forêts : carré dont le côté valait 22 pieds.

CAPACITÉS

298. Le *setier* qui vaudrait 156 litres
    Le *boisseau*   —   13 litres
    Le *muid*   —   244 litres
    La *pinte*   —   0 l. 91
    La *chopine*   —   0 l. 45

POIDS

299. La *livre* qui vaudrait 489 gr. 51.
La livre valait *seize* onces ; l'once valait 8 *gros*, le gros 3 *deniers*, le denier 24 *grains*.

MONNAIES

300. L'unité des monnaies était la *livre tournois* qui vaudrait 1 franc $\frac{1}{8}$; elle valait 20 sous ; le sou valait 4 *liards* et le liard 3 *deniers*.

NOMBRES COMPLEXES

301. Le système décimal n'a pas été adopté d'une façon absolue ; des vestiges de l'ancien système nous sont restés et continuent à être en usage pour la mesure du temps et pour celle de la circonférence.

On appelle **nombres complexes** des nombres qui ne suivent pas, dans la formation de leurs multiples et sous-multiples, les règles de la numération décimale :
Ainsi :
$$5 \text{ h. } 20 \text{ m. } 15 \text{ s.}$$

SOUSTRACTION

302. Addition. — Soit à additionner :

5 h. 32 m. 52 s. + 8 h. 46 m. 12 s. + 15 j. 7 h. 25 m.

	12 h.	32 m.	52 s.
	8 h.	46 m.	12 s.
15 j.	7 h.	25 m.	
15 j.	27 h.	103 m.	64 s.
ou 16 j.	4 h.	44 m.	4 s.

La somme des secondes fait 64 qui valent 1 m. que j'ajoute aux minutes, plus 4 secondes que je place à la somme des secondes ; de même 104 m. = 1 h. + 44 m., j'ajoute cette heure aux heures données et j'abaisse 44 ; 28 h. = 1 j. + 4 h., etc.

303. Soustraction. — De 27 degrés 15 minutes 23 secondes retrancher 4 degrés 25 minutes 40 secondes.

27° 15′ 23″
4° 25′ 40″

L'opération doit se faire en autant de fois qu'il y a d'ordres d'unités différents ; retrancher les secondes des secondes, les minutes des minutes, etc. Mais ici l'opération serait impossible. Si l'on opère par emprunt, l'opération précédente se modifie en :

26° 74′ 83″
4° 25′ 40″

22° 49′ 43″

en ne touchant qu'au nombre supérieur, pour emprunter 1 minute aux 15 et la rendre sous forme de 60 secondes aux 23 ; puis emprunter 1 degré aux 27° pour le rendre sous forme de 60 minutes aux 14.

On peut également procéder par compensation, et dans ce cas modifier la donnée en :

	75′	83″
27°	15′	23″
5	26′	
4	25′	40″
22	49′	43″

Et dire : 40″ ne pouvant se retrancher de 23″ j'ajoute 60″ à 23″ qui deviennent 83″ et pour ne pas changer la différence, j'ajoute 1′ aux 25. 83″ − 40″ = 43. 26′ ne peuvent se retrancher de 15′ j'ajoute 60′ et pour ne pas changer la différence j'ajoute : 1° aux 4.75′ − 26′ = 39′. Et 27° − 5° = 22°.

304. Multiplication. — Soit à multiplier par 5 le nombre $12°\ 45'\ 25''$.

Il faut répéter 5 fois chacune des parties de la somme $12° + 45' + 25''$ qu'on dispose comme il suit :

$$\begin{array}{ccc} 12° & 45' & 25'' \\ & & 5 \\ \hline 60° & 225' & 125'' \end{array}$$

Produit qu'on exprime plus simplement :
$$63°\quad 47'\quad 5''$$

305. Division. — Soit à diviser 8 mois, 23 jours, 20 heures, 45 minutes, par 5.

On dispose l'opération comme il suit :

$$\begin{array}{l} 8\ \text{m. }23\ \text{j.}\quad 20\ \text{h.}\quad 45\ \text{m.}\ |\ 5 \\ \phantom{8\ \text{m.}}3 \\ \times 30\ \text{j.} \quad\quad\quad\quad\quad\quad\quad\ \ 1\ \text{m. }22\ \text{j. }18\ \text{h. }33\ \text{m.} \\ \overline{90 + 23 = 113\ \text{j.}} \\ 110 \\ \ \ \ 3 \\ \times 24 \\ \overline{72\ \text{h.} + 20 = 92\ \text{h.}} \\ \phantom{90 + 72\ \text{h.}}90 \\ \phantom{90 + 72\ \text{h.}}\ \ 2 \\ \phantom{90 + 72\ \text{h.}}\times 60 \\ \overline{\phantom{90 + 72\ \text{h.}}120\ \text{m.} + 45 = 165\ \text{m.}} \\ \phantom{90 + 72\ \text{h.} 120\ \text{m.}}165 \\ \phantom{90 + 72\ \text{h.} 120\ \text{m.}}\ \ 0 \end{array}$$

Opération qu'on explique ainsi :
On divise d'abord :

$$8\ \text{mois par }5\quad\quad \begin{array}{l|l} 8\ \text{m.} & 5 \\ 3 & 1 \end{array}$$

Le quotient est 1 mois, le reste est 3 mois (le dividende, le quotient et le reste sont des nombres de même nature).
Le reste, 3 mois convertis en jours donne :
$$3 \times 30 = 90\ \text{jours}$$
qui ajoutés aux 23 jours du dividende donnent 113 jours.
113 jours divisés par 5 fournissent 22 jours comme quotient et

CONVERSION

3 jours pour reste ; ceux-ci convertis en heures et ajoutés aux 20 heures du dividende donnent 92 heures, etc.

Conversion des nombres complexes en nombres fractionnaires ou en nombres décimaux.

306. Comme l'emploi des nombres fractionnaires et surtout des nombres décimaux est plus commode que celui des nombres complexes, il y aura avantage à convertir ceux-ci en ceux-là toutes les fois qu'on en apercevra la possibilité.

307. *Soit à convertir 3 ans 45 jours en un nombre fractionnaire.*

$$1 \text{ jour est } \frac{1}{365} \text{ d'année}$$

$$45 \text{ jours seront } \frac{45}{365} \text{ d'année}$$

$$3 \text{ ans } 45 \text{ jours} = 3 \text{ ans } \frac{45}{365} = 3 \text{ ans } \frac{9}{73}.$$

308. *Convertir 5 heures 25 minutes en un nombre fractionnaire.*

$$1 \text{ minute est } \frac{1}{60} \text{ d'heure}$$

$$25 \text{ minutes seront } \frac{25}{60} \text{ d'heure}$$

$$5 \text{ heures } 25 \text{ minutes} = 5 \text{ h. } \frac{25}{60} = 5 \text{ h. } \frac{5}{12}.$$

Un raisonnement analogue nous montrerait la vérité des égalités suivantes :

$$1 \text{ h. } 15 \text{ m.} = 1 \text{ h. } \frac{1}{4}; \ 1 \text{ h. } 20 \text{ m.} = 1 \text{ h. } \frac{1}{3}; \ 1 \text{ h. } 30 \text{ m.} = 1 \text{ h. } \frac{1}{2};$$

$$1 \text{ h. } 45 \text{ m.} = 1 \text{ h. } \frac{3}{4}, \text{ etc...}$$

309. Convertir 8 heures 35 minutes en un nombre décimal.
Nous venons de voir que :

$$8\text{ h. }35\text{ m.} = 8\text{ h.}\frac{35}{60} = 8\text{ h.}\frac{7}{12}.$$

Il suffit de convertir la fraction ordinaire $\frac{7}{12}$ en fraction décimale avec une approximation aussi grande qu'on le désire et d'ajouter cette fraction décimale à la suite de la partie entière 8, en séparant ces deux parties par une virgule.
Ainsi :

$$8\text{ h. }35\text{ m.} = 8\text{ h.}\frac{7}{12} = 8\text{ h. }5833\ldots \qquad \begin{array}{r}70\\100\\40\\4\end{array}\left|\begin{array}{l}12\\\hline 0{,}583\ldots\end{array}\right.$$

De même :

$$5\text{ h. }30\text{ m.} = 5\text{ h.}\frac{1}{2} = 5\text{ h. }5$$

$$6\text{ h. }15\text{ m.} = 6\text{ h.}\frac{1}{4}\;6\text{ h. }25$$

CHAPITRE VIII

RAPPORTS. PROPORTIONS
RÈGLES DIVERSES

340. *Le* **rapport** *de deux grandeurs est la fraction qui exprime combien elles contiennent respectivement de fois une commune mesure.*

Il faut donc, pour qu'il y ait un rapport entre deux quantités, que celles-ci soient de même nature.

Si deux longueurs A et B ont l'une 14 millimètres, l'autre 25 millimètres, le rapport de A et B sera :

$$\frac{14}{25}$$

On peut donc dire que le **rapport de deux nombres est le quotient de ces deux nombres.**

Ainsi, le rapport de 7 à 8 est :

$$\frac{7}{8}$$

écrit sous forme de fraction.

311. Un **rapport** est une *fraction :* tout ce qui est relatif à celle-ci s'applique également au rapport.

312. Une proportion est l'égalité de deux rapports.
Si

$$\frac{7}{8} \text{ est égal à } \frac{14}{16}$$

l'égalité $\frac{7}{8} = \frac{14}{16}$ est une proportion qui s'énonce : 7 est à 8 comme 14 est à 16.

Une telle proportion s'appelle quelquefois encore proportion géométrique par quotient.

Anciennement on l'écrivait 7 : 8 : : 14 : 16.

Les premier et dernier nombres énoncés 7 et 16 sont les *extrêmes*; les deux autres 8 et 14 sont les *moyens*.

313. Principe. — **Dans toute proportion, le produit des extrêmes est égal à celui des moyens.**

Soit la proportion $\quad \frac{7}{8} = \frac{14}{16}.$

Il faut démontrer que $7 \times 16 = 14 \times 8$.

En effet, réduisant les deux rapports donnés au même dénominateur, on trouve :

$$\frac{7 \times 16}{8 \times 16} = \frac{14 \times 8}{16 \times 8}.$$

Si les deux fractions qui ont un même dénominateur sont égales, leurs numérateurs sont nécessairement égaux.

Donc :
$$7 \times 16 = 14 \times 8.$$

314. Réciproquement. — *Si quatre nombres sont tels que le produit de deux d'entre eux égale le produit des deux autres, ces quatre nombres forment une proportion.*

Soient les quatre nombres 5, 6, 15, 18, tels que :
$$5 \times 18 = 15 \times 6.$$

Si nous divisons par 6×18 les deux membres de cette égalité, elle deviendra :
$$\frac{5 \times 18}{6 \times 18} = \frac{15 \times 6}{6 \times 18}$$

et, après simplification, nous trouverons la proportion :
$$\frac{5}{6} = \frac{15}{18}.$$

QUATRIÈME PROPORTIONNELLE

315. Sans troubler une proportion, on peut disposer de huit manières les quatre nombres qui la composent :
On peut écrire successivement :

$$\frac{5}{6}=\frac{15}{18}\ ;\ \frac{5}{15}=\frac{6}{18}\ ;\qquad \frac{6}{5}=\frac{18}{15}\ ;\ \frac{15}{18}=\frac{5}{6}\ ;$$

$$\frac{15}{5}=\frac{18}{6}\ ;\ \frac{6}{18}=\frac{5}{15}\ ;\qquad \frac{18}{15}=\frac{6}{5}\ ;\ \frac{18}{6}=\frac{15}{5}.$$

316. Principe. — Dans une suite de rapports égaux, la somme des numérateurs divisée par la somme des dénominateurs fournit un nouveau rapport équivalent à l'un quelconque des rapports donnés.

Soient les rapports égaux :

$$\frac{2}{3},\quad \frac{4}{6},\quad \frac{6}{9}\ ;$$

je veux démontrer que

$$\frac{2+4+6}{3+6+9}=\frac{4}{6}\ \text{par exemple.}$$

En effet, si nous réduisons au même dénominateur les fractions égales données, elles auront nécessairement le même numérateur ; soient donc n leur numérateur commun et d leur dénominateur commun ; chaque fraction deviendra $\frac{n}{d}$.

La somme des numérateurs divisée par la somme des dénominateurs donnera $\dfrac{n+n+n}{d+d+d}=\dfrac{3n}{3d}$.

et $\dfrac{3n}{3d}$ se simplifie et devient $\dfrac{n}{d}$;

or $\dfrac{n}{d}$ est équivalent à l'un quelconque des rapports donnés.

317. Chercher la quatrième proportionnelle à trois nombres donnés, c'est trouver le quatrième terme d'une proportion dont les 3 premiers termes sont les nombres donnés.

La quatrième proportionnelle à 7, 8, 14 se trouvera en disposant comme il suit :

$$\frac{7}{8} = \frac{14}{x}$$

d'où
$$7x = 8 \times 14$$

en observant le principe précédent

et
$$x = \frac{8 \times 14}{7} = 16.$$

La quatrième proportionnelle est égale au produit des deux moyens divisé par l'extrême connu.

348. La troisième proportionnelle à deux nombres donnés est le quatrième terme d'une proportion dont les deux moyens sont égaux.

La troisième proportionnelle à 2 et 8 est :

$$\frac{2}{8} = \frac{8}{x}, \qquad x = \frac{8 \times 8}{2} = 32.$$

349. La moyenne proportionnelle à 2 nombres donnés est le nombre qui formerait les deux moyens égaux d'une proportion dont les 2 nombres donnés sont les extrêmes.

La moyenne proportionnelle à 2 et 32,

s'exprime
$$\frac{2}{x} = \frac{x}{32}$$

d'où
$$x^2 = 2 \times 32$$

et
$$x = \sqrt[2]{2 \times 32} = 8.$$

La moyenne proportionnelle à deux nombres donnés est égale à la racine carrée du produit de ces deux nombres.

320. La moyenne arithmétique de plusieurs quantités est égale au quotient de leur somme par le nombre des quantités.

Exemple : la moyenne arithmétique des quatre nombres : 10, 11, 8, 7.

sera $\dfrac{10 + 11 + 8 + 7}{4} = 9$.

321. Deux quantités sont DIRECTEMENT PROPORTIONNELLES ou sont dans le **même rapport** lorsque l'une d'elles devenant un certain nombre de *fois plus grande ou plus petite*, l'autre devient le même nombre de *fois plus grande ou plus petite*.

Ainsi sont directement proportionnelles les quantités suivantes.

La *longueur* d'une étoffe et son *prix* ;

10 mètres d'étoffe coûtent 10 fois plus qu'un mètre de la même étoffe.

L'*ouvrage* fait par des ouvriers et leur *nombre* ;
Le *salaire* des ouvriers et la *durée* de leur travail ;
Le *charbon* consommé par un poêle et son *temps de chauffe* ; etc.

322. Deux quantités sont INVERSEMENT PROPORTIONNELLES, ou en **rapport inverse** lorsque l'une devenant un certain nombre de *fois plus grande ou plus petite*, l'autre devient en ce même nombre de *fois plus petite ou plus grande*.

Ainsi, le *nombre des ouvriers* et le *temps qu'ils doivent mettre* à faire un ouvrage sont deux quantités inversement proportionnelles.

10 ouvriers mettront 10 fois moins de temps que 1 ouvrier pour faire le même ouvrage.

Sont également dans un rapport inverse :
La *longueur* et la *largeur* d'une étoffe pour une même surface ;
Le *temps* employé pour parcourir une route et la *vitesse* du mobile ;
La *durée* des vivres et le *nombre des consommateurs*, etc.

Cette variation de deux grandeurs correspondantes est très importante à observer dans la résolution des problèmes.

RÈGLE DE TROIS

323. Une règle de trois est un problème dans lequel les 3 quantités données et une inconnue forment deux séries de quantités qui sont de même espèce deux à deux, et telles que l'une quelconque de la première série variant, l'inconnue qui lui correspond varie dans le même rapport ou en rapport inverse.

324. Exemple : *15 mètres de soie coûtent 180 francs, combien coûteront 8 mètres de cette soie ?*

Ce problème est une règle de trois ; nous avons 2 séries de quantités, des mètres et des francs ; et l'inconnue, qui est un nombre de francs correspondant à 8 mètres, varie dans le même rapport que les mètres.

325. L'inconnue d'une règle de trois, peut donc être considérée comme le 4ᵉ *terme* d'une proportion dont 3 *nombres donnés* constituent les *trois premiers termes*.

326. La règle de trois est *directe*, si les quantités correspondantes sont directement proportionnelles. Elle est *inverse* dans le cas contraire.

327. La règle de trois est *simple* si chacun des termes qui constituerait la proportion ne contient qu'un seul nombre. Elle est *composée* dans le cas contraire.

Règle de trois simple et directe.

328. Exemple : *15 mètres de soie coûtent 180 francs ; combien coûteraient 8 mètres de cette soie ?*

Ces grandeurs sont directement proportionnelles, on peut écrire :

$$\frac{15}{8} = \frac{180}{x}$$

d'où $\quad 15x = 180 \times 8 \quad$ et $\quad x = \dfrac{180 \times 8}{15} = 96.$

Les 8 mètres de soie coûteraient 96 francs.

RÈGLE DE TROIS SIMPLE

Ces problèmes se résolvent plus généralement par la méthode de réduction à l'unité.

Exemple sur le problème précédent.
Disposition des données,

$$15 \text{ mètres} \qquad 180 \text{ francs.}$$
$$8 \quad — \qquad x$$

Si 15 mètres coûtent 180 francs,
1 — , coûtera 15 fois moins.

ou $$\frac{180}{15}$$

et 8 mètres coûteront 8 fois plus

ou $$\frac{180 \times 8}{15} = 96 \text{ francs.}$$

Règle de trois simple et inverse.

329. Exemple : *20 ouvriers ont mis 15 jours pour faire un certain ouvrage ; combien 6 ouvriers auraient-ils mis de jours pour faire le même ouvrage ?*

Disposition des données :

$$20 \text{ ouvriers} \qquad 15 \text{ jours}$$
$$6 \quad — \qquad x$$

Les quantités sont ici inversement proportionnelles, on aura

$$\frac{20}{6} = \frac{x}{15}$$

d'où $$6x = 20 \times 15$$

et $$x = \frac{20 \times 15}{6} = 50 \text{ jours.}$$

Ce même problème résolu par la méthode de réduction à l'unité se résout comme il suit :

Si 20 ouvriers ont mis 15 jours pour faire l'ouvrage
1 — mettra 20 fois plus de temps

ou $$15 \times 20$$

Et 6 ouvriers en mettront 6 fois moins

ou $\dfrac{15 \times 20}{6} = 50$.

Les 6 ouvriers mettront 50 jours pour faire l'ouvrage.

Règle de trois composée.

330. Exemple : 20 ouvriers ont mis 18 jours pour faire 300 mètres d'ouvrage, combien 30 ouvriers pendant 15 jours feront-ils de mètres ? Disposition des données.

```
20 ouvriers     18 jours     300 mètres
30    —         15   —          x
```

Les nombres d'ouvriers et les nombres de jours sont proportionnels directement aux nombres exprimant les mètres. Dans ce cas, le rapport des mètres est égal au produit des deux autres rapports.

$$\dfrac{300}{x} = \dfrac{20 \times 18}{30 \times 15}$$

et $\quad x = \dfrac{300 \times 30 \times 15}{20 \times 18} = 375$ mètres.

Ce même problème peut être résolu par la méthode de l'unité en le divisant en deux règles de trois simple.

Si 20 ouvriers ont fait 300 mètres en 18 jours.

1 — a fait $\dfrac{300}{20}$

et 30 — ont fait $\dfrac{300 \times 30}{20} = 450$ mètres.

Si en 18 jours ces 30 ouvriers ont fait 450 mètres

en 1 — — feront $\dfrac{450}{18}$

et en 15 — — feront $\dfrac{450 \times 15}{18} = 375$ mètres.

On peut même faire le raisonnement en 1 seule fois.

Si 20 ouvriers en 18 jours ont fait 300 mètres
1 — en 18 — fera $\dfrac{300}{20}$
et 30 — en 18 — feront $\dfrac{300 \times 30}{20}$
30 — en 1 — font $\dfrac{300 \times 30}{20 \times 18}$
30 — en 15 — feront $\dfrac{300 \times 30 \times 15}{20 \times 18} = 375$ mètres.

RÈGLE D'INTÉRÊTS

331. L'**intérêt** d'une somme est le profit que tire de cette somme la personne qui la prête.

La somme prêtée s'appelle **capital**.

Le **taux** est l'intérêt de 100 francs prêtés pendant 1 an.

332. Un capital est placé à **intérêts composés**, lorsque, à la fin de chaque année, l'intérêt s'ajoute au capital, pour produire intérêt pendant l'année suivante. L'intérêt est simple, lorsque le capital reste fixe pendant toute la durée du prêt. C'est l'intérêt simple qui est couramment employé.

Il y a donc 4 quantités à considérer dans les problèmes d'intérêt : *le capital, le taux, le temps du prêt* et *l'intérêt*. Et suivant que l'on cherche l'une ou l'autre de ces quantités, les 3 autres étant connues, ces questions donnent lieu à 4 genres de problèmes différents, qui ne sont d'ailleurs que des règles de trois.

333. PROBLÈME. — Calculer l'intérêt i, d'un capital A placé au taux de r p. 100 pendant t années.

100 fr. en 1 an rapportent r fr.
1 fr. en 1 an rapportera 100 fois moins
ou $\dfrac{r}{100}$

A fr. en 1 an rapporteront A fois plus
ou $\dfrac{A \times r}{100}$

et A fr. en t ans rapporteront t fois plus

ou
$$i = \frac{A \times r \times t}{100}.$$

Si t exprimait un nombre de *mois*, la formule précédente deviendrait :
$$i = \frac{A \times r \times t}{100 \times 12}.$$

Si t exprimait des *jours*, nous aurions :
$$i = \frac{A \times r \times t}{100 \times 360}.$$

De la formule générale $i = \frac{A \times r \times t}{100}$ on voit que l'intérêt d'une somme égale le produit du capital, par le taux et par le temps, divisé par 100.

De cette formule on peut tirer la valeur du capital A en fonction des autres éléments et l'on trouve :
$$A = \frac{100 \times i}{r \times t}$$

ou celle du taux
$$r = \frac{100 \times i}{A \times t}$$

ou celle du temps
$$t = \frac{100 \times i}{A \times r}.$$

334. Remarque. — Quand le taux est de 5 p. 100, il est facile de calculer rapidement l'intérêt annuel d'un capital quelconque. En effet la formule générale $i = \frac{A \times r \times t}{100}$ devient dans ce cas particulier où r égale 5 et t égale 1 :
$$i = \frac{A \times 5}{100} = \frac{A}{20} = \frac{A}{2 \times 10} = \frac{A}{20}$$

il suffit alors de prendre la moitié du capital, puis le dixième. L'intérêt annuel de 20.000 francs placés à 5 p. 100

est
$$\frac{20.000}{2} = 10.000 \text{ et } \frac{10.000}{10} = 1.000$$

calculs qu'on fait mentalement.

335. Simplification des problèmes d'intérêt par les diviseurs fixes. — Dans les opérations commerciales ou de banque les intérêts sont calculés par jour, la formule employée est donc :

$$i = \frac{A \times r \times t}{100 \times 360} = \frac{A \times r \times t}{36.000}.$$

Or ce dénominateur 36.000 admet une grande quantité de diviseurs ce qui permet de fréquentes simplifications :

Ainsi avec le taux 4 :

$$i = \frac{A \times 4 \times t}{36.000} = \frac{A \times t}{9.000}$$

avec le taux 6 :

$$i = \frac{A \times 6 \times t}{36.000} = \frac{A \times t}{6.000}$$

Ainsi avec les taux :

3   4   4 1/2   5

les diviseurs fixes sont :

12.000   9.000   8.000   7.200.

Il suffira alors, *pour trouver l'intérêt d'une somme placée pendant un certain nombre de jours, de multiplier le capital par le nombre de jours et de diviser le produit par le diviseur correspondant aux taux.*

336. Simplification des problèmes d'intérêt par les parties aliquotes.

On suppose que le taux est toujours 6 p. 100. Cherchons le nombre de jours nécessaires pour que 100 francs rapporte son centième, c'est-à-dire 1 franc.

100 francs rapportent 6 francs en 360 jours.
100   —   1   —   60   —

Le nombre 60 jours est la base au taux de 6 p. 100. Ainsi une somme de 4.500 francs rapportera 45 francs en 60 jours, une somme de 3.000 francs rapportera son centième c'est-à-dire 30 francs en 60 jours.

337. *Quel est l'intérêt d'une somme de 3.600 francs en 85 jours à 6 p. 100 ?*

On pose en 60 jours, l'intérêt est le 1/100 du capital ou 36 francs, puis on cherche des parties aliquotes de 60, conduisant finalement à une addition donnant 85 jours.

Voici le calcul :

60 jours	36 francs.
20 —	12 —
5 —	3 —
85 jours	51 —

Si l'on veut employer un **autre taux**, soit 3 1/2 p. 100, il suffit de ramener les 51 francs d'intérêt à ce nouveau taux, toujours par les parties aliquotes.

6 p. 100	correspond à un intérêt de		51 francs.
3 p. 100	—	—	25 fr. 50
1/2 p. 100	—	—	4 fr. 25
3 1/2 p. 100	—	—	29 fr. 75

338. Recherche du capital, étant donné le capital et l'intérêt réunis. — *Un certain capital placé à 4 p. 100 pendant 3 ans est devenu 3.360 francs, capital et intérêts compris. Quel était le capital primitif ?*

100 francs placés à 4 p. 100 pendant 3 ans rapportent $4 \times 3 = 12$ fr.
100 francs de capital seraient donc devenus 100 francs + 12 francs = 112 francs. Il suffit d'une règle de trois simple pour obtenir la réponse demandée.

$$\frac{3.360 \times 100}{112} = 3.000 \text{ francs.}$$

339. Intérêts composés. — Nous avons dit qu'un capital est composé lorsqu'à la fin de chaque année l'intérêt s'ajoute au capital et est productif d'intérêt pendant l'année suivante.

Exemple : *Quelle somme devra-t-on retirer pour le capital et les intérêts composés d'un capital de 15.000 francs placé à 5 p. 100 pendant 6 ans ?*

TABLE DES INTÉRÊTS COMPOSÉS

1 fr. au bout de la 1re année devient $1 + 0,05$
1 fr.   —   2e deviendra $(1 + 0,05) \times (1 + 0,05) = (1+0,05)^2$
1 fr.   —   3e   — $(1 + 0,05)^2 \times (1 + 0,05) = (1+0,05)^3$
1 fr.   —   6e   — $(1 + 0,05)^5 \times (1 + 0,05) = (1+0,05)^6$
et 15.000   —   6e   — $15.000 \times (1 + 0,05)^6$.

Le tableau suivant donne ce que devient 1 franc au bout d'un certain temps à un certain taux ; il sera facile, en le consultant, de résoudre les problèmes relatifs à l'intérêt composé.

TABLE donnant la valeur de 1 franc placé à intérêts composés.

ANNÉES	TAUX DE L'INTÉRÊT						
	3	3,50	4	4,50	5	5,50	6
	fr.	fr.	fr.	fr.	fr.	fr.	fr.
1	1,030 00	1,035 00	1,040 00	1,045 00	1,050 00	1,055 00	1,060 00
2	1,060 90	1,071 22	1,081 60	1,092 02	1,102 50	1,113 02	1,123 60
3	1,092 73	1,108 72	1,124 86	1,141 17	1,157 62	1,174 24	1,191 02
4	1,125 51	1,147 52	1,169 86	1,192 52	1,214 51	1,238 82	1,262 48
5	1,159 27	1,187 69	1,216 65	1,246 18	1,276 28	1,306 96	1,338 23
6	1,194 05	1,229 25	1,265 32	1,302 26	1,340 10	1,378 84	1,418 52
7	1,229 87	1,272 28	1,315 93	1,360 86	1,407 10	1,454 68	1,503 63
8	1,266 77	1,316 81	1,368 57	1,422 10	1,476 45	1,534 69	1,593 85
9	1,304 77	1,362 90	1,423 31	1,486 09	1,551 33	1,619 09	1,689 48
10	1,343 92	1,410 60	1,480 24	1,552 97	1,628 89	1,708 14	1,790 85
11	1,384 23	1,459 97	1,539 35	1,622 85	1,710 34	1,802 09	1,898 30
12	1,425 76	1,511 07	1,601 03	1,695 88	1,795 86	1,901 21	2,012 20
13	1,468 53	1,563 96	1,665 07	1,772 20	1,885 65	2,005 77	2,132 93
14	1,512 59	1,618 69	1,731 68	1,851 94	1,979 93	2,116 09	2,260 90
15	1,557 97	1,675 35	1,800 94	1,935 26	2,078 93	2,232 48	2,396 56
16	1,604 71	1,733 99	1,872 98	2,022 37	2,182 87	2,355 26	2,540 35
17	1,652 85	1,794 68	1,947 90	2,113 38	2,292 02	2,484 80	2,692 77
18	1,702 43	1,857 49	2,025 82	2,208 48	2,406 62	2,621 47	2,854 34
19	1,753 51	1,922 50	2,106 85	2,307 86	2,526 95	2,765 65	3,025 60
20	1,806 11	1,989 79	2,191 12	2,411 71	2,653 30	2,917 76	3,207 13
21	1,860 29	2,059 43	2,278 77	2,520 24	2,785 96	3,078 23	3,399 56
22	1,916 10	2,131 51	2,369 92	2,633 65	2,925 26	2,247 54	3,603 54
23	1,973 59	2,206 11	2,464 72	2,752 17	3,071 52	3,426 15	3,819 75
24	2,032 79	2,283 33	2,563 30	2,876 01	3,225 10	3,614 59	4,048 93
25	2,093 78	2,363 24	2,665 84	3,005 43	3,386 35	3,813 39	4,291 87
26	2,156 59	2,445 96	2,772 47	3,140 68	3,555 67	4,023 13	4,549 38
27	2,221 29	2,531 57	2,883 37	3,282 01	3,733 46	4,244 40	4,822 35
28	2,287 93	2,620 17	2,998 70	3,429 70	3,920 13	4,477 84	5,111 69
29	2,326 56	2,711 88	3,118 65	3,584 04	4,116 14	4,724 12	5,318 39
30	2,457 26	2,806 79	3,243 40	3,745 32	4,321 94	4,983 95	5,743 49

BRÉMANT. — Math. Brevet.

RÈGLE D'ESCOMPTE

340. *L'escompte est la retenue qu'on fait sur le montant d'un billet payé avant son échéance.*

Ainsi, veut-on recevoir aujourd'hui le montant d'un billet à ordre de 500 francs payables dans 90 jours, on présente l'effet à un banquier qui fait une retenue ou escompte et vous verse le reste. La retenue, calculée à un taux déterminé, est l'intérêt que rapporterait cette somme de 500 francs dans 90 jours.

Dans ce cas, l'escompte à 6 p. 100 est de :

$$\frac{6 \times 500 \times 90}{360 \times 100} = 7 \text{ fr. } 50.$$

Le banquier versera donc :

500 francs — 7 fr. 5 = 492 fr. 50.

C'est une véritable recherche d'intérêt et la règle d'escompte offre les 4 *genres de problèmes que nous avons expliqués pour l'intérêt.* C'est surtout à ces calculs d'escompte commercial que s'appliquent les méthodes alternatives des diviseurs et des aliquotes (n°s 335 et 336).

341. On voit que, dans ce cas, l'escompte a été pris sur la valeur que portait le billet (*valeur nominale*); cet escompte ainsi fait est l'*escompte commercial* ou *en dehors*.

342. Mais le banquier qui a escompté le billet précédent l'a fait sur une valeur supérieure à la valeur réelle du billet. Cet effet ne vaut pas aujourd'hui 500 francs ; il vaudra 500 francs dans 90 jours.

L'escompte calculé sur la valeur *actuelle* du billet est appelé *escompte en dedans*.

Le seul escompte pratiqué en France est l'escompte commercial ou en dehors.

343. On démontre assez facilement que *la différence entre les deux escomptes est égale à l'escompte commercial de l'escompte en dedans.*

ESCOMPTE EN DEDANS

En effet, on a :

Valeur nominale = valeur actuelle + intérêts de la valeur actuelle.
Valeur nominale = valeur actuelle + escompte en dedans.
Prenons l'intérêt de toute l'égalité ; on aura :
Intérêts de valeur nominale = intérêt de valeur actuelle + intérêts de l'escompte en dedans.
Escompte en dehors = escompte en dedans + intérêts de l'escompte en dedans.
Escompte en dehors = escompte en dedans + escompte en dehors de l'escompte en dedans.

344. Problème d'escompte en dedans. — *Quelle somme recevra le porteur d'un effet de 700 francs payable dans 90 jours s'il le présente à un banquier qui pratique l'escompte en dedans à 5 p. 100 ?*

Je cherche d'abord l'intérêt de 100 francs pendant 90 jours à 5 p. 100 ?

$$\frac{5 \times 90}{360} = 1 \text{ fr. } 25.$$

Je cherche maintenant la valeur *actuelle* de l'effet qui vaudra 700 francs dans 90 jours. 100 francs + 1 fr. 25 ou 101 fr. 25 payables dans 90 jours, valent aujourd'hui 100 francs.
Valeur actuelle de l'effet.

$$\frac{100 \times 700}{101,25} = 694 \text{ fr. } 35.$$

En effet le banquier devrait faire son escompte sur cette somme ;

Escompte pour 90 jours. $\dfrac{5 \times 694,35 \times 90}{100 \times 360} = 8 \text{ fr. } 643.$

Le porteur du billet recevrait donc 700 — 8,65 = 691 fr. 35, somme trouvée pour la valeur actuelle.

345. Escompte commercial avec commission et change de place. — Les banquiers, en plus du taux d'escompte, retiennent un tant pour cent pour la *commission* et un tant pour cent pour le *change de place*.

La *commission* représente les frais de déplacement pour aller toucher le billet dans une ville.

Le *change de place* représente les frais de déplacement pour faire toucher le billet dans des localités éloignées.

346. Problème. — *Un banquier escompte un billet de 600 fr. au taux de 6 p. 100 payable dans 78 jours. Il prend 1/2 p. 100 de commission et $\frac{1}{10}$ p. 100 de change de place. Quel sera l'escompte total?*

Nous allons résoudre cet exercice par la méthode des parties aliquotes.

On pose :

```
60 jours . . . . . . . . .   6 francs
12   —   . . . . . . . . .   1 fr. 20
 6   —   . . . . . . . . .   0 fr. 60
─────                        ────────
78 jours . . . . . . . . .   7 fr. 80
```

La commission s'élève à : $\dfrac{600 \times 0{,}50}{100} = 3$ francs.

Le change de place s'élève à : $\dfrac{600 \times 1}{100 \times 10} = 0$ fr. 60.

Escompte total : 7 fr. 80 + 3 francs + 0 fr. 60 = 11 fr. 40.

On remarquera que la commission et le change de place sont indépendants du nombre de jours à courir jusqu'à l'échéance.

Escompte sur une facture.

347. On appelle encore *escompte* une remise de tant p. 100 que les commerçants font sur le montant d'une facture pour diverses causes. La recherche de cet escompte est une simple règle de trois.

Échéance moyenne et échéance commune.

348. — Dans un problème d'échéance moyenne, on se propose de remplacer plusieurs billets ou effets de commerce, payables à des époques différentes, par un seul billet égal au montant total des billets donnés. On cherche alors l'échéance unique ou moyenne.

Le taux d'escompte n'intervient point dans ce genre de problèmes.

349. Problème. — *On veut remplacer 2 billets, l'un de 3.200 francs payable dans 50 jours, l'autre de 4.800 francs payable dans 45 jours par un billet unique de montant égal à la somme des deux précédents. En chercher l'échéance.*

Escompte du 1er billet $\dfrac{3.200 \times 50 \times t}{36.000}$

Escompte du 2e billet $\dfrac{4.800 \times 45 \times t}{36.000}$

Escompte du billet unique $\dfrac{8.000 \times x \times t}{36.000}$

Il est évident que :

$$\dfrac{3.200 \times 50 \times t}{36.000} + \dfrac{4.800 \times 45 \times t}{36.000} = \dfrac{8.000 \times x \times t}{36.000}$$

On peut supprimer dans cette égalité au dénominateur 36.000 et au numérateur t.

On aura : $\quad 3.200 \times 50 + 4.800 \times 45 = 8.000\, x.$

et $\quad x = \dfrac{3.200 \times 50 + 4.800 \times 45}{8.000} = 47$ jours.

350. Règle. — **On multiplie chaque montant des billets donnés par leur temps respectif. On fait la somme et on divise par le total des montants.**

351. Dans un **problème d'échéance commune**, on se propose, étant donné plusieurs billets ou effets de commerce, payables à des époques différentes, de les remplacer par un billet unique à une époque donnée mais dont on a à trouver le montant.

Le taux d'escompte intervient ici.

PARTAGES PROPORTIONNELS

352. Problème. — *On veut remplacer 2 billets, l'un de 3.600 francs payable dans 50 jours, l'autre de 6.000 francs payable dans 45 jours par un billet unique payable dans 60 jours, quel sera le montant de celui-ci ? Le taux est de 6 p. 100.*

Valeur actuelle du 1er billet :

$$3.600 - \frac{3.600 \times 50}{6.000} = 3.570 \text{ francs.}$$

Valeur actuelle du 2e billet :

$$6.000 - \frac{6.000 \times 45}{6.000} = 5.955 \text{ francs.}$$

Valeur actuelle du billet unique :

$$3.570 + 5.955 = 9.525 \text{ francs.}$$

Connaissant la valeur actuelle 9.525 francs, il suffit de remonter à la valeur nominale.

Cherchons la valeur actuelle d'un billet de 100 francs à 6 p. 100 payable dans 60 jours.

Ce sera : $100 - 6 = 94$ francs.

D'où valeur nominale demandée :

$$\frac{9.525 \times 100}{94} = 10.132 \text{ fr. } 97.$$

PARTAGES PROPORTIONNELS

353. La règle de **partages proportionnels** ou de **répartition proportionnelle** est une opération par laquelle on partage un nombre proposé en parties proportionnelles à d'autres nombres donnés.

354. Pour partager une quantité en parties proportionnelles à des nombres donnés : 1° **On divise la quantité à partager par la somme des nombres donnés ;** 2° **on multiplie le quotient successivement par chaque nombre donné.**

PARTAGES PROPORTIONNELS 167

Exemple : Partager 13 en parties proportionnelles à 6, 8, 12.

$$1° \ \frac{13}{26}; \qquad 2° \ \begin{cases} \frac{13 \times 6}{26} = 3 \\ \frac{13 \times 8}{26} = 4 \\ \frac{13 \times 12}{26} = 6 \end{cases}$$

355. Pour partager une quantité en parties inversement proportionnelles à des nombres donnés, on partage cette quantité en parties proportionnelles à l'inverse des nombres donnés.

Exemple : Partager 18 en parties inversement proportionnelles à 6, 8, 12.

L'inverse de 3 ou $\frac{3}{1}$ est $\frac{1}{3}$.

L'inverse de $\frac{2}{3}$ est $\frac{3}{2}$.

Partager 18 en parties inversement proportionnelles à 6, 8, 12, c'est partager 18 en parties proportionnelles à $\frac{1}{6}, \frac{1}{8}, \frac{1}{12}$.

Ces fractions réduites au même dénominateur sont :

$$\frac{4}{24}, \frac{3}{24}, \frac{2}{24}$$

Il reste donc à partager 18 en parties proportionnelles à $\frac{4}{24}, \frac{3}{24}, \frac{2}{24}$ ou en parties proportionnelles à des nombres 24 fois plus grands, ce qui est la même chose ou 4, 3, 2.

Soit donc :

$$\frac{18 \times 4}{9} = 8$$
$$\frac{18 \times 3}{9} = 6$$
$$\frac{18 \times 2}{9} = 4$$

356. Problème. — *On veut partager un héritage de 47.000 francs, entre 3 héritiers âgés respectivement de 15 ans,*

20 ans, 25 ans, en raison inverse de leurs âges. Quelles seront les parts ?

Partager 47.000 francs en raison inverse de 15, 20, 25, c'est partager 47.000 francs en raison directe de $\frac{1}{15}, \frac{1}{20}, \frac{1}{25}$ ou en réduisant au même dénominateur

$$\frac{20}{300}, \frac{15}{300}, \frac{12}{300}.$$

Il suffira de partager 47.000 francs proportionnellement à 20, 15, 12.

1re part : $\dfrac{47.000 \times 20}{47} = 20.000$ francs.

2e part : $\dfrac{47.000 \times 15}{47} = 15.000$ francs.

3e part : $\dfrac{47.000 \times 12}{47} = 12.000$ francs.

RÈGLE DE SOCIÉTÉ SIMPLE

357. Problème. — *Trois commerçants se sont associés ; leurs mises sont 6.000 francs, 8.000 et 12.000 francs ; ils ont réalisé un bénéfice de 13.000 francs ; quelle sera la part de chacun ?*

C'est avec (6.000 + 8.000 + 12.000) = 26.000 francs qu'ils ont gagné 13.000 francs.

Le 1er associé avec 6.000 francs aura donc gagné

$$\frac{13.000 \times 6.000}{26.000} = 3.000.$$

le 2^e $\quad\dfrac{13.000 \times 8.000}{26.000} = 4.000.$

le 3^e $\quad\dfrac{13.000 \times 12.000}{26.000} = 6.000.$

Il est évident que les parts sont proportionnelles aux mises.

ALLIAGES — MÉLANGES

RÈGLE DE SOCIÉTÉ COMPOSÉE

358. Problème. — *Deux commerçants se sont associés. Le premier a apporté 20.000 francs pendant 15 mois, le second 12.000 pendant 10 mois. Les bénéfices à partager se sont élevés à 6.300 francs. Quelle sera la part de chacun ?*

La part de chacun sera proportionnelle à la fois à sa mise et au temps, c'est-à-dire qu'elle sera proportionnelle au produit des mises par les temps. Il suffit de diviser 6.300 francs proportionnellement à

$$20.000 \times 15 = 300.000 \qquad \qquad 30$$
$$\text{ou encore à}$$
$$12.000 \times 10 = 120.000 \qquad \qquad 12$$

1re part $\qquad \dfrac{6.300 \times 30}{42} = 4.500$

2e part $\qquad \dfrac{6.300 \times 12}{42} = 1.800$

ALLIAGES — MÉLANGES

359. Les **alliages** sont des combinaisons qui résultent de la fusion de différents métaux. Les alliages dont on s'occupe presque uniquement en arithmétique sont ceux qui sont formés de la combinaison de l'or et de l'argent avec le cuivre.

La connaissance de la définition du titre suffit pour permettre de résoudre tous les problèmes dits d'alliages.

360. Problème I. — *On fond ensemble 570 grammes d'argent pur et 65 grammes de cuivre, on demande le titre de l'alliage.*

Solution :

Le poids total est $570 + 65 = 635$.

$$\text{Titre} = \frac{570}{635}$$

qu'on peut réduire en fraction décimale, ce qui donne :
0,897.

361. On appelle donc *titre d'un alliage*, le rapport de la matière précieuse au poids total de l'alliage.

362. Problème II. — *Un lingot d'argent pesant 800 grammes est au titre de 0,925 ; combien faut-il y ajouter de cuivre pour abaisser son titre à 0,835 ?*

Solution :

Le poids qui ne doit pas varier est celui de l'argent :

Poids de l'argent pur $\dfrac{800 \times 925}{1.000} = 740$ grammes.

Nous allons chercher quel poids d'alliage au titre de 0,835, on peut former en employant 740 grammes d'argent pur.

Avec 835 grammes d'argent, on obtient 1.000 grammes d'alliage.

Avec 1 — — $\dfrac{1.000}{835}$

et avec 740 — — $\dfrac{1.000 \times 740}{835} = 886$ gr. 227.

Le poids du lingot final doit être 886 gr. 254 ; le lingot donné pesait 800 grammes.

Il faut donc ajouter $886,227 - 800 = 86$ gr. 227 de cuivre.

363. Problème III. — *Un lingot d'argent pesant 745 grammes est au titre de 0,835 ; combien faut-il y ajouter d'argent pour élever son titre à 0,900 ?*

Solution :

Le poids fixe est le cuivre ; c'est lui qu'il faut chercher.

Poids du cuivre : $\dfrac{745 \times 165}{1.000} = 122$ gr. 925.

Dans le lingot final, avec 100 grammes de cuivre, on obtient 1.000 grammes d'alliage.

Avec 122 gr. 925 on obtiendra :

Poids du lingot final : $\dfrac{1.000 \times 122,925}{100} = 1.229$ gr. 25.

Il faut donc ajouter $1.229,25 - 745 = 484$ gr. 25 d'argent pur.

PROBLÈMES 171

Certains problèmes de mélange ne donnent lieu à aucune difficulté. Exemple le suivant.

364. Problème IV. — *Un mélange de vin est formé de 60 litres de vin à 0 fr. 60 le litre, de 25 litres à 0 fr. 50 et de 40 à 0 fr. 65 on demande le prix de 1 litre du mélange.*

```
  60 litres à 0 fr. 60 le litre, valent  36 fr.
  25    —    0   50        —        12   50
  40    —    0   65        —        26
 ───                                ──────
 125 litres de mélange valent        74 fr. 50
```

$$1 \text{ litre vaut } \frac{74,5}{125} = 0 \text{ fr. } 596.$$

365. La résolution des problèmes de mélanges et d'alliages présente une plus grande difficulté lorsque, au lieu de chercher la *valeur* du mélange, on demande dans quel rapport un mélange doit être fait pour qu'on obtienne un prix donné, ou dans quel rapport un alliage doit être composé pour obtenir un titre donné.

366. Problème I. — *Dans quel rapport devra-t-on mélanger des vins à 57 francs et à 50 francs l'hectolitre pour que l'hectolitre du mélange puisse être vendu 53 francs ?*

Solution :

Quand on vend 53 fr. 1 hectol. qui coûte 57 fr. on perd 4 fr.
  —   53 fr. 1   —   50 fr. on gagne 3 fr.

Pour que la perte soit égale au gain, on devra prendre :

```
        3 hectol. à 57 fr.
   et   4    —     à 50 fr.
```
Car en prenant 3 — à 57 fr. on perd 4 fr. × 3 = 12 fr.
      —   4 — à 50 fr. on gagne 3 fr. × 4 = 12 fr.

Il y a donc compensation.

Pour plus de facilité, on dispose l'opération comme il suit :

Disposition des calculs :

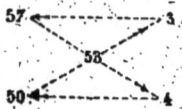

Il faut prendre 3 hectolitres à 57 francs et 4 hectolitres à 50 francs.

On écrit, comme l'indique la figure ci-dessus, les uns au-dessous des autres les prix donnés ; entre ces 2 nombres et à leur droite le prix du mélange ; on fait enfin les différences entre le prix du mélange et les prix donnés, différences qu'on place en croix avec les prix donnés. Les nombres qui se trouvent en regard, sur une même ligne horizontale, expriment les quantités qu'il faut prendre de chaque prix (suivre les traces des flèches).

367. Problème II. — *Combien faut-il ajouter de vin à 0 fr. 75 le litre à 120 litres de vin à 0 fr. 45 le litre pour que le litre du mélange revienne à 0 fr. 65 ?*

Solution :

Le mélange doit avoir lieu dans les proportions suivantes :

$$\begin{array}{cc} 75 & 20 \\ & 65 \\ 45 & 10 \end{array}$$

On devra prendre 20 litres à 0 fr. 75 et 10 litres à 0 fr. 45.
Pour 10 litres à 0 fr. 45 on prend 20 litres à 0 fr. 75.
1 — 0 fr. 45 on en prendra 10 fois moins.

$$\text{ou } \frac{20}{10}$$

et pour 120 litres on en prendra 120 fois plus

$$\text{ou } \frac{20 \times 120}{10} = 240.$$

Réponse : On devra ajouter 240 litres à 0 fr. 75.

368. Problème III. — *Dans quelle proportion faut-il allier de l'argent au titre de* $\frac{810}{1.000}$ *et de l'argent au titre de* $\frac{925}{1.000}$ *pour avoir un lingot au titre de* $\frac{880}{1.000}$ *?*

Solution :

En prenant le millième pour unité, on a :

$$\begin{array}{ccc} 810 & & 45 \\ & 880 & \\ 925 & & 70 \end{array}$$

on devra prendre 45 grammes au titre de $\frac{810}{1.000}$

et 70 — — $\frac{925}{1.000}$.

RENTES

369. La rente *est l'intérêt annuel d'une somme prêtée, habituellement à l'État.*

Quand l'État veut effectuer de grands travaux, ou payer une indemnité de guerre ou faire face à quelque grosse dépense imprévue et extraordinaire et que le produit des impôts est insuffisant, il fait appel aux capitalistes et émet un *emprunt*.

Chaque prêteur reçoit alors *un titre de rente* et se trouve inscrit sur le *Grand Livre de la dette publique*.

Ce titre de rente est, comme toute autre marchandise, il peut être vendu à la *Bourse* par l'intermédiaire des *Agents de change*, et peut, par conséquent, prendre une valeur variable suivant la quantité des offres par rapport aux demandes. Il s'établit alors un *cours* pouvant varier chaque jour.

Lorsqu'on dit que le 3 p. 100 est au cours de 85 francs, cela signifie qu'il faut verser 85 francs (plus les frais de courtage et de timbre) pour avoir un titre de rente de 3 francs.

Le *courtage* pris par l'agent de change se monte à 1 franc pour 1.000 francs de capital, ou $\frac{1}{1.000}$ du capital. On lui paie en outre un *impôt* de 0 fr. 0125 p. 1.000 du capital, ou $\frac{1}{80.000}$ plus le *timbre* qui est de 0 fr. 10.

370. Problème I. — *Quelle rente se fera-t-on si l'on dispose d'un capital de 20.000 francs pour acheter de la rente 3 p. 100 au cours de 85 francs (courtage et frais compris) ?*

Somme versée.			20.000 »
Courtage	20 »		
Impôt	0 25		20 35
Timbre	0 10		
	Somme disponible.		19.979 65

Avec 85 fr. » on a 3 fr. de rente.
— 1 fr. » on a $\frac{3}{85}$
— 19.979 fr. 35 on a $\frac{3 \times 19.979 \text{ fr. } 35}{85} = 705$ fr. de rente.

A remettre avec les titres de 4 fr. 65 de reliquat.

371. Problème II. — *Quelle somme devra-t-on débourser pour l'achat de 3.000 francs de rente 3 p. 100 au cours de 83 francs (courtages et frais compris) ?*

3 fr. de rente coûtent 83 francs.
1 — coûtent $\frac{83}{3}$
et 3.000 — coûtent $\frac{83 \times 3.000}{3} = 83.000$ fr. »

Courtage 1/1000		83 fr. »
Impôt 1/80.000		1 fr. 05
Timbre		0 fr. 10
	Prix total	83.084 fr. 05

ACTIONS ET OBLIGATIONS

372. On appelle *action* un titre reconnaissant le versement d'une certaine somme en vue de constituer le *capital d'une société*. L'action est donc une *part dans une entreprise*, et, à ce titre, le porteur a droit à une part proportionnelle dans les bénéfices.

Si la Société fait des bénéfices et veut étendre son commerce, elle emprunte sous une nouvelle forme. Elle émet des *obligations*.

373. Les *obligations* sont des titres reconnaissant le versement d'une somme prêtée à condition d'en tirer un *intérêt fixé d'avance*.

Les obligations sont *remboursables* dans un certain laps de temps fixé au moment de l'émission. On tire au sort les numéros qui doivent être remboursés chaque année.

374. Les actions et obligations sont négociables à la Bourse des valeurs. Leur cours varie selon les fluctuations des bénéfices.

Le cours des obligations est plus stable que celui des actions, par suite de la garantie que les premières donnent : d'être remboursées les premières, dans les cas de liquidation de la Société.

Le revenu annuel des actions s'appelle *dividende*.

375. Courtage et impôts divers. — L'agent de change qui opère légalement la cession des actions et obligations prend un *courtage* de 1 p. 1.000 sur le capital. L'impôt est de 0 fr. 10 pour 1.000 francs.

Les **valeurs nominatives**, c'est-à-dire celles qui portent le nom du possesseur, sont sujettes :

1° A une *taxe annuelle* de 4 p. 100 calculée sur les revenus et les dividendes;

2° A un *droit de mutation* de 0 fr. 75 p. 100 sur la valeur nominale, à retirer aussi sur les revenus.

Les **valeurs au porteur**, c'est-à-dire celles qui ne portent pas le nom du possesseur, sont assujetties à :

1° Une *taxe annuelle* de 4 p. 100 calculée sur les revenus et les dividendes;

2° Un *droit de mutation* de 0 fr. 25 p. 100 sur le cours moyen de l'année précédente, à retirer aussi sur les revenus.

Le **timbre** est pour toutes les opérations de 0 fr. 10 p. 1.000 fr. de capital.

376. **Problème.** — On vend 10 obligations au porteur, *Ville de Paris* 3 p. 100, 1871, au cours de 396 fr. Quelle sera la somme à toucher ? On place cet argent en rentes sur l'État au cours de 86 fr. A-t-on augmenté ou diminué son revenu et de combien ? (Cours moyen de l'an passé 395).

1° Prix de vente brut 396 × 10 = 3.960 fr. »
    Courtage 1/1000   3 fr. 95
    Impôt 0 fr. 10 p. 1000 0 fr. 40 } 4 fr. 45
    Timbre   0 fr. 10
                    Produit net   3.955 fr. 55

    Somme pour acheter la rente   3.955 fr. 55
    Courtage   3 fr. 95
    Impôt   0 fr. 05 } 4 fr. 10
    Timbre   0 fr. 10
                       Reste   3.951 fr. 45

Rente 3 p. 100 achetée $\dfrac{3.951 \text{ fr. } 45 \times 3}{86}$ = 137 francs de rente. Il y aura un reliquat de 24 fr. 10.

2° Une obligation rapporte 12 francs.

Taxe sur le revenu $\dfrac{12 \times 4}{100}$ = 0 fr. 48.

Taxe de transmission $\dfrac{395 \times 0,25}{100}$ = 0 fr. 9875.

Revenu net d'une obligation :
   12 fr. − (0,48 + 0,9875) = 10 fr. 5325.

Revenu de 10 obligations :
   10 fr. 5325 × 10 = 105 fr. 32.

On a donc augmenté son revenu de 137 − 105,32 = 31 fr. 68.

NOTIONS SUR LES PROBLÈMES DE FAUSSE POSITION ET SUR LES MOBILES

377. Fausse position. — On appelle ainsi des problèmes que l'algèbre résout facilement, mais qui, dans leur résolution par l'arithmétique, présentent certaines difficultés.

378. Problème I. — Dans un externat, il y a des élèves payant 20 francs par mois, d'autres payant 30 francs ; sachant qu'il y a 50 élèves en tout et que le directeur a touché 1.400 francs pour le mois, combien y a-t-il d'élèves de chaque catégorie ?

On suppose que tous les élèves paient 30 francs, cela fait une somme de $30 \times 50 = 1.500$ francs qui dépasse le total 1.400 francs de 100 francs.

Pour faire disparaître cette différence de 100 francs, il suffit de mettre à 20 francs une certaine quantité d'élèves. Cette quantité s'obtient

$$\frac{100}{30-20} = 10 \text{ élèves.}$$

Il y a donc 10 élèves à 20 francs.
   40   —   à 30 francs.

379. Problème II. — 20 mètres d'une étoffe de soie et 12 mètres d'étoffe de laine coûtent ensemble 420 francs. Si l'on prend seulement 15 mètres de la première et 10 mètres de la seconde, le prix n'est que de 325 francs. Quels sont les prix d'un mètre de chaque étoffe ?

On dispose ainsi les opérations :

20 mètres soieries + 12 mètres laine = 420 francs.
15   —   + 10   —   = 325   —

Il s'agit d'arriver à un même nombre de mètres de soieries dans les deux cas. Pour cela, il suffit de multiplier le 1ᵉʳ achat par 3, et le second par 4, on aura

60 mètres soieries + 36 mètres laine = 1.260 francs
60   —   + 40   —   = 1.300   —

178   MOBILES

On voit de suite que dans le 2ᵉ achat il y a 4 mètres de laine en plus, ce qui justifie le prix plus élevé de 1.300 — 1.260 = 40 francs.

D'où, prix d'un mètre de lainage $\frac{40}{4} = 10$ francs

et prix d'un mètre de soie $\frac{420 - 10 \times 12}{20} = 15$ francs.

380. Bessèges et Alais sont reliés par un chemin de fer de 31 kilomètres. Le transport de la houille coûte 0 fr. 04 par kilomètre et par tonne. En supposant que la tonne de houille coûte 19 francs à Bessèges et 19 fr. 50 à Alais, on demande à quel point de la ligne, il est indifférent de faire venir le charbon de Bessèges ou d'Alais.

Faisons partir du charbon de Bessèges vers Alais et cherchons à quel endroit de la ligne la tonne reviendra à 19 fr. 50. A ce point, elle aura augmenté de 0 fr. 50, — donc le charbon aura parcouru

$$\frac{0.50}{0.04} = 12 \text{ km., 5.}$$

A ce point C de la ligne le charbon est aussi cher qu'à Alais.
Si l'on prend maintenant le milieu exact de la distance C à Alais, on aura évidemment un point où la tonne sera d'un égal prix, qu'elle vienne de C ou d'Alais.

La distance C à Alais est de 31 — 12,5 = 18 km., 5.

Le point demandé sera à $\frac{18,5}{2} = 9$ km., 250 d'Alais et à 9,250 + 12,500 = 21 km., 750 de Bessèges.

Vérification. — Prix de la tonne de charbon venant de Bessèges

19 fr. + 0 fr. 04 × 21,75 = 19 fr. 87

Prix de la tonne de charbon venant d'Alais

19 fr. 50 + 0 fr. 04 × 9,250 = 19 fr. 87.

MOBILES. — VITESSE. — ESPACE PARCOURU.

381. **Mouvement uniforme.** — Dans le mouvement uniforme d'un mobile *les espaces parcourus sont proportionnels aux temps employés à les parcourir*, la vitesse restant la même.

MOUVEMENT UNIFORME

Soit une locomotive faisant 45 kilomètres à l'heure régulièrement. En 3 heures, elle aura parcouru $45 \times 3 = 135$ kilomètres.

Et en 5 heures elle aura parcouru $45 \times 5 = 225$ kilomètres.

Rapport des temps $\frac{3}{5}$.

Rapport des espaces $\frac{135}{225}$.

On a $\frac{3}{5} = \frac{135}{225}$.

Si l'on remplace les vitesses 3 et 5 par t et t', les espaces parcourus par e et e', on aura l'expression

$$\frac{t}{t'} = \frac{e}{e'}.$$

D'autre part, l'espace parcouru dans le 1er cas, sera représenté par l'expression

$$e = vt$$

v représentant la vitesse de la locomotive.

L'espace parcouru dans le 2e cas sera représenté par

$$e' = vt'$$

Si l'on considère un même espace parcouru successivement par deux mobiles de vitesses différentes et pendant des temps différents, on aura

$$e = vt$$
$$e = v't'$$

ou en égalisant

$$vt = v't'$$

ou encore

$$\frac{v}{v'} = \frac{t'}{t}.$$

d'où l'on conclut que dans ce cas, *les vitesses doivent être inversement proportionnelles aux temps.*

382. Le mouvement uniforme se rencontre souvent dans des problèmes tels que ceux concernant les bicyclettes, les trains, les tramways, les aiguilles d'une montre, etc.

Il y aura lieu souvent d'employer la *méthode graphique* dont nous donnons un exemple p. 181.

383. Exercice I. — *Une personne a marché avec une vitesse constante pendant 3 heures et demie ; puis elle a pris un voiturier qui lui faisait parcourir par heure 5 kilomètres de plus qu'elle n'en faisait à pied. Son voyage en voiture a duré 3 heures 20 minutes et la distance totale qu'elle a parcourue, tant à pied qu'en voiture, a été de 54 kilomètres 250. Quel chemin parcourait-elle dans une heure à pied ?*

Cette personne a fait en voiture 5 km., × 3 h. 20 de plus qu'elle n'aurait fait à pied.

Elle aurait donc couvert à pied pendant le temps total un espace de
$$54 \text{ km., } 250 - 5 \times 3 \text{ h. } 20$$

ou
$$54\frac{1}{4} - 5 \times 3\frac{1}{3}$$

$$\frac{217}{4} - \frac{50}{3} = \frac{451}{12} \text{ de kilomètres.}$$

Sa vitesse à pied est v et pendant 3 heures et demie + 3 heures un tiers, elle aurait parcouru $\frac{451}{12}$ kilomètres.

On a donc d'après la formule, p. 179,
$$\left(3\frac{1}{2} + 3\frac{1}{3}\right) v = \frac{451}{12}$$

$$\frac{41}{6} v = \frac{451}{12}$$

$$v = \frac{451}{12} : \frac{41}{6} = \frac{451 \times 6}{12 \times 41} = 5 \text{ km., et demi.}$$

Elle parcourait 5 kilomètres et demi à pied par heure.

384. Exercice II. — *Deux villes A et B sont séparées par une distance de 600 kilomètres. Un train part de A vers B avec une vitesse de 50 kilomètres à l'heure. Un autre train part de B vers A à la même heure avec une vitesse de 30 kilomètres à l'heure. On demande à quelle heure exacte et à quelle distance de A les deux trains se croiseront.*

PROBLÈMES   181

Nombre de kilomètres couverts en 1 heure par les 2 trains :
$$50 + 30 = 80 \text{ kilomètres.}$$

Nombre d'heures nécessaires pour qu'ils se croisent
$$\frac{600}{80} = 7 \text{ heures et demie.}$$

Distance de A
$$50 \times 7\frac{1}{2} = 375 \text{ kilomètres.}$$

385. On peut très souvent résoudre ces problèmes de trains ou de mobiles à l'aide de la *méthode graphique*.

Pour cela dans le problème précédent, traçons le schéma suivant.

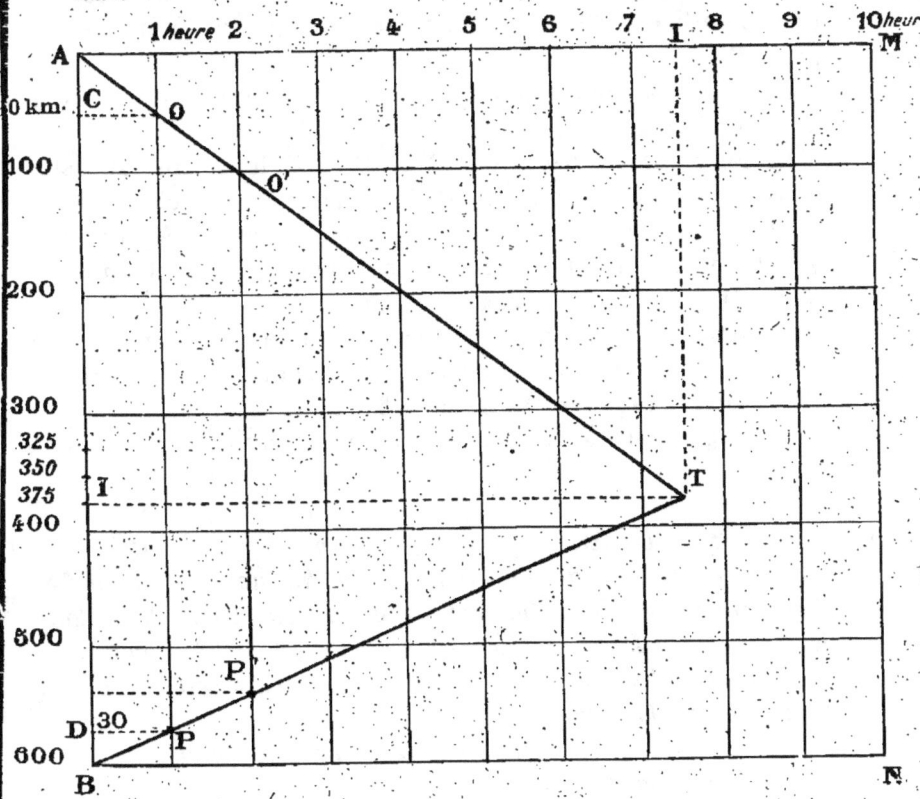

182   MOBILES

Le 1ᵉʳ train, partant de A, a une vitesse de 50 kilomètres à l'heure. Menons en C (50 km.,) une parallèle à A M qui coupera la ligne de 1 heure au point O.

De même, au bout de 2 heures, la position du train sera en O', croisement de la ligne de 100 kilomètres avec la ligne de 2 heures.

Par A, O, O', menons une droite. Elle représentera la marche du premier train.

Pour le 2ᵉ train partant de B, prenons sur B A une distance de 30 kilomètres et menons en D une parallèle à B N qui coupera la ligne de 1 heure au point P.

Prenons sur B A une distance B D' = 60 kilomètres, menons une parallèle à B N qui coupera la ligne de 2 heures au point P'.

Joignons par une droite B P P', elle représentera la marche du second train.

Prolongeons les droites A O' et B P'. Si le dessin est juste, elles se rencontrent en un point T qui marquera le croisement.

Abaissons de T une perpendiculaire T I, sur A M, on voit que le point I tombe au milieu des heures 7 et 8, l'heure de rencontre est donc 7 heures et demie.

Du point T abaissons une perpendiculaire T I sur A B. Le point I' tombe aux trois quarts de la distance de 300 à 400 — c'est-à-dire indique le chiffre de 375 kilomètres.

Et ainsi la solution graphique corrobore la solution arithmétique.

386. Exercice III. — *On suppose une piste circulaire de 360 kilomètres. Un automobiliste A, un cycliste C et un piéton P partent à midi du même point I de la piste et marchent dans le même sens. La vitesse de l'automobile est de 60 kilomètres à l'heure, celle du cycliste est de 24 kilomètres, et celle du piéton 6 kilomètres. Trouver :*

1° A quelle heure l'automobile rattrapera le piéton ;
2° A quelle heure il rattrapera le cycliste ;

PROBLÈMES

3° *A quelle heure l'automobiliste sera pour la première fois à égale distance du piéton et du cycliste;*

4° *A quelle heure il sera pour la deuxième fois à égale distance du piéton et du cycliste. Vérifier.*

1° L'automobile prendra les devants et fera d'abord un tour complet en $\frac{360}{60}=6$ heures. Pendant ce temps le piéton aura fait 6 km. × 6 = 36 kilomètres que l'auto devra rattraper.

Espace rattrapé en 1 heure par l'auto sur le piéton 60 — 6 = 54 kilomètres.

Temps nécessaire pour rattraper le piéton :

$$\frac{36}{54}=\frac{2}{3} \text{ d'heure.}$$

Il sera donc 18 h. 40.

2° L'automobile fait toujours un tour complet et pendant ce temps, le cycliste fait 34 × 6 = 144 kilomètres que l'auto devra rattraper dans son second tour.

Espace rattrapé en 1 heure par l'auto sur le cycliste : 60 — 24 = 36 kilomètres.

Temps nécessaire pour rattraper le piéton :

$$\frac{144}{36}=4 \text{ heures.}$$

Il sera donc 22 heures.

3° Avant de terminer son premier tour, l'auto va se trouver à un moment donné entre le cycliste et le piéton, comme l'indique la figure ci-contre. Il y aura donc à ce moment une position où l'auto sera à égale distance du piéton et du cycliste.

Il faudra qu'on ait C M A = A O P.

Espace C M A = (60 — 24) × temps demandé
ou   36 × temps.

Espace A O P = A O + O P
         A O = 360 — 60 × temps.
         O P = 6 × temps.

Espace A O P = 360 — 54 × temps.

On obtient :
$$36 \times \text{temps} = 360 - 54 \times \text{temps}$$
ou
$$90 \times \text{temps} = 360.$$

Temps demandé : $\dfrac{360}{90} = 4$ heures.

Il sera donc 16 heures.

Lorsque l'auto a fini son premier tour, les positions sont indiquées par la figure ci-contre.

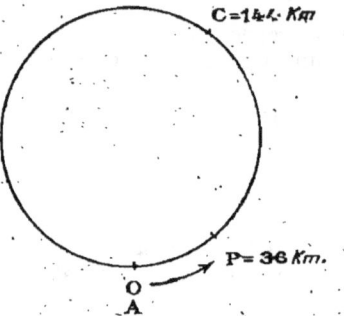

L'auto va rattraper rapidement le piéton, puis le dépassera et il se trouvera une position entre P et C où l'auto se retrouvera à égale distance des deux.

L'avance sur le piéton sera de

$$54 \times \text{temps} - 36 \text{ kilomètres.}$$

Le retard sur le cycliste sera de

$$144 - 36 \times \text{temps.}$$

Cette avance et ce retard doivent être égaux, on a donc :
$$54 \times \text{temps} - 36 = 144 - 36 \times \text{temps.}$$
$$90 \times \text{temps} = 180.$$

Temps demandé $= \dfrac{180}{90} = 2$ heures après un tour complet c'est-à-dire $2 + 6 = 8$ heures après le départ primitif.

Il sera donc 20 heures.

Vérification. — En 2 heures après 1 tour complet l'auto se trouvera à $60 \times 2 = 120$ kilomètres de O.

En 2 heures le piéton aura fait 6 km. $\times 2 + 6$ km. $\times 6$ faits pendant le 1er tour d'automobile, soit $12 + 36 = 48$ kilomètres.

En 2 heures le cycliste aura fait 24 km. $\times 2 + 24$ km. $\times 6$ faits pendant le 1er tour d'automobile, soit $48 + 144 = 192$ kilomètres.

On a bien $120 - 48 = 192 - 120$
$$72 = 72.$$

QUESTIONS THÉORIQUES ET PROBLÈMES

DONNÉS AUX EXAMENS DU BREVET ÉLÉMENTAIRE

NUMÉRATION ET QUATRE OPÉRATIONS

1. Objet de la numération parlée. Comment a-t-on résolu le problème ? Combien de mots sont nécessaires pour nommer tous les nombres jusqu'au milliard inclusivement ?

2. Expliquer que dans le système de numération décimale, 10 caractères ou chiffres sont nécessaires et suffisants pour représenter tous les nombres entiers.

3. Combien y a-t-il de nombres entiers de six chiffres ?

4. Quand on intervertit l'ordre des chiffres d'un nombre entier compris entre 10 et 100, la valeur de ce nombre augmente ou diminue de 9 fois la différence des valeurs absolues de ces chiffres

5. Quel est le nombre de pages d'un dictionnaire dont la pagination a nécessité 3.897 caractères d'imprimerie.

6. Dans un nombre de 2 chiffres, le chiffre des dizaines est A, et on intercale un zéro entre les deux chiffres du nombre :
1° Trouver l'accroissement de valeur ainsi obtenu ; montrer que cet accroissement est indépendant du chiffre des unités et que, quel que soit A, il est toujours divisible par 90.

2° Qu'arrive-t-il quand on intercale successivement 1, 2, 3 zéros ?

7. On écrit la suite naturelle des nombres entiers sans séparer les différents chiffres, déterminer la valeur absolue du chiffre qui occupe le 18.243ᵉ rang.

8. Quel est l'objet de l'addition des nombres entiers ? Pourquoi l'ordre dans lequel on les ajoute est-il indifférent ? — Énoncer la règle pratique de l'opération et l'expliquer. — La définition, la règle et l'explication sont-elles applicables aux nombres décimaux ?

9. Quels sont les divers objets de la soustraction des nombres entiers et comment sont-ils réductibles à un seul ? Exposer et raisonner l'opération sur l'exemple suivant :

de 3.200.001 retrancher 739.925.

10. Énoncer et démontrer le principe sur lequel repose la soustraction des nombres entiers.

11. Retrancher 3.597 de 14.243. Expliquer l'opération en s'appuyant sur la définition de la soustraction.

12. Pourquoi commence-t-on par la droite l'opération de la soustraction ? Raisonner sur des exemples.

13. Comment peut-on faire pour retrancher d'un nombre, 1° la somme de deux nombres ; 2° la différence de deux nombres ? Démontrer.

14. En retranchant le nombre 289 du nombre 312, un enfant a négligé toutes les retenues. Dire, à l'aide d'un raisonnement et sans faire l'opération exacte, de combien le résultat trouvé diffère du résultat réel.

15. Si à un nombre donné on ajoute séparément le triple et le décuple d'un autre nombre, on obtient 85 et 134. Calculer les 2 nombres.

NUMÉRATION ET QUATRE OPÉRATIONS 187

16. La différence de deux nombres est 1.511. Que deviendrait cette différence, 1° si l'on augmentait le grand nombre de 245 et le petit nombre de 125 ; 2° si l'on diminuait le grand nombre de 433 et le petit nombre de 622 ; 3° si l'on augmentait le grand nombre de 23 et qu'on diminuât le petit de 413 ?

17. On multiplie le plus grand nombre d'une soustraction par 8, sans toucher au plus petit. Que devient le reste ?

18. Expliquer l'objet de la multiplication des nombres entiers. — Qu'entend-on par multiplier 26 mètres par 11 et qu'est alors le produit ? — Peut-on se proposer de multiplier 26 par 11 mètres, ou 26 mètres par 11 mètres ?

19. Donner la définition générale de la multiplication et en expliquer le sens au moyen d'exemples dans lesquels le multiplicateur sera successivement supérieur, égal ou inférieur à l'unité.

20. Dans quel cas le produit de deux facteurs sera-t-il plus grand que chacun des deux facteurs ? Citez un exemple numérique à l'appui de votre démonstration.

21. Ayant un produit de deux facteurs, on multiplie le multiplicande par 2/3 et le multiplicateur par 5/7. Démontrer que le produit des deux facteurs ainsi modifiés est égal au produit primitif multiplié par le produit des deux fractions 2/3 et 5/7.

22. Démontrer que l'on peut intervertir l'ordre des deux facteurs d'une multiplication sans que le produit soit changé.

23. Démontrer qu'un produit de 3 facteurs ne change pas si l'on intervertit l'ordre des deux derniers facteurs.

24. Démontrer que, dans un produit de 5 facteurs, on peut changer l'ordre du 3° et du 4° sans changer la valeur du produit.

25. Démontrer qu'un produit de plusieurs facteurs ne change

pas lorsqu'on intervertit d'une manière quelconque l'ordre des facteurs.

26. Démontrer que, pour multiplier un nombre par un produit de plusieurs facteurs, $2 \times 3 \times 5$ par exemple, on peut le multiplier d'abord par 2, puis le produit par 3, puis le nouveau produit par 5.

27. Démontrer que, pour multiplier un nombre par un produit de facteurs il suffit de multiplier ce nombre successivement par chacun des facteurs.

Montrer qu'en appliquant ce principe, on peut simplifier certaines multiplications, par exemple celle de 2.437 par 24 ou par 625.

28. Démontrer que, multiplier une somme par un certain nombre, revient à multiplier chacune des parties de la somme par ce nombre.

29. Prouver que $(36 \times 14) + (36 \times 52) + (36 \times 34) = 36 \times (14 + 52 + 34) = 36 \times 100$; — puis formuler la règle à suivre en pareil cas.

30. Exposer ce que deviennent :
1° Le total ou la différence de 2 nombres, lorsqu'on multiplie chacun d'eux par un même nombre ;
2° Le produit de 2 facteurs lorsqu'on multiplie chacun d'eux par un même nombre.

31. Étant donnés la somme $(3+4+5)$, et le produit $(3 \times 4 \times 5)$, démontrer que pour multiplier la première par 6, il faut multiplier chacune de ses parties par 6, et que, pour multiplier le second par le même nombre, il suffit de multiplier l'un quelconque de ses facteurs par 6.

32. Que devient le produit de deux facteurs : 1° quand on les multiplie tous les deux par un même nombre ; 2° quand on les augmente tous les deux du même nombre ?

33. De combien augmente le produit de deux nombres quand on augmente chacun d'eux d'une unité ?

34. Que devient le produit de deux facteurs quand on augmente le plus grand de 5 unités, et que l'on diminue l'autre de 5 unités ?

35. Mettre sous la forme d'un produit de deux facteurs l'expression
$$8 \times 9 - 6 \times 5 + 9 \times 5 - 6 \times 8.$$

36. Le produit d'un nombre par 15 le surpasse de 49.154. Dites ce nombre.

37. En multipliant un nombre par 86, il se trouve augmenté de 46.070. Quel est ce nombre ?

38. Un élève ayant à calculer le produit d'un nombre par 80, multiplie bien le nombre par 8, mais il néglige d'écrire un zéro à la droite du résultat. Il trouve ainsi un produit inférieur de 7.992 au produit véritable. Quel est le multiplicande ?

39. Soit le produit 456×34. Si on augmente le multiplicateur de 3, de combien faudra-t-il augmenter le multiplicande pour que le nouveau produit dépasse le premier de 1.664 ?

40. Démontrer que si les deux facteurs d'un produit sont terminés par un 5, le produit est terminé par 25 ou 75. Dire dans quel cas il est terminé par 75.

41. L'un des facteurs d'un produit est les 2/3 de l'autre. Si l'on ajoute 3 à chacun des facteurs, le produit est augmenté de 129 ; quels sont ces deux facteurs ?

42. Démontrer que le produit de deux nombres diminue lorsqu'on augmente le plus grand et qu'on diminue le plus petit d'une unité.

43. L'un des deux facteurs d'un produit est 58. Si l'on augmente de 7 chacun de ces facteurs, et que l'on fasse une nou-

velle multiplication, le second produit surpasse le premier de 623. Quel est le second facteur du produit primitif ?

44. Construction et usage de la table de multiplication, dite table de Pythagore.

45. Raisonner le troisième cas de la multiplication des nombres entiers sur l'exemple 3.627×945.

46. Expliquer la multiplication de 376.000 par 4.200.

47. Énoncer la règle de la multiplication des nombres décimaux et la justifier sur l'exemple suivant : $7,436 \times 2,53$.

48. Multiplication des nombres décimaux. A démontrer sur l'exemple de $3,14 \times 0,0096$.

49. Montrer que multiplier ne veut pas toujours dire rendre plus grand ; que diviser ne veut pas toujours dire rendre plus petit. Citer des exemples.

50. A quelles conditions le quotient d'une division est-il : 1° égal au dividende ; 2° égal au diviseur ; 3° égal à l'unité ; 4° inférieur à l'unité ; 5° inférieur au dividende ; 6° supérieur au dividende ? Montrer pourquoi.

51. Démontrer que, dans une division, si l'on multiplie le dividende et le diviseur par un même nombre, le quotient ne change pas, mais que le reste est multiplié par ce nombre.

52. En effectuant la division d'un certain nombre entier par 67, on a obtenu 28 pour reste. Trouver quel serait ce reste si le dividende était mille fois plus grand.
Trouver aussi de quelle quantité augmenterait le quotient.

53. Le quotient d'une division est 8 et le reste est 24, si l'on additionne le dividende, le diviseur, le quotient et le reste, on obtient 380. Trouver le dividende et le diviseur.

54. On multiplie un nombre entier quelconque par 0,125. D'un autre côté, on divise ce même nombre par 8.

Les résultats sont égaux. Démontrer qu'il en doit être ainsi après avoir rappelé la définition de la multiplication et de la division.

55. Comment trouve-t-on le quotient, dans une division de nombres entiers, lorsque le diviseur est plus grand que 10 ? — Faire la démonstration.

56. Diviser 56.814 par 7, 8, et expliquer l'opération.

57. Diviser 0,0056 par 0,04678. Donner le quotient à un millième près et expliquer l'opération.

58. Théorie de la division des nombres décimaux.

59. Comment vérifie-t-on la division par la multiplication ? Expliquer et justifier la marche à suivre sur l'exemple suivant : 10,758 : 988.

60. Qu'est-ce que le quotient à 1 près par défaut de 2 nombres ? Qu'est-ce que le quotient à 1 près par excès ? Expliquez sur un exemple que la somme du reste par défaut et du reste par excès est égale au diviseur.

61. Démontrer que dans toute division le reste est inférieur à la moitié du dividende.

62. Le diviseur d'une division de nombres entiers est 26 ; le quotient est quadruple du reste, qui est le plus grand possible. Trouver le dividende.

63. Le dividende d'une division est 16 fois plus petit que le diviseur. Quel est le quotient exact de la division ?

64. Dans une division qui se fait exactement, la somme du dividende, du diviseur et du quotient est 49, et la somme du dividende et du diviseur dépasse le quotient de 41. — Trouver le dividende, le diviseur et le quotient.

65. Un élève, en divisant un nombre par 8, a obtenu pour

reste 4. En divisant ce même nombre par 12, il a eu pour reste 3. Démontrez qu'il a certainement commis une erreur.

66. Dans une division, le quotient est 5 et le reste 7. Trouver à l'aide d'un raisonnement le dividende et le diviseur de cette division, la différence étant 62.

67. On augmente le diviseur d'une division du nombre 4, et le dividende du nombre 12 ; il se trouve que le quotient n'a pas changé, non plus que le reste. Trouver le quotient. — Généraliser.

68. Le nombre des chiffres du quotient est égal à la différence entre le nombre de chiffres du dividende et du diviseur ou à cette différence augmentée de 1.

69. Par quels procédés peut-on faire la preuve d'une division ?

70. En divisant deux nombres entiers on a trouvé 30 pour quotient et 64 pour reste. Si l'on avait ajouté 179 au dividende sans changer le diviseur, le quotient aurait été égal à 31. Quels sont le dividende et le diviseur ?

71. Parmi les nombres inférieurs à 200, quels sont ceux qui peuvent servir de dividende et de diviseur à une division dont le quotient serait 4 et le reste 35 ?

DIVISIBILITÉ

72. Qu'est-ce qu'un nombre divisible par un autre ?
Comment reconnaît-on qu'un nombre est divisible par un autre ?
Peut-on le savoir sans faire la division ?
Établir le caractère de divisibilité par 2.

73. Démontrer que le produit de deux nombres entiers consécutifs est divisible par 2.

DIVISIBILITÉ

74. Caractères de divisibilité d'un nombre par 8, puis par 125 ; démontrer.

75. Démontrer que tout nombre entier est égal à un multiple de 9, augmenté de la somme de ses chiffres pris avec leurs valeurs absolues. En conclure le caractère de divisibilité par 9.

76. Comment trouve-t-on le reste d'une division d'un nombre par 9 sans effectuer la division ? — Règle et démonstration.

77. Expliquer le caractère de divisibilité par 3 en opérant sur le nombre 763.454. A quoi peut être utile la connaissance des caractères de divisibilité des nombres ?

78. Énoncer le principe sur lequel on s'appuie dans la pratique pour faire la preuve par 9 de la multiplication, et appliquer ce principe à la preuve par 9 de la multiplication de 7.846 par 408.
Supposer dans le produit une erreur provenant de ce que le deuxième produit partiel aura été déplacé et montrer que la preuve par 9 n'indique pas cette erreur.

79. Donner la théorie de la preuve par 9 de la multiplication. Opérer sur les nombres 41.723 par 821.

80. Preuves de la multiplication. Différentes manières de faire cette preuve. — Faites l'application de l'une d'elles et donnez la démonstration.

81. Prouver que la différence entre deux nombres composés des mêmes chiffres, dans un ordre différent comme 8.246 et 6.428, est exactement divisible par 9.

82. Démontrer que tout diviseur de deux nombres divise aussi le reste de la division du plus grand nombre par le plus petit. Par exemple, 2 divisant 1.524 et 72, divisera aussi le reste 12 de la division de 1.524 par 72.

194 PROBLÈMES

83. Décomposer en leurs facteurs premiers :
600 , 420
84.   340 , 720 , 180.

85. Trouver tous les diviseurs de :
630 , 500 , 36 , 49
86.   340 , 810 , 900.

87. Trouver le P. G. C. D. de :
1200 et 450 ; 18 et 600
88.   731 et 140 ; 144 et 36.

89. Trouver le P. G. C. D. de :
12 , 20 , 36 et 160
90.   18 , 40 , 170 et 270
91.   110 , 420 et 141
92.   144 , 345 et 810.

93. Trouver le P. G. C. D. et le P. P. C. M. de :
3 , 4 , 9 et 16
94.   7 , 12 , 36 et 45
95.   27 , 36 , 420 et 810.

96. Théorie du plus grand commun diviseur de deux nombres. On prendra les nombres 5.832 et 342.

97. Décomposer le nombre 6.933 en ses facteurs premiers.

98. Donner (sans la démontrer) la règle à suivre pour trouver le plus grand commun diviseur de deux nombres : 1° par la méthode des divisions successives ; 2° par la méthode de la décomposition en facteurs premiers. Laquelle des deux est préférable ? Exemple : trouver le P. G. C. D. entre 1.688 et 1.780.

DIVISIBILITÉ

99. Trouver le plus petit nombre qui, divisé par 11, par 5, par 15 et par 35 donne toujours 1 pour reste.

100. Démontrer qu'un nombre est divisible par 4 lorsque le chiffre des unités ajouté au double du chiffre des dizaines donne une somme divisible par 4.

101. On donne le nombre 727.400. Quels chiffres significatifs peut-on mettre à la place des deux zéros, pour former un nouveau nombre qui soit divisible à la fois par 4 et par 9 ?

102. Prouver qu'un nombre quelconque est égal à un multiple de 6, plus le chiffre des unités augmenté de 4 fois la somme des autres chiffres. En déduire un caractère de divisibilité par 6.

103. Démontrer que le produit de deux nombres entiers consécutifs est multiple de 2 et que le produit de trois nombres entiers consécutifs est toujours multiple de 3.

104. Le produit de quatre nombres entiers consécutifs est divisible par 3 et par 8.

105. Le P. G. C. D. de deux nombres est 14 ; on demande quels sont ces deux nombres, sachant que la série des quotients qu'on obtient dans la recherche de leur P. G. C. D., sont 3, 8, 2, 4.

106. Connaissant deux nombres, 5.544 et 936, et leur P. G. C. D. 72, trouver leur P. P. C. M.

107. Si l'on divise 4.373 et 826 par un même nombre, on obtient respectivement 8 et 7 pour restes. Quel est ce nombre ? Y en a-t-il plusieurs ?

108. Démontrer que pour qu'un nombre soit divisible par 15, il suffit qu'il soit divisible séparément par 3 et par 5.

109. Trouver un nombre qui, divisé par 11, 15 et 33, donne toujours pour reste 1, et s'il y en a plusieurs, indiquer le plus petit.

FRACTIONS

110. Ranger par ordre de grandeur les fractions suivantes sans les réduire au même dénominateur :

$$\frac{8}{17}, \frac{5}{17}, \frac{4}{23}, \frac{14}{52}, \frac{12}{47}$$

111.
$$\frac{2}{5}, \frac{7}{5}, \frac{3}{8}, \frac{4}{5}$$

112. Écrire des fractions plus petites que l'unité de :

$$\frac{1}{3}, \frac{3}{5}, \frac{1}{8}, \frac{3}{4}, \frac{7}{15}$$

113. Écrire des expressions fractionnaires qui surpassent l'unité de :

$$\frac{4}{5}, \frac{3}{8}, \frac{4}{9}, \frac{5}{6}, \frac{2}{3}$$

114. Convertir en expressions fractionnaires :

$$3\frac{2}{3}, \quad 4\frac{7}{8}, \quad 8\frac{11}{15}$$

115.
$$2\frac{7}{9}, \quad 12\frac{4}{5}, \quad 15\frac{18}{21}$$

116. Convertir en nombres fractionnaires les expressions fractionnaires :

$$\frac{125}{13}, \frac{12}{3}, \frac{48}{5}$$

117.
$$\frac{19}{12}, \frac{4}{3}, \frac{124}{21}$$

118. Réduire à leur plus simple expression :

$$\frac{540}{360}, \frac{51}{34}, \frac{169}{143}$$

119.
$$\frac{150}{100}, \frac{204}{163}, \frac{370}{310}$$

FRACTIONS

120. Addition des fractions :
$$\frac{3}{4}+\frac{5}{6}+\frac{1}{12}+\frac{7}{24}$$

121. $\quad 3\frac{7}{8}+\frac{4}{5}+1\frac{8}{27}+4\frac{5}{48}$

Soustraction.

122. $\quad \frac{7}{8} \text{ de } \frac{13}{14}$

123. $\quad 5\frac{8}{9}-2\frac{3}{5}$

124. $\quad 8\frac{4}{5}-3\frac{11}{12}$

Multiplication.

125. $\quad \frac{8}{11}\times\frac{4}{5} \;;\; 3\times\frac{7}{9} \;;\; \frac{8}{11}\times 5$

126. $\quad 3\frac{2}{3}\times 4 \;;\; 6\times 9\frac{2}{3} \;;\; 4\frac{2}{3}\times 5\frac{7}{9}$

Division.

127. $\quad 7:\frac{3}{4} \;;\; \frac{7}{11}:5 \;;\; \frac{8}{9}:\frac{4}{3}$

128. $\quad \frac{15}{24}:\frac{3}{4} \;;\; 6\frac{2}{3}:4\frac{5}{17} \;;\; 11:4\frac{2}{9}$

129. Quelle est la plus grande des trois fractions 34/60, 39/56, 53/90 ? — Expliquez la marche à suivre pour résoudre cette question.

130. Dire laquelle des deux fractions 11/36 et 17/63 est plus grande, et expliquer les opérations que l'on est obligé de faire pour comparer ces deux fractions.

131. Démontrer que le quotient que l'on obtient en rendant le dividende 3 fois plus grand et le diviseur 4 fois plus grand, est bien les 3/4 du premier quotient.

132. Comment peut-on rendre la fraction 4/15, 3 fois plus grande ? — Expliquer les deux procédés. — Qu'arriverait-il si l'on ajoutait le nombre 3 à chaque terme de la fraction ?

133. Démontrer qu'une fraction ne change pas de valeur lorsqu'on multiplie ses deux termes par un même nombre. Application de ce principe.

134. Trouver une fraction égale à 3/11 et dont la somme des termes soit 238.

135. Que fait-on à une fraction telle que 15/18, en ajoutant ou en retranchant un même nombre 10 aux deux termes ? — La même altération se produirait-elle sur le nombre fractionnaire 18/15 ?

136. Énoncer et démontrer le théorème sur lequel repose la simplification des fractions.

137. Qu'entend-on par simplifier une fraction et par réduire une fraction à sa plus simple expression?

Réduire à sa plus simple expression la fraction $\dfrac{45864}{160524}$

Prouver que le résultat obtenu est bien égal à la fraction donnée.

138. 1° Réduire la fraction 135/360 à sa plus simple expression.

2° Énoncer les principes sur lesquels vous vous appuyez ; dire de combien elle dépasse la fraction 3/13.

139. Énoncer et démontrer le principe servant de base à la réduction des fractions au même dénominateur. Application : réduire au même dénominateur les fractions 3/4 et 5/7.

140. Si l'on a une série de fractions (quatre par exemple) et que l'on multiplie les deux termes de chacune par le produit des dénominateurs des autres, démontrer :

1° Que les fractions n'auront pas changé de valeur ;

2° Qu'elles auront toutes le même dénominateur.

FRACTIONS

141. Convertir en 105ᵉ la fraction 13/15. Démonstration et règle. La conversion est-elle possible dans tous les cas ?

142. Réduction de plusieurs fractions au même dénominateur. — But de cette opération. — Utilité. — Peut-on opérer de plusieurs manières ? — Quel dénominateur doit-on choisir de préférence ? Expliquer la théorie de l'opération sur les trois fractions :

$$\frac{2}{5} \quad \frac{5}{6} \quad \frac{7}{8}$$

143. Théorie de la réduction des fractions au plus petit dénominateur commun.

Prendre comme exemple les fractions

$$\frac{126}{168} \quad \frac{75}{90} \quad \frac{175}{225} \quad \frac{126}{135}$$

144. De combien de manières peut-on opérer pour retrancher 5 2/3 de 8 4/7 ? Faire et expliquer l'opération.

145. Que faut-il entendre par ces mots : multiplier 3/4 par 5/7 ? — Démontrer que le produit est tout à la fois plus petit que 3/4 et plus petit que 5/7.

146. Qu'arrive-t-il lorsqu'on multiplie par $\frac{2}{3}$ les deux facteurs d'un produit ?

147. Diviser $\frac{8}{25}$ par $\frac{4}{5}$. Théorie de l'opération. — Dans ce cas particulier, est-on obligé d'appliquer la règle générale ?

148. Diviser $\frac{5}{9}$ par $\frac{7}{8}$: démonstration et règle. Comment faut-il faire pour trouver le quotient à 1/25 près ?

149. Diviser 12 par 3/4. Démontrer que le résultat est plus grand que le dividende 12.

150. Diviser 12 8/9 par 4, puis 4 par 12 8/9 ; faire voir que la première division comporte deux procédés, et que la seconde n'en admet qu'un seul.

151. Faire voir que, dans la division d'une fraction par une fraction, on réduit en réalité les deux fractions au même dénominateur, puisque l'on divise le nouveau numérateur de la fraction dividende par le nouveau numérateur de la fraction diviseur $\left(\dfrac{5}{6} : \dfrac{7}{8}\right)$.

152. Démontrer et formuler la règle de la division de 2 fractions ayant le même dénominateur, telles que 40/48 et 42/48. Ramener à ce cas particulier le cas où les fractions sont quelconques, telles que 5/6 et 7/8 et en déduire la règle habituelle de la division des fractions.

153. Par quel nombre faut il multiplier 11/12 pour obtenir 792? Énoncer et démontrer la règle à suivre pour exécuter l'opération nécessaire.

154. En multipliant par un certain nombre 358 2/5, on trouve pour produit 20 6/8.
Quel est ce nombre?

155. Par quel nombre faut-il diviser un autre nombre pour que celui-ci soit augmenté de ses 7/12 ?

156. Preuve usuelle et raisonnée des quatre opérations suivantes :
$$\dfrac{17}{18} + \dfrac{5}{12} \; ; \; \dfrac{17}{18} - \dfrac{5}{12} \; ; \; \dfrac{17}{18} \times \dfrac{5}{12} \; ; \; \dfrac{17}{18} : \dfrac{5}{12}$$

157. Expliquer comment, en réduisant une fraction ordinaire en fraction décimale avec une approximation indéfinie, on doit nécessairement obtenir un quotient limité ou bien un quotient périodique. — Combien d'opérations, au plus, faudra-t-il faire avant d'arriver à l'un ou à l'autre de ces deux résultats ?

158. Démontrer que la fraction 13/250 est exactement réductible en fraction décimale, et qu'on peut déterminer à l'avance le nombre des chiffres décimaux.

159. Convertir la fraction $\frac{3}{125}$ en fraction décimale par voie de multiplication et montrer que le résultat obtenu doit être le même qu'en divisant le numérateur par le dénominateur.

160. Démontrer que $\frac{4}{9} = \frac{44}{99} = \frac{444}{999}$

161. Simplifier autant que possible la fraction
$$\frac{48 \times 625 \times 111}{74 \times 875 \times 864}$$

162. Prouver, sans les réduire au même dénominateur, l'égalité des fractions $\frac{17}{43}$ et $\frac{1717}{4343}$

163. Une fraction est telle que si on ajoute 20 à son numérateur et 25 à son dénominateur, elle ne change pas de valeur. Quelle est cette valeur?

164. Quel nombre faut-il ajouter aux deux termes de la fraction 8/15 pour qu'elle ne diffère de l'unité que de $\frac{1}{300}$?

165 Par quel nombre faut-il multiplier un nombre donné pour l'augmenter de son septième? de ses trois septièmes?

166. Expliquer la conversion des fractions ordinaires en fractions décimales sur l'exemple $\frac{27}{204}$.

167. Quelles sont les fractions ordinaires qui, réduites en décimales, donneraient
$$0{,}54\ 54\ 54\ldots \text{ et } 0{,}324\ 324\ldots$$

168. Trouver la valeur exacte du quotient de la division du premier nombre par le second dans l'exercice précédent.

169. Faire la théorie de la conversion sur la fraction décimale 0,54 54....

170. Une personne avait une certaine somme ; elle en a dépensé 1/2 pour acheter de la toile à 2 fr. 25 le mètre ; elle a employé les 2/3 du reste pour avoir du drap à 12 fr. 75 le mètre ; avec ce qui lui est resté, elle a pu couvrir le prix de 225 litres de vin à 54 francs l'hectolitre. Combien a-t-elle reçu de toile et de drap ?

171. Il reste 47.200 francs à une personne qui a disposé du $\frac{1}{4}$ de sa fortune, des $\frac{2}{7}$ et des $\frac{3}{11}$. A quelle somme s'élevait cette fortune ?

172. Un père et son fils travaillent à un ouvrage qu'ils peuvent faire ensemble en 15 jours. Ils travaillent d'abord 6 jours ensemble, puis le fils achève tout l'ouvrage en 30 jours. Combien de temps le père et le fils auraient-ils employé séparément à faire l'ouvrage ?

173. Les frais de construction d'un chemin vicinal qui relie cinq localités ont été supportés de la manière suivante : $\frac{1}{3}$ par la première localité, $\frac{1}{4}$ par la seconde, $\frac{1}{6}$ par la troisième, $\frac{1}{12}$ par la quatrième. La cinquième a eu à faire pour sa part une longueur de 800 mètres. Sachant que les frais se sont élevés à 2.500 francs le kilomètre, on demande de déterminer la dépense supportée par chacune des cinq localités et la longueur du chemin.

174. Deux ouvriers de force inégale travaillent à un même ouvrage qu'ils peuvent faire ensemble en 12 jours. Au bout de 4 jours de travail, le plus habile tombe malade ; l'autre achève alors le travail en 18 jours. Combien chacun d'eux travaillant seul aurait-il mis de temps pour faire l'ouvrage en entier ?

175. Une fontaine fournit 119 hectolitres d'eau en 7 heures ; une seconde, 390 hectolitres en 15 heures ; une troisième, 324 hectolitres en 18 heures. Combien ces trois fontaines mettront-elles d'heures pour remplir un bassin de 1.647 hectolitres ?

176. Deux fontaines versent de l'eau dans le même bassin. La 1re pourrait le remplir en 3 heures et la 2e en 5 heures. On laisse d'abord couler la 1re pendant 1 heure, puis la 2e seule pendant 1 heure et demie, et ensuite on les laisse couler toutes deux ensemble. On demande au bout de combien de temps le bassin sera plein ?

177. Une 1re fontaine coulant seule remplirait un bassin en 3 heures et demie ; une 2e le remplirait en 3 h. $\frac{1}{7}$; une 3e en 4 h. $\frac{1}{3}$. En combien de temps auront-elles rempli ce bassin en coulant ensemble et quelle fraction de ce bassin chacune d'elles aura-t-elle rempli ?

178. — Dans un jour, un ouvrier fait le tiers d'un ouvrage ; dans un autre jour, il fait le quart du reste. Quelle fraction de l'ouvrage lui reste-t-il alors à faire ? — Combien l'ouvrage lui sera-t-il payé s'il a gagné 4 francs dans la seconde journée ?

179. Un bassin pouvant contenir 8 hectolitres reçoit par heure 75 litres $\frac{3}{4}$ par un 1er robinet, 86 litres $\frac{2}{3}$ par un 2e, et il perd 64 litres $\frac{4}{5}$ par un 3e. On ouvre les trois robinets ensemble. Trouver au bout de combien de temps le bassin sera rempli.

180. On demande quel est le traitement annuel d'un instituteur, sachant qu'il subit, pour la retraite, une retenue égale au vingtième de ce traitement ; qu'il dépense par an les 4/5 de son traitement diminué de la retenue, plus encore 200 francs ; qu'enfin, au bout de 6 ans, il est arrivé à économiser les $\frac{52}{300}$ de son traitement annuel.

181. Quatre ouvriers ont fait un ouvrage de 3.239 mètres. Le travail du deuxième est les 4/5 de celui du premier ; le travail du troisième est les 2/3 de celui du deuxième, et le travail du quatrième est les 3/4 de celui du troisième. L'ouvrage total ayant été payé 6.724 francs, combien chaque ouvrier a-t-il fait de mètres et combien recevra-t-il ?

182. Une pompe peut vider un bassin en 6 h. 42 minutes ; une autre le viderait en 4 h. 37 minutes. Combien faudra-t-il d'heures, de minutes et de secondes pour vider le bassin en faisant fonctionner simultanément les deux pompes ?

183. Une somme de 1.416 francs a été partagée entre deux personnes ; la première ayant dépensé les 4/7 de sa part, et la seconde les 3/8 de la sienne, il leur reste des sommes égales. Quelles sont les parts des deux personnes ?

184. Un marchand a un tonneau plein de vin du prix de 80 centimes le litre. Il vend un jour les $\frac{2}{3}$ des $\frac{5}{8}$ du tonneau ; le lendemain il en vend pour 7 fr. 20 de plus que la veille, et il ne lui reste plus que le demi-quart du tonneau. Calculer la capacité du tonneau.

185. Un homme boit le tiers du vin qui remplit un verre, il le remplit ensuite en y versant de l'eau et il boit la moitié du tout ; il le remplit une seconde fois avec de l'eau et en boit encore la moitié. Quelle partie du vin primitif reste-t-il encore dans le verre ?

186. Après avoir perdu successivement les 3/8 de sa fortune, le 1/9 du reste, puis les 5/12 du nouveau reste, une personne hérite de 60.800 francs. La perte est ainsi réduite à la moitié de la fortune primitive. On demande combien cette personne possédait d'abord, et combien elle a successivement perdu.

187. Extraire à moins de 1 unité près les racines carrées suivantes :

$$\sqrt[2]{723498} \quad , \quad \sqrt[2]{3425696}$$

188. $\quad \sqrt[2]{34964328} \quad , \quad \sqrt[2]{95486723}$

189. Extraire à moins de 1 centième près

$$\sqrt[2]{3} \quad , \quad \sqrt[2]{2} \quad , \quad \sqrt[2]{723698}$$

190. Extraire les racines :

$$\sqrt[2]{38497,4236} \quad , \quad \sqrt[2]{84294,234} \quad , \quad \sqrt[2]{52943,42876}$$

SYSTÈME MÉTRIQUE

191. Énoncer les mesures effectives de longueur.

192. Dire ce qu'est le mètre : Comment l'a-t-on déterminé ?

193. Démontrer qu'un mètre carré vaut 100 décimètres carrés.

194. Mètre carré et mètre cube. — Faire comprendre le rapport qui existe entre ces deux unités et leurs multiples et sous-multiples.

195. Définir les unités de volumes. Combien l'une d'elles renferme-t-elle d'unités de l'ordre immédiatement inférieur ? — Démonstration.

196. Mesures pour le bois de chauffage.

197. Énoncer et démontrer le rapport qui existe entre les unités de volume ; comparer ensuite le décimètre cube et le décistère.

198. Du décamètre cube et du décastère : définir ces deux solides, en indiquer la forme, les dimensions, la surface extérieure et le volume, comparer ces deux volumes.

199. Donnez la définition du gramme. Exposez les motifs qui ont conduit à entourer de tant de précautions la détermination de cette mesure.

200. Quelles sont les mesures effectives de capacité ? Quelle règle a présidé à leur formation ?

201. Monnaies employées en France. — Comment se rattachent-elles au mètre ? — Ont-elles le même titre ? — Qu'entend-on par le titre d'une monnaie ?

202. Quels sont les titres des monnaies françaises d'or et d'argent ? Quel rapport y a-t-il entre le poids du cuivre et celui de l'argent fin : 1° dans les pièces de 5 francs ; 2° dans la monnaie divisionnaire ?

203. Dans un système dont l'adoption avait été proposée en France, on avait divisé en 19 heures le temps compris entre minuit et minuit de la nuit suivante ; chacune des heures ainsi déterminées aurait été divisée en 100 minutes, et chaque minute en 100 secondes. En supposant qu'une horloge soit réglée d'après ce système, on demande : 1° ce qu'elle marquera lorsqu'il sera, d'après le système actuel, 3 h. 36 minutes du soir ; 3° quelle heure il est, d'après le système actuel, lorsque ladite horloge marque 8 h. 15 minutes.

204. La latitude de Dunkerque est de 51°2′11″ ; celle de Barcelone est de 41°22′59″. Trouver quelle est en kilomètres la distance qui sépare ces deux villes si l'on admet qu'elles sont sur le même méridien ?

205. Calculer le nombre de degrés de latitude parcourus par un voyageur qui franchit 1.675 kilomètres dans la direction du pôle à l'équateur. Quel chemin doit-il faire pour parcourir 25 degrés ?

206. Deux lieux sont situés sur le même méridien. Leurs latitudes sont 25°24′30″ et 19°57′30″. Évaluer en kilomètres la distance de ces lieux : 1° lorsqu'ils sont dans des hémisphères différents ; 2° lorsqu'ils sont dans le même hémisphère.

207. La longitude de Corté est de 6°49′ à l'est et celle de Brest est de 6°49′42″ à l'ouest. On demande :

1° Quelle heure il est à Brest, quand il est midi à Corté ;
2° Quelle heure il est à Corté, quand il est midi à Brest ;
3° Quelle heure il est à Corté et à Brest quand il est midi à Paris.

208. La ville de Saint-Pétersbourg est située à 27°58′ de longitude orientale. Quelle heure est-il dans cette ville quand il est midi à Paris ?

209. Une terre a 2 hectares 32 centiares de superficie. Elle est louée 85 francs l'arpent et l'arpent vaut 42 ares 20 centiares 8 dixièmes. Le fermier cultive du colza et dépense 242 fr. 50, par hectare ; il récolte 59 hectolitres de grain qu'il vend 22 fr. 75 l'hectolitre. Calculer le bénéfice total et le bénéfice par hectare.

210. Dans le courant d'une année, le propriétaire d'une usine a payé 2.314 fr. 50 pour le transport, à une distance de 2 myriamètres 37 hectomètres, de la houille dont il a besoin. On demande de calculer le nombre d'hectolitres de houille consommés dans l'usine, en sachant qu'on paye 12 centimes par kilomètre pour le transport de 1.000 kilogrammes, plus un droit de 3 fr. 24 pour 3.240 hectolitres et qu'un hectolitre de houille pèse 75 kilogrammes.

211. Un cultivateur a récolté les betteraves d'un champ de 17 hectares 85 ares 72 centiares, il les a vendues au prix de 19 francs les 1.000 kilogrammes. La moyenne de la récolte est de 63.457 kilogrammes par hectare. L'acheteur lui décompte 7,5 0/0 sur le poids des 36 premiers centièmes des betteraves ; 12,85 0/0 sur les 48 centièmes suivants ; 23,6 0/0 sur le reste.

Le cultivateur a dépensé par hectare, savoir : 175 francs pour le fermage ; 187 fr. 50 pour frais de culture et de transport ; 348 fr. 75 pour engrais. Trouver le bénéfice ou la perte pour le cultivateur.

212. L'hectolitre de blé coûte 24 francs et pèse environ 80

kilogrammes; l'hectolitre de seigle coûte 14 francs et pèse environ 70 kilogrammes; on prélève pour la mouture, le blutage et les frais de fabrication 25 0/0 du poids total, et le reste rend 1 kilogramme de pain pour 1 kilogramme de farine; dans quelle proportion faut-il mélanger ce froment et ce seigle pour que le kilogramme de pain revienne à 0 fr. 32 ?

243. En admettant que Paris ait la surface d'un rectangle de 8 kilomètres de longueur sur 10, évaluer en tonnes la quantité de neige dont il a fallu débarrasser le sol en décembre dernier, en sachant que la neige tombée eût représenté fondue une hauteur de 12 centimètres d'eau.

214. On a acheté 7 hectolitres de vin à 3 fr. 80 le décalitre. On paie la moitié du prix d'achat avec de la monnaie d'or; la moitié de ce qui reste avec de la monnaie d'argent, et le reste avec de la monnaie de bronze. On demande le poids total de la somme payée et le poids du cuivre contenu dans les pièces d'or.

215. Un cultivateur a répandu, sur un champ de luzerne de 2 hectares 39 ares, 37 hectolitres de plâtre immédiatement après la première coupe; le produit de la deuxième coupe vaut alors les $\frac{4}{3}$ du produit de la première. Le produit de la première coupe était de 7.955 kilogrammes par hectare. D'autre part, la luzerne vaut 48 francs les 1.000 kilogrammes, et l'hectolitre de plâtre coûte 3 francs. Quel bénéfice le cultivateur a-t-il retiré de l'emploi du plâtre ?

216. Un vigneron a vendu le vin de sa récolte à raison de 79 fr. 92 la pièce contenant 199 kilogrammes 8 hectogrammes de vin. A volume égal, le poids de ce vin est les 0,925 de celui de l'eau. On demande : 1° le prix de l'hectolitre; 2° la somme d'argent monnayé qui aurait un poids égal à celui du vin qui est contenu dans les $\frac{3}{4}$ de la pièce; 3° le poids d'argent pur contenu dans cette somme.

217. Une barrique vide pèse 27 kgr. 87. Remplie d'huile, elle pèse 154 kgr. 37. On demande combien elle contient de litres d'huile, le poids de cette huile étant les $\frac{11}{12}$ du poids de l'eau.

218. Un vase est rempli d'un mélange pesant 7 kilogrammes et composé d'eau-de-vie et d'eau distillée. On demande le poids de l'eau distillée qui remplirait ce vase, en sachant que le mélange contient en poids 4 fois autant d'eau-de-vie que d'eau, et que le poids de l'eau-de-vie est, à volume égal, les $\frac{19}{20}$ du poids de l'eau.

219. Un vase rempli par des poids égaux d'eau et de mercure pèse 83 kgr. 56, et sa capacité est de 39 litres et demi. Trouver le poids du vase vidé, en prenant 13,6 pour la densité du mercure.

220. Un vase plein d'eau pèse 115 décagrammes; le même vase plein d'huile pèse 1 kgr. 82. En sachant que 17 litres et demi d'huile pèsent 16 kilogrammes, on demande quel est le poids du vase vide et quelle en est la capacité.

221. L'hectolitre de pommes de terre pèse environ 80 kilogrammes et vaut 5 fr. 20. Une terre ensemencée en pommes de terre a produit 83 quintaux à l'hectare, et la recette totale s'est vendue 845 francs. Calculer, à un mètre carré près, la superficie de cette terre.

222. La surface totale de la terre est de 5.099.508 myriamètres carrés. Elle est partagée en cinq zones; deux zones glaciales, deux zones tempérées et une zone torride.
Trouver la superficie en hectares de la zone torride, en sachant que chacune des zones tempérées est les $\frac{13}{50}$ de la surface totale de la terre et que chacune des zones glaciales est les $\frac{2}{13}$ d'une zone tempérée.

223. Le centimètre cube d'argent pèse 10 gr. 50 et le centimètre cube de cuivre 8 gr. 85. On fond ensemble 9 kilogrammes d'argent et 1 kilogramme de cuivre ; quel sera le volume de cet alliage ?

224. Une somme de 2.441 francs est composée, pour une partie, de monnaie d'or française, et, pour le reste, de monnaie d'argent ; le poids total de toutes ces pièces de monnaie est de 2.780 grammes. On demande de calculer la valeur et le poids de chaque espèce de monnaie.

225. Les dimensions d'une barre sont : longueur, 3 m. 60, largeur 0 m. 06, épaisseur 0 m. 02. Son poids est de 67 kgr. 65. Combien pèserait une barre du même métal, longue de 1 m. 50, large de 0 m. 048 et qui aurait 0 m. 036 d'épaisseur ?

226. Une salle de conférences a 20 mètres de longueur sur 15 mètres de largeur et 3 m. 80 de hauteur ; 350 personnes s'y réunissent ordinairement. On voudrait que le volume d'air fût de 4 mètres cubes en moyenne par personne. De combien faut-il élever le plafond ?

227. Une cour de forme rectangulaire a 14 mètres de long sur 8 m. 75 de large ; elle doit être recouverte d'une couche de gravier de 0 m. 03 d'épaisseur. On demande combien il faudra de mètres cubes de gravier et quelle sera la dépense, si le tombereau contenant 735 décimètres cubes de gravier coûte 2 fr. 65.

228. Un propriétaire fait établir sur ses terres un chemin de 308 mètres de longueur sur 6 mètres de largeur. La chaussée qui doit être empierrée a 3 mètres de largeur. Combien coûtera ce chemin, sachant que le terrain est estimé 950 francs l'hectare, que le caillou répandu sur une épaisseur uniforme de 0 m. 20 revient à 5 fr. 50 le mètre cube rendu et placé ; que la construction du chemin coûte 250 francs le kilomètre ? — Calculer aussi le prix moyen du mètre courant.

229. On a creusé un bassin rectangulaire dont les dimensions sont : 12 m. 4 ; 4,3 ; 2,1.-On a répandu les terres sur le sol environnant à la hauteur de 15 centimètres. Quelle surface a-t-on recouverte, en admettant que 3 mètres cubes de terre tassée donnent 4 mètres cubes de terre remuée ? — Si cette surface était un triangle de 84 m. 4 de base, quelle en serait la hauteur ?

PROPORTIONS

230. Trouver la 4ᵉ proportionnelle à :

4, 5, 12 ; 3, 4, 12 ; 5, 7, 20

231.   8, 9, 16 ; $\frac{4}{5}, \frac{3}{4}, \frac{7}{8}$; $4, \frac{5}{6}, \frac{7}{9}$

232. Trouver la 3ᵉ proportionnelle à :

5, 40 ; 3, 12 ; 7, 56.

233. Trouver la moyenne arithmétique des nombres :

3, 7, 15, 18, 27 ; 8, 12, 16, 24.

234. Trouver la moyenne proportionnelle de :

2 et 32 ; 3 et 12 ; 2 et 50

235.   4 et 36 ; 16 et 25 ; 9 et 81.

236. Définition d'une proportion.

Démontrer que, dans toute proportion, le produit des extrêmes est égal au produit des moyens.

Réciproquement : démontrer que si le produit de deux nombres est égal à celui de deux autres, ces quatre nombres peuvent former une proportion.

De combien de manières peut-on intervertir les quatre termes d'une proportion sans qu'ils cessent de former une proportion ?

237. Qu'appelle-t-on proportion géométrique par quotient ? Donnez un exemple.

Démontrez que le produit des moyens est égal au produit des extrêmes.

RÈGLES DE TROIS

238. Qu'est-ce qu'une règle de trois ? — A quoi reconnaît-on que les choses comparées sont en rapport direct ? — A quoi reconnaît-on qu'elles sont en rapport inverse ? — Donner des exemples de ces deux cas.

239. Une troupe d'ouvriers travaillant 10 heures par jour a mis 4 jours pour moissonner 15 hectares de blé. Combien la même troupe mettra-t-elle de jours pour moissonner 24 hectares de blé, si les ouvriers ne travaillent que 8 heures par jour ?

240. Un ouvrier avait été engagé pour 17 journées à raison de 9 heures de travail par jour, il devait recevoir 84 fr. 15. Il n'a pu faire que 12 journées de 6 heures. Que recevra-t-il ?

241. 12 ouvriers, travaillant 8 heures par jour, mettent 18 jours pour faire la moitié d'un ouvrage. Si 4 d'entre eux quittent alors le travail, combien faudra-t-il de temps aux autres ouvriers, travaillant 9 heures par jour, pour faire l'autre moitié de l'ouvrage ?

242. Un pensionnat qui possède 200 élèves, coûte 1.800 francs d'entretien pour 15 jours ; 50 élèves quittent l'école, on demande ce que coûtera l'entretien de ceux qui restent pendant une période de 60 jours ?

243. Il y a dans une place forte 9.000 hommes qui ont encore des vivres pour 64 jours. La ville est sur le point de subir un siège qui peut durer 150 jours. Combien doit-on faire sortir d'hommes pour qu'en diminuant la ration de 1/5, les vivres puissent être suffisants pour ce temps ?

INTÉRÊT

244. Quel est le capital qui, réuni à ses intérêts pendant 3 mois et 6 jours, au taux de 4,5 0/0 par an, forme un total de 875 fr. 38 ?

245. 1° Quelle est la somme qui, augmentée de ses intérêts à 5 0/0 pendant 18 mois, est devenue 2.633 fr. 75 ? — 2° Dire le poids, sachant qu'on paye 2.600 francs en or, 30 francs en argent et le reste en bronze.

246. Une personne dépose chez un notaire une certaine somme qui doit produire intérêt à 3 0/0 l'an. — Au bout de 16 mois, elle retire la somme, et reçoit, capital et intérêts simples réunis, 6.656 francs. Quelle somme avait-elle déposée, et de combien la somme reçue serait-elle augmentée, si le banquier avait capitalisé les intérêts du dépôt à la fin du 12ᵉ mois comme il serait rationnel de le faire ?

247. Un capital et ses intérêts forment au bout de 15 mois une somme de 1.309 fr. 75. Au bout de 8 mois, ce capital avec ses intérêts s'élèverait à 1.277 fr. 20. Trouver le capital et le taux.

248. Un capital et ses intérêts pendant 15 mois forment une somme de 3.705 francs. Au bout de 4 ans, le même capital avec ses intérêts, s'élèverait à 3.936 francs. Trouver le capital, et le taux.

249. Une personne a placé les $\frac{2}{5}$ de son capital à 3 0/0 et le reste à 4,50 0/0 ; elle en retire ainsi 1.950 francs de rente annuelle. Quel est ce capital ?

250. Un homme a placé deux capitaux à intérêts simples, le 1ᵉʳ à 4 0/0 et le 2ᵉ à 5 0/0. Il a retiré au bout de 7 ans 9 mois une somme de 23.800 francs pour le capital et les intérêts réunis. Trouver quels sont ces deux capitaux, en sachant que le 1ᵉʳ n'est que les $\frac{5}{6}$ du 2ᵉ.

251. Une personne achète, avec les 5/12 de sa fortune, une ferme qui lui revient à 5.000 francs l'hectare ; les 2/3 du reste sont employés à l'achat d'une maison : enfin, avec le capital qui lui reste, elle se fait une rente annuelle de 3.150 francs, en le plaçant à 4,5 0/0. Trouver la fortune de cette personne, la contenance de la ferme, la valeur de la maison et celle du capital placé.

252. Une personne a un capital qu'elle a partagé en 2 parties égales : la 1ʳᵉ placée à 5 0/0 rapporte 80 francs de plus que la 2ᵉ qui est placée à 4 1/2 0/0. Quel est ce capital ?

253. Au bout de combien de temps, un capital quelconque placé à 5 0/0 produira-t-il un intérêt égal au capital lui-même ?

254. Une personne qui avait placé de l'argent à 4 1/2 0/0 le retire au bout de 8 mois et touche, pour le capital et les intérêts, la somme de 4.635 francs. Elle emploie les intérêts et replace le capital à 5 0/0. Au bout de combien de jours ce nouveau placement lui aura-t-il rapporté le même intérêt que le premier et quel capital placé ?

255. Calculer le temps au bout duquel un capital de 76.800 francs au taux de 4,75 0/0 produit un intérêt de 2.128 francs.

256. Une petite société, au capital de 14.575 francs, perd, la première année, 7 0/0 de son capital ; la deuxième année, 6 1/2 0/0 du capital restant ; enfin, la troisième année, elle gagne 23 0/0 sur le capital restant. Quel est le capital à la fin de la troisième année, et que reviendra-t-il à chaque action de 25 francs ?

257. Un homme place les $\frac{2}{5}$ d'un capital à 6 0/0 et en retire

un revenu annuel de 939 fr. 60. Le reste du capital est placé à 4,5 0/0. Trouver le revenu total que cet homme a au bout de l'année; trouver aussi le taux unique auquel il faudrait placer tout le capital pour avoir le même revenu.

258. Le prix d'achat d'une propriété est de 12.500 francs ; les droits d'enregistrement sont de 5 1/2 0/0 plus le double décime sur les mêmes droits. Établir le total de ce qu'a coûté cette propriété ; et, comme elle rapporte en moyenne 400 francs, dire à quel taux est placé le capital qui a servi à l'acheter.

259. Un propriétaire emploie la neuvième partie de sa fortune pour acheter une maison; avec le quart du reste, il achète un bois, enfin, de ce qui lui reste encore, il fait deux parts qui sont entre elles comme 2 et 3. La première part étant placée à 4 0/0 et la seconde à 5,5 0/0, il se fait un revenu annuel de 8.820 francs. Calculer les sommes placées à 4 0/0 et à 5,5 0/0, la fortune entière et le prix du bois.

260. Une personne possède un capital qu'elle divise en trois parties; elle place la première à 5 0/0, la seconde à 4 0/0 et la troisième à 3 0/0. Au bout d'un an elle retire les trois sommes augmentées de leurs intérêts respectifs et touche 15.926 fr. 40. Calculer les trois capitaux placés, sachant que le premier est les $\frac{3}{5}$ du second et que le troisième est la somme des deux autres.

261. Un particulier place une certaine somme à intérêt simple au taux 3 0/0. Après 1 an 8 mois, il retire 8.820 francs, capital et intérêt réunis, et il achète un terrain rectangulaire dont les $\frac{3}{9}$ valent 2 fr. 30 le mètre carré et le reste 180 francs l'are. On demande : 1° la somme placée; 2° la surface du terrain; 3° sa largeur, sachant que la longueur vaut 140 mètres.

262. Une somme, placée à 4 0/0, a acquis la valeur de 18.000 francs, tandis que si elle avait été placée à 6 0/0, elle serait devenue 19.500 francs. Quelle est cette somme et pendant combien de temps a-t-elle été placée?

263. La fortune d'une personne se compose de deux capitaux : l'un de 57.450 francs, l'autre de 84.250 francs, qui lui procurent ensemble un revenu de 5.400 francs. A quel taux sont-ils placés?

264. Deux capitaux qui sont entre eux comme les nombres 4 et 5 ont été placés: le plus petit pendant 4 ans 3 mois à 4 0/0 ; l'autre pendant 2 années $\frac{1}{3}$ à 3 0/0. L'intérêt produit par le premier a surpassé de 660 francs l'intérêt produit par le second. Quel doit être le montant de chacun de ces placements?

265. Deux capitaux font un total de 167.280 francs. Le premier placé à 4 0/0 pendant trois mois produirait un intérêt double de celui du deuxième placé à 5 0/0 pendant sept mois. Quels sont ces deux capitaux?

266. Calculer deux capitaux, sachant qu'ils diffèrent de 5.600 francs, et que si on les place pendant neuf mois, le plus grand à 4 0/0 et le plus petit à 3 0/0, la différence des intérêts est 216 francs.

267. Une personne a mis des fonds dans une entreprise et reçoit au bout de 5 ans 2 mois, 182.000 francs, capital et bénéfice compris. Le bénéfice est les $\frac{2}{5}$ du capital. Quel est le taux du placement et le capital placé?

268. Une personne qui a hérité d'une certaine somme en a placé le $\frac{1}{3}$ à 5 0/0 et le reste à 4 0/0. La somme entière, ainsi placée, a rapporté en 2 ans 1/2 6.500 francs d'intérêts simples. Quelle était cette somme?

ESCOMPTE

269. Une personne fait escompter par un banquier un billet de 674 fr. 40 payable dans 10 mois; elle reçoit 637 fr. 87. Quel était le taux de l'escompte? (Escompte commercial.)

270. Un effet de commerce escompté trois mois avant son échéance, au taux de 6 0/0 par la méthode de l'escompte en dehors est réduit à 3.546 francs. Quelle était la valeur nominale du titre?

271. On propose d'escompter un billet de 2.450 francs payable dans 38 jours. L'escompte se fait par la méthode commerciale à 6 0/0; de plus le banquier prélève $\frac{1}{4}$ 0/0 pour commission et $\frac{1}{10}$ 0/0 pour les frais de correspondance. Quel est le taux réel de cet escompte par an?

272. On présente à l'escompte deux billets payables dans 45 jours et dont l'un surpasse l'autre de 1.500 francs. On reçoit 5.955 francs. Le taux de l'escompte étant 6 0/0, quelles sont les valeurs des deux billets?

273. Une personne a présenté, le 15 mars, chez un banquier un billet de 3.458 fr. 50. A l'escompte ordinaire, calculé au taux de 4 0/0, le banquier joint un droit de commission de $\frac{3}{8}$ 0/0. Quelle est la date de l'échéance du billet, sachant que le porteur a reçu une somme de 3.408 fr. 65?

274. Un négociant achète 18 barils d'huile, pesant ensemble 1.350 kilogrammes, poids net, à raison de 105 fr. 40 les 100 kilogrammes et payables dans 6 mois, mais avec la faculté de faire des avances de payement avec 7 0/0 d'escompte par an. Il donne 800 francs 45 jours après l'achat; puis il solde le reste quelque temps après en donnant 587 fr. 70. On demande de combien de jours il a dû avancer ce dernier payement.

275. Trouver la valeur nominale d'un billet qui est payable dans 96 jours, en sachant que la différence entre l'escompte en dehors et l'escompte en dedans à 6 0/0 est de 1 fr. 28, si on l'escompte aujourd'hui.

276. Un effet de commerce, payable dans 36 jours, a été présenté à un banquier qui, outre l'escompte à 6 0/0, a prélevé une commission de 0,5 0/0. Le banquier ayant payé 2.749 fr. 42, trouver la valeur nominale du billet.

277. Un fabricant offre de vendre 50 pièces de coutil de 90 mètres chacune à 1 fr. 20 le mètre, et 30 autres pièces de 75 mètres chacune à 1 fr. 35 le mètre. L'achat sera payé comptant, moyennant une remise de 1 0/0.

L'acheteur propose de payer l'ensemble de ce coutil 1 fr. 25 le mètre et de ne le payer que dans 90 jours.

Si le fabricant accepte la proposition de l'acheteur, combien gagnera-t-il ou perdra-t-il, s'il fait escompter de suite, à 6 0/0 l'an, le billet que lui donnera l'acheteur ?

ÉCHÉANCE MOYENNE ET ÉCHÉANCE COMMUNE

278. Un commerçant veut remplacer les trois billets suivants :

$$750 \text{ francs dans } 50 \text{ jours.}$$
$$640 \quad - \quad - \quad 75 \quad -$$
$$1.200 \quad - \quad - \quad 80 \quad -$$

par un billet unique dont le montant doit être égal à la somme des 3 billets donnés. Dans combien de jours aura lieu l'échéance du billet unique ?

279. Deux effets de commerce : l'un de 600 francs, l'autre de 975 francs sont payables, le premier au bout de 60 jours, le deuxième au bout de 45 jours. On demande à les remplacer par un billet unique payable au bout de 30 jours. Quel sera le montant de ce troisième billet ? Le taux est de 6 0/0 ?

ÉCHÉANCES

280. On a souscrit 2 billets, l'un de 1.500 francs payable dans 40 jours, l'autre de 2.000 francs payable dans 60 jours. On veut les remplacer par un billet unique de 3.550 francs ; trouver l'époque de l'échéance, le taux de l'escompte étant de 6 0/0.

281. Deux effets de commerce, l'un de 800 francs, l'autre de 1.275 francs sont payables, le premier au bout de 90 jours, le deuxième au bout de 60 jours. On veut les remplacer par un troisième payable au bout de 45 jours. Quel doit être le montant de ce troisième billet ? Le taux de l'escompte est de 4 0/0 par an.

282. Deux personnes se présentent chez un banquier, la première avec un billet de 1.500 francs payable dans 6 mois, la seconde avec un billet de 1.470 francs payable dans 10 jours. Le banquier escompte les deux billets au même taux et donne à la seconde personne 12 fr. 55 de plus qu'à la première. Quel est le taux de l'escompte ?

283. Un billet, souscrit le 20 septembre et payable le 1er décembre, a été escompté en dedans à 6 0/0 le 2 octobre, et l'escompte a été de 28 fr. 60. On demande quelle était la somme énoncée dans le billet.

284. On doit une somme de 2.374 francs et on voudrait la payer par 3 billets égaux payables : le premier dans 60 jours, le deuxième dans 80 jours, le troisième dans 120 jours. Quel doit être le montant de chaque billet, le taux de l'escompte étant de 4,5 0/0 ?

285. Trouver le montant de 2 billets égaux échéant, le premier dans 4 mois, le deuxième dans 5 mois et qui représentent actuellement un capital total de 16.270 francs ; le taux de l'escompte en dedans est de 4,5 0/0 par an.

286. Une personne doit 1.800 francs payables le 18 juillet. Elle voudrait s'acquitter le 7 mai en remettant : 1° un billet de 600 francs payable le 25 mai ; 2° un autre billet de 500 francs payable le 4 septembre ; 3° le reste en argent. Quel devra donc être le montant de cette dernière somme si l'on tient compte de l'escompte commercial à 6 0/0 ?

RENTES

287. Combien pourrait-on acheter de rentes de 3 0/0 au cours de 86,50 avec le produit de la vente d'un terrain rectangulaire ayant 151 m. 75 de longueur et 68 mètres de largeur, à raison de 3.420 francs le journal (sans les frais divers)? Le journal est une ancienne mesure locale valant 28 a. 50.

288. Un propriétaire a un champ de 8 ha. 5 a. qu'il loue 1 fr. 95 l'are ; il vend cette propriété à raison de 4.200 francs l'hectare, et, avec le produit de cette vente, il achète de la rente 3 0/0 au cours de 89,20. On demande s'il a augmenté ou diminué son revenu et de combien (sans les frais divers) ?

289. Une personne qui possède 66.080 francs de capital affecte les $\frac{3}{8}$ de sa fortune à l'acquisition d'une maison rapportant net le 0,06 de son prix d'achat. Avec le reste elle achète de la rente 3 0/0 au cours de 86 fr. 50. Quel est le revenu annuel de cette personne (sans les frais divers) ?

290. Trouver le taux réel d'un placement d'argent fait en achetant de la rente 3 0/0 au cours de 88 francs, et chercher quel devait être le cours de cette rente pour que ce placement rapportât 0 fr. 25 0/0 en plus du taux que l'on aura trouvé (sans les frais divers).

291. Une personne achète de la rente 3 0/0 sur l'État. Le capital qu'elle emploie à cet achat se trouve ainsi placé à 4,80 0/0. Dire à quel cours la rente a été achetée. On ne tiendra pas compte des frais de courtage. Vérifier sur une somme quelconque.

292. Un banquier m'a acheté 840 francs de rente 3 0/0 au cours de 95 fr. 30 ; 45 jours après, je revends mes titres au cours de 96 fr. 80. A quel taux ai-je placé mon argent, y compris les frais ?

293. Une personne possède un titre de rente 3 0/0, et chaque hausse de 0 fr. 15 dans le cours de la rente correspond à un accroissement de 100 francs de son capital. On demande à quelle quotité de rente s'élève son titre (sans les frais) ?

Quel doit être le cours de la rente pour que le prix de ce titre soit 65.000 francs (sans les frais) ?

294. On achète pour 18.500 francs une propriété qui est louée 740 francs par an, mais pour laquelle on doit payer 18 fr. 50 d'impositions annuelles et des frais d'entretien et d'assurance s'élevant en moyenne et par année à 0 fr. 30 0/0 du prix d'achat. A quel taux a-t-on placé son argent ? Y aurait-il eu avantage à le placer en rente 3 0/0 au cours de 97 fr. 50 (sans les frais divers) ?

295. Une personne achète de la rente 3 0/0 au cours de 97 fr. 50. Elle débourse 10.837 fr. 60, y compris les frais de courtage s'élevant à 1/10 0/0 du capital, plus 4 fr. 25 de timbres et de faux frais. Calculer le montant de la rente.

296. Une personne achète de la rente 3 0/0 pour 322.822 fr. 50. Au bout de quelques jours, elle est obligée de revendre, mais, le cours ayant baissé de 0 fr. 17, elle perd 549 fr. 78. On demande le montant annuel de la rente et le cours auquel elle l'a revendu. (On ne tiendra pas compte des droits de courtage ni des autres.)

297. Les 8/15 d'un certain capital ont été employés à l'achat de rente française 3 0/0 au cours de 96 francs. Avec le reste de ce capital, on a acheté de la rente russe 3 0/0 au cours de 70 francs. La différence entre les revenus de ces deux achats est de 225 francs. Calculer le capital placé et son revenu annuel (sans tenir compte des frais divers).

298. Une personne a un titre de rente de 1.169 francs en 2,5 0/0 anglais et l'échange contre un titre de rente française 3 0/0 représentant le même capital. Cette opération se fait au

moment où le 2,5 0/0 est au cours de 90 francs et le 3 p. 100 au cours de 100 fr. 20. On demande le gain que fait cette personne sur son revenu. On ne tiendra pas compte des courtages, des timbres et de l'impôt.

PARTAGES PROPORTIONNELS ET RÈGLES DE SOCIÉTÉ

299. Règle des partages proportionnels. La démontrer sur l'exemple suivant : Partager 4.500 francs proportionnellement à 7, 8 et 15.

300. Qu'est-ce que partager 37.842 en parties inversement proportionnelles à 24, 15 et 56 ?
Comment faire ce partage ?

301. Un oncle lègue en mourant à ses trois neveux 2.700 fr. de rente 3 0/0 à condition de partager le capital en proportion du nombre de leurs enfants. La rente ayant été vendue au cours de 57 francs, on demande la part de chacun, sachant que le premier a 2 enfants, le deuxième 3 et le troisième 4. (Ne pas tenir compte des frais.)

302. Un père partage sa fortune entre ses trois fils en raison inverse de leurs âges. Ils ont respectivement 7, 8 et 12 ans. L'aîné devant recevoir une somme de 37.983 francs, quelles seront les parts des 2 autres ?

303. Partager 310 francs en deux parties dont le rapport soit le même que celui de $\frac{2}{3}$ à $\frac{5}{8}$.

304. Deux associés se partagent le bénéfice d'une affaire. La part du premier qui vaut 7 fois la part du deuxième la surpasse de 75.234 francs. Quelle est la part de chaque associé ?

305. On a partagé 27 en parties proportionnelles à 3 nombres dont les deux premiers sont 3/7 et 5/6 et on a obtenu 8 pour la troisième partie. Quel est ce troisième nombre et quelles sont les deux premières parties ?

PARTAGES PROPORTIONNELS

306. Une somme de 2.100 francs doit être partagée entre trois personnes. La part de la première doit être les $\frac{2}{3}$ de celle de la deuxième ; celle de la deuxième doit être les $\frac{4}{5}$ de celle de la troisième. Combien revient-il à chaque personne ?

307. Deux marchands se sont associés et ont mis 800 francs dans un commerce qui leur a rapporté 150 francs de bénéfice. Le premier ayant retiré, mise et bénéfice compris, 570 francs, on demande la mise de chacun et le bénéfice du second.

308. Quatre ouvriers ont fait un ouvrage de 3.239 mètres. Le travail du deuxième est les $\frac{4}{5}$ de celui du premier ; le travail du troisième est les $\frac{2}{3}$ de celui du deuxième, et le travail du quatrième est les $\frac{3}{4}$ de celui du troisième ; l'ouvrage total a été payé 6.724 francs. Trouver combien chaque ouvrier a fait de mètres et combien il doit recevoir.

309. Trois personnes ayant à parcourir 40 kilomètres, s'entendent avec deux autres personnes qui ont à se rendre à 22 kilomètres sur la même route, pour louer une voiture à frais communs. On leur demande pour cette voiture 20 fr. 50. Quelle part de cette somme chaque personne devra-t-elle payer, en proportion des distances parcourues ?

310. Une somme d'argent doit être partagée entre deux personnes. Le total de ce qu'elles réclament dépasse de 4.090 fr. le montant de la somme à partager. Le partage étant fait proportionnellement à leurs demandes, la première personne reçoit 20.250 francs et la deuxième 16.560 francs. Combien chacune réclamait-elle ?

311. Deux marchands ont fait une entreprise : le premier a mis 8.000 francs pendant 10 mois et a reçu 4.000 francs pour sa part de bénéfice ; combien touchera le deuxième qui a mis 5.000 francs pendant un an ?

312. Une personne laisse 16.000 francs à répartir entre 3 bureaux de bienfaisance, avec la condition que les infirmes recevront deux fois autant que les autres pauvres. Le premier bureau a 420 pauvres dont $\frac{2}{3}$ d'infirmes ; le deuxième 490 pauvres dont $\frac{3}{7}$ d'infirmes, le troisième a 540 pauvres dont $\frac{1}{7}$ d'infirmes. Combien faudra-t-il donner à chaque pauvre et à chaque infirme ?

313. Partager 58.800 francs entre trois personnes de manière que la première ait le double de la deuxième, et que la troisième ait les $\frac{2}{5}$ de la somme des deux autres.

314. Trois ouvriers, A, B, C, travaillant ensemble, ont mis 15 jours pour faire un ouvrage. A fait en 4 jours autant de travail que B en 5, et B fait en 9 jours autant de travail que C en 10 jours. L'exécution de l'ouvrage ayant été payée 252 francs, quelle somme revient à chaque ouvrier ? Combien de jours chaque ouvrier travaillant seul aurait-il mis pour faire l'ouvrage ?

315. Un père laisse en mourant 56.600 francs qui doivent être partagés entre ses 6 enfants. Il a stipulé dans son testament que la part de chacun d'eux doit être en raison inverse de son âge. On demande quelles seront les parts, sachant que l'aîné des enfants est âgé de 24 ans, le deuxième de 20 ans, le troisième de 18 ans, le quatrième de 16 ans, le cinquième de 12 ans et le sixième de 10 ans ?

316. Les salaires réunis de 3 ouvriers se sont élevés à la somme de 471 francs pour un certain travail. Le salaire du deuxième ouvrier est égal aux $\frac{6}{7}$ du salaire du premier, plus

6 francs; le salaire du troisième ouvrier est égal aux $\frac{2}{3}$ du salaire du deuxième plus 36 francs. Quel est le salaire de chaque ouvrier?

317. Une personne devait à ses créanciers A, B, C, D, les sommes suivantes : à A, elle devait 2.454 fr. 25 ; à B, elle devait 5.860 fr. 75.; à C, elle devait 3.000 fr. 25 ; enfin à D, elle devait autant qu'aux 3 premiers. Cette personne vient à mourir et sa succession ne s'élève qu'à 18.104 fr. 40. Combien chacun des créanciers doit-il recevoir ?

318. Un délégué cantonal met à la disposition d'une institutrice une somme de 64 fr. 50 pour être distribuée en livrets de caisse d'épargne aux 5 élèves du cours supérieur de l'école suivant leur force en orthographe. Les copies de la composition donnée à cet effet accusent respectivement 1 faute $\frac{1}{2}$, 2 fautes, 2 fautes $\frac{1}{2}$, 3 fautes et 4 fautes. Faire un partage équitable d'après ces données ?

MÉLANGES ET ALLIAGES

319. Combien faut-il mettre d'eau dans 200 litres de vin, qui coûtent 95 francs, pour que le litre de boisson revienne à 0 fr. 50.

320. On a mélangé du vin à 36 francs l'hectolitre avec du vin à 27 francs. Le prix moyen est de 32 francs, et il y a 10 hectolitres de plus de la première qualité que de la seconde. Quelles sont les quantités mélangées ?

321. Un cultivateur mêle du blé coûtant 26 fr. 50 l'hectolitre avec du blé coûtant 29 fr. 05 et il met 2 fois plus du deuxième que du premier. A combien revient l'hectolitre du mélange ?

322. On a fait un mélange de cinq litres avec deux liquides

dont les densités sont 1,25 et 0,74. Combien y a-t-il de litres de chacun dans le mélange, si sa densité est 0,95 ?

323. L'eau de la Méditerranée, près de Tunis, contient 0 gr. 035 de sel par centimètre cube, et celle de l'Océan 0 gr. 025. Quelle quantité d'eau douce faut-il ajouter à 853 litres d'eau de la Méditerranée pour qu'elle contienne la même quantité de sel que l'eau de l'Océan ?

324. On a du vin coûtant 75 centimes le litre. Combien faut-il y ajouter d'eau par pièce de 250 litres, pour que le litre du mélange ne revienne qu'à 65 centimes ?

325. L'eau de mer contient environ 2 1/2 0/0 de son poids de sel et 1 litre de cette eau pèse 1 kgr. 26. Combien faut-il prendre de litres d'eau de mer pour obtenir 1 kilogramme de sel ?

326. Un marchand de vin veut remplir un tonneau de 216 litres avec du vin de deux qualités, la première coûtant 45 centimes le litre et la deuxième coûtant 52 centimes, combien doit-il mettre de litres de chaque qualité pour que le litre du mélange revienne à 0 fr. 50 ?

327. Quand on mélange des volumes égaux d'eau et d'alcool, il se produit une contraction, c'est-à-dire que le volume du mélange est moindre que la somme des volumes des deux liquides qui le composent. Cela posé, on constate qu'un litre de ce mélange pèse 936 grammes ; on sait, d'autre part, qu'un litre d'alcool pur pèse 79 décagrammes. On demande de calculer, à un demi-centilitre près, les volumes égaux d'eau et d'alcool qu'il faut mélanger pour avoir un hectolitre du mélange ?

328. Un boulanger mélange de la farine à 60 francs les 100 kilogrammes avec d'autre farine à 44 francs les 100 kilogrammes, dans la proportion de 7 kilogrammes de la première contre 12 de la seconde. On sait que 17 kilogrammes de farine

donnent 21 kilogrammes de pain. Combien faudra-t-il vendre le kilogramme de pain pour réaliser un bénéfice de 6 0/0, les frais de fabrication étant de 4 francs pour 100 kilogrammes de pain ?

329. On a une masse de cuivre de 134 kgr. 85. On demande : 1° quelle quantité d'étain et de zinc il faut lui allier pour avoir le bronze des monnaies ; 2° combien, avec cet alliage, on pourra fabriquer de pièces de monnaie de 0 fr. 05 et de 0 fr. 10 en nombre égal.

330. Combien faut-il allier de cuivre à 4 fr. 80 le kilogramme avec 12 kilogrammes de zinc à 2 fr. 50 pour que le prix moyen du kilogramme du mélange revienne à 3 fr. 60 ?

331. Déterminer le titre d'un lingot d'argent obtenu en faisant fondre ensemble 100 francs en pièces d'argent de 5 francs et 100 francs en pièces d'argent inférieures. Le titre des premières est 0,900 et celui des autres 0,835. Définir le titre.

332. On fond ensemble trois lingots d'or. Le premier au titre de 0,927 pèse 72 kilogrammes ; le deuxième au titre de 0,892 pèse 84 kilogrammes ; le troisième au titre de 0,900 pèse 100 kilogrammes. Quel est le titre du lingot ainsi obtenu ?

333. Un lingot d'argent pesant 1.245 grammes est au titre de 0,800. Quel poids d'argent faut-il lui ajouter pour en élever le titre à 0,950 ?

334. On met dans un creuset 200 francs en pièces d'argent au titre de 0,9. Chercher quel est le poids du cuivre qu'il faut lui ajouter pour abaisser le titre à 0,835 ?

335. Un lingot d'or pesant 1.348 grammes contient 145 grammes de cuivre. On demande combien de grammes d'or pur il faut ajouter pour le mettre au titre légal des monnaies françaises et combien de pièces de 20 francs on pourra fabriquer avec ce nouveau lingot. On demande aussi de trouver le titre du lingot primitif.

336. Quand on a retiré de la circulation notre petite monnaie d'argent pour en réduire le titre, il y en avait pour 222.166.304 fr. 25.

On demande quel poids de cuivre il eût fallu y ajouter, s'il n'y avait pas eu de perte par l'usure, pour en faire de la petite monnaie d'aujourd'hui, et quelle augmentation de valeur nominale cette addition eût donnée à la somme totale.

337. Combien pourra-t-on faire de pièces de 1 franc avec 100 francs en pièces de 5 francs ?

338. Un fondeur fait un alliage de cuivre, de zinc et d'étain. Le cuivre y entre pour les $\frac{5}{8}$ du poids total ; le poids du zinc n'est que le tiers de celui du cuivre et l'étain forme le reste. En prenant pour bénéfice et frais de fabrication 8 0/0 de la valeur des métaux employés, le fondeur peut vendre cet alliage au prix de 209 fr. 25 les 100 kilogrammes. Le zinc lui coûtant 90 centimes le kilogramme et l'étain 1 fr. 50, trouver ce que coûtait le kilogramme de cuivre.

339. Un lingot d'or pur pèse 93 gr. 573. On le fond avec la quantité de cuivre nécessaire pour obtenir l'alliage de la monnaie. Combien pourra-t-on faire de pièces de 5 francs ? Quelle serait la longueur d'une règle de laiton ayant le même poids que l'ensemble des pièces de 5 francs, une largeur de 0 m. 025 et une épaisseur de 0 m., 0025 ; la densité du laiton est 8,43.

340. On fond ensemble 1.295 pièces de 5 francs en argent pour faire des pièces de 50 centimes au nouveau titre. Combien fera-t-on de ces pièces et quel poids de cuivre faudra-t-il y ajouter ?

341. On a un lingot d'or pur pesant 378 décagrammes. Quel poids de cuivre faut-il y ajouter pour que ce lingot soit au titre de 0,900, et quel est le nombre des pièces de 10 francs qu'on pourra fabriquer avec ce lingot ?

342. Un lingot d'or pesant 1 kgr. 1/2 est au titre de 0,825 ; on le fond en y ajoutant l'or pur nécessaire pour l'amener au titre légal et on le convertit en monnaie. On demande : 1° la quantité d'or à ajouter ; 2° le poids du lingot après cette addition ; 3° la somme fabriquée en supposant que, dans la fabrication, il se perde 5/1000 de matière première.

343. Les alliages d'or et de cuivre employés dans l'orfèvrerie peuvent avoir trois titres différents : 0,920, 0,840 et 0,750. On demande quels poids de chacun de deux alliages à 0,920 et à 0,750 il faudra fondre ensemble pour obtenir un lingot au titre de 0,840 et pesant 500 grammes. On demande en outre le poids de l'or et du cuivre contenus dans ce lingot.

344. Un orfèvre a deux lingots d'or de 1.800 grammes chacun, l'un au titre de 0,920 et l'autre au titre de 0,750. Combien doit-il ajouter de grammes du deuxième au premier pour obtenir un alliage au titre de 0,840 ?

345. A un morceau d'or qui a un volume de 8 centimètres cubes on veut allier de l'argent, de telle sorte qu'un centimètre cube de l'alliage pèse 12 gr. 5. Calculer le volume de cet argent, en sachant qu'un centimètre cube d'argent pèse 10 gr. 4 et qu'un centimètre cube d'or pèse 19 gr. 2. On suppose d'ailleurs que le volume de l'alliage est la somme des volumes des deux métaux alliés.

FAUSSE POSITION ET MOBILES

346. Un marchand a acheté 2 espèces de thé, la première valant 14 francs et la deuxième, 18 francs le kilogramme. Il fournit à un de ses correspondants une caisse de 100 kilogrammes renfermant les 2 espèces de thé et reçoit pour son paiement 1.932 francs. On demande combien il a envoyé de thé de chaque espèce sachant qu'il a gagné 15 0/0 sur son marché.

347. Un train express porte 143 voyageurs de 1re et de

2ᵉ classe ; le transport en 1ʳᵉ classe coûte 16 francs et en 2ᵉ il coûte 13 francs. La recette totale est évaluée à 2.129 francs. Dire quel est le nombre de voyageurs de 1ʳᵉ classe et celui des voyageurs de 2ᵉ classe.

348. Une somme de 20.000 francs dont une partie est placée à 4 0/0 et l'autre à 5 0/0 rapporte annuellement 890 francs. Quelles sont ces 2 parties ?

349. Un marchand a acheté une pièce de drap à raison de 15 francs le mètre. Il en a revendu les 2/7 à 19 francs le mètre, les 2/9 à 18 fr. 50, les 2/11 à 18 francs, les 2/13 à 17 fr. 50 et le reste à 17 francs le mètre. Il a ainsi gagné 285 francs sur le marché. Quelle était la longueur de la pièce ?

350. Un marchand a acheté 12 mètres de toile et 25 mètres de drap pour 236 francs. S'il avait acheté 25 mètres de toile et 12 mètres de drap, il aurait dépensé 65 francs de moins. On demande quel est le prix du mètre de chaque étoffe ?

351. Deux personnes jouent au billard à 1 franc la partie. Avant de commencer l'une a 42 francs, l'autre a 24 francs. Au bout d'un certain nombre de parties, la première se trouve avoir 5 fois autant que ce qui reste à la seconde. Combien la première a-t-elle gagné de parties ?

352. Un banquet a réuni 100 personnes parmi lesquelles 10 invités n'ont pas payé leur part, les autres ont payé 8 francs ou 4 francs par tête. Le prix de revient a été de 5 francs par convive ; il y a en outre 100 francs de frais divers. Sachant que les recettes ont excédé les dépenses de 40 francs, on demande combien il y avait de convives à 8 francs et de convives à 4 francs.

353. Un train omnibus qui fait 27 kilomètres à l'heure part à 13 h. 55 de la gare d'Aurillac, dans la direction de Paris; un train-poste va dans la même direction et part à 16 heures ; il fait 43 km. 250 à l'heure. A quelle distance d'Aurillac le train poste atteindra-t-il le train omnibus ?

354. Deux bicyclistes partent à la même heure de Toulouse ; l'un fait 39 km. 6 en 2 h. 15 ; l'autre 22 kilomètres en 1 h. 40. Après 3 heures de marche, le premier bicycliste qui veut attendre le second ne fait plus que 10 kilomètres à l'heure. A quelle distance de Toulouse aura lieu la rencontre ?

355. Une personne dispose de 4 heures pour faire une promenade sur une rivière ; elle doit partir d'un point A et revenir en ce point. Elle peut faire, en descendant le courant, 7 km. 1/2 à l'heure et en remontant 4 km. 1/2. Elle commence par remonter. Au bout de combien de temps devra-t-elle virer pour redescendre ?

356. Un piéton part d'une ville à 8 heures et arrive à une autre ville à 10 h. 35. Après chaque heure de marche, il s'arrête et prend un repos de même durée pour chaque halte. Sachant qu'il a parcouru une distance de 14 km. 5 et qu'il marche à raison de 6 kilomètres à l'heure, on demande combien de temps dure chaque halte.

357. Un tramway part de A pour aller à B ; pour faire ce trajet, il met 25 minutes ; puis il a un arrêt de 6 minutes. Il revient ensuite de B vers A en 25 minutes avec arrêt en A de 6 minutes. A quel endroit se trouve-t-il et dans quel sens va-t-il : 1° après 2 heures 4 minutes de service ; 2° après 4 heures 49 minutes ?

358. Un régiment part à 4 heures du matin et marche au pas de 5 kilomètres à l'heure. Chaque fois qu'il a parcouru 4 kilomètres il lui est accordé 10 minutes de repos. Vers le milieu de l'étape, un temps de repos est porté de 10 minutes à l'heure. Sachant que ce régiment est arrivé à midi, on demande la longueur de l'étape.

359. Deux villes P et R sont distantes de 28 kilomètres. Une personne A quitte la ville P à 8 heures et se dirige vers la ville R dans une voiture qui fait 12 kilomètres à l'heure. Une automobile part de R à 8 h. 40 et va à la rencontre de la personne A.

Lorsque la rencontre a lieu, A monte dans l'automobile, qui retourne vers R.

Deux minutes sont employées pour permettre à A de monter et à l'automobile de tourner.

L'automobile met, pour aller de R au point de rencontre, le même temps que pour revenir de ce point à R.

On demande combien elle fait de kilomètres à l'heure, sachant que A arrive à la ville à 9 h. 30. Vérifier le résultat.

PROBLÈMES DIVERS

RÉVISION

Exemple de la disposition à donner à la solution d'un problème dans un examen.

360. *En revendant une pièce d'étoffe à raison de 4 fr. 50 les 3/4 de mètre, on fait un bénéfice de 82 francs ; en le revendant au prix de 3 francs les 2/3 de mètre, on fait une perte de 41 fr., on demande : 1° la longueur de la pièce ; 2° son prix d'achat. — Vérifier* (Brevet élémentaire).

Calculs :

$$\frac{\overset{1\,5}{\cancel{4,5} \times 4}}{\underset{1}{\cancel{3}}} = 6$$

1230
30
82
4,5
———
410
328
———
369,0

	15
	82

Raisonnement :

Prix de vente du mètre dans le 1er cas $\dfrac{4,5 \times 4}{3} = 6$ fr.

Prix de vente du mètre dans le 2e cas $\dfrac{3 \times 3}{2} = 4$ fr. 50.

Différence des prix de vente du mètre $6 - 4,5 = 1$ fr. 50.

Différence des prix de vente de la pièce $82 + 41 = 123$ fr.

1° Longueur de la pièce $\dfrac{123}{1,5} = 82$ mètres.

Prix de vente de la pièce au 1er prix $6 \times 82 = 492$ fr.

2° Le prix d'achat est $492 - 82 = 410$ fr.

PROBLÈMES DIVERS

Vérification :

Le prix d'achat calculé dans les conditions de la seconde vente doit être le même que celui que nous avons calculé dans le problème.

Prix de vente au 2ᵉ prix $4,5 \times 82 = 369$.

Puisqu'elle a été vendue avec perte de 41 francs, son prix d'achat était $369 + 41 = 410$ francs.

361. *La densité du mercure étant 13,57, on en remplit aux 3/4 un vase rectangulaire dont les dimensions intérieures sont 15 centimètres, 12 centimètres et 7 centimètres ; calculer le volume d'eau dont le poids serait égal à celui du mercure à moins de 1 centilitre près* (Brevet élémentaire).

Calculs :

```
  15        180
  12          7
  ──       ────
  30       1260
  15
 ───
 180

 1,26
    3
 ─────
 3,78 : 4 = 0,945

 13,57
 0,945
 ─────
  6785
  5428
 12 213
 ──────
 12,82365
```

Raisonnement :

Volume du vase :

$15 \times 12 \times 7 = 1260$ cent. cubes

ou $1^l,26$.

Volume du mercure :

$$\frac{1,26 \times 3}{4} = 0^l,945.$$

Poids du mercure :

$13,57 \times 0,945 = 12^k,82365.$

Nombre de litres d'eau : $12^l,82$.

Réponse : $12^l,82$.

362. Un particulier laisse à ses héritiers les 2/3 de sa fortune. Il en donne le 1/5 aux pauvres, et il ordonne que le reste soit placé à 4 p. 100 pendant trois ans au profit du bureau de bienfaisance. Au bout de trois ans, le bureau se trouve ainsi possesseur d'une somme de 784 francs ; on demande la fortune du défunt, la part des héritiers et la part des pauvres.

363. Un négociant a acheté du charbon à 48 fr. 65 les 1.000 kilogrammes. Il paie 4.540 francs de transport pour le tout, et 0 fr. 18 de droit par hectolitre. En revendant son charbon à 5 fr. 40 l'hectolitre il gagne 15 p. 100. En admettant que le mètre cube de charbon pèse 849 kilogrammes, on demande le poids du charbon qui a été vendu.

364. Un père a 35 ans ; son fils en a 10 ; dans combien d'années l'âge du fils sera-t-il la moitié de celui du père ?

365. Une montre marque 7 heures. Trouver à quel moment la grande aiguille sera éloignée du point 12 heures du cadran de la même distance que la petite aiguille du point 6 heures.

366. Dans un terrain rectangulaire de 36 mètres sur 22 m.50 payé 24.000 francs l'hectare, on a construit une maison qui a coûté 8.100 francs. Sachant que le 1/5 du prix du loyer est absorbé par les impôts et les frais d'entretien, trouver combien il faudra louer la propriété pour retirer un revenu qui représente 5 p. 100 du capital employé.

367. Deux vaisseaux partent ensemble pour la même destination, éloignée de 860 lieues de leur point de départ, et ils suivent la même route. Le premier fait 12 lieues 3/4 en 3 h. 1/4 ; le second fait 25 lieues 1/2 en 6 h. 3/4. On veut savoir la différence qui les séparera 50 heures après le départ, celui des deux qui arrivera le premier, et combien de temps il arrivera avant l'autre. Exprimer ce temps à une minute près.

368. Un négociant a placé dans le commerce une somme de 80.000 francs pendant 6 ans. Cette somme lui a donné chaque année un bénéfice égal à son vingtième. Au bout de ce temps, il a retiré son capital et les bénéfices, et il a employé tout cet argent à acheter une ferme de 120 ha. 75 ares ; 1/3 du terrain de cette ferme est en labour et le reste en herbage. Le prix de l'hectare en labour égale la moitié du prix de l'hectare en herbage. On demande : 1° combien coûte la ferme ; 2° quel est le prix de l'are de labour ; 3° combien vaut l'hectare de l'herbage.

369. Une montre avance de 6 minutes par jour. Elle est mise à l'heure le 1er du mois à midi. Quelle sera l'heure exacte lorsque, le 7 du même mois, elle indiquera 4 h. 37 minutes dans l'après-midi ?

370. 7 hectares, 9 ares de vigne valent 15 hectares, 30 ares de prairie, et 28 hectares de prairie valent 62 hectares, 5 ares de bois. Quel est le prix d'un hectare de bois quand l'hectare de vigne vaut 5.300 francs ?

371. Des ouvriers qui travaillent ensemble sont répartis en trois groupes, dont le premier comprend 5 ouvriers de plus que le second, et 8 de plus que le troisième. Les ouvriers du premier groupe sont payés à raison de 2 fr. 25, par jour et par homme ; ceux du deuxième, 3 fr. 25 ; ceux du troisième 4 fr. 25.
La totalité des salaires s'élève par jour à 144 fr. 75. Combien y a-t-il d'ouvriers dans chaque groupe ?

372. Une compagnie industrielle fait un emprunt en obligations de 500 francs payables, soit en une seule fois, le 1er juillet, avec un escompte de 3 1/2 p. 100, soit en trois fois, c'est-à-dire en demandant 125 francs le 1er juillet, 150 francs le 15 octobre, 225 francs le 31 janvier de l'année suivante. — Est-il plus avantageux pour une personne dont l'argent est placé à 4 1/2 p. 100, d'adopter la combinaison des trois paiements partiels que de ne faire qu'un seul paiement ?

373. Une montre qui avance chaque jour (24 heures) de 8 minutes et demie est réglée un jour à midi. Au bout de combien de temps marquera-t-elle l'heure exacte, si elle continue à marcher sans être réglée ?

374. Je veux envoyer à un de mes amis de l'argent par la poste ; j'acquitte tous les frais qui sont : 1 p. 100 sur la somme

que touchera mon ami, 0 fr. 25 de timbre et 0 fr. 15 d'affranchissement de la lettre d'envoi. Je dépose 167 francs entre les mains de l'employé de la poste ; quelle somme recevra mon ami ?

375. Une institution où la durée des cours est de 11 mois chaque année a eu 120 élèves pendant la dernière année scolaire ; 2 de ses élèves ont fréquenté l'établissement pendant deux mois seulement ; 20 pendant 6 mois, et les autres y sont restés 11 mois. Sachant que le montant des recettes a été de 68.880 francs, on demande quel était le prix de la pension annuelle (11 mois).

376. Deux personnes se sont partagé un tas de bois de 6 mètres de long, 0 m. 88 de large et 1 m. 50 de haut. La première en a pris les 5/8 et la deuxième le reste. Combien chacune en a-t-elle eu de stères et quelle somme a-t-elle dû payer si le tas entier vaut 78 fr. 60 ?

377. Entre deux propriétés estimées 2.425 francs l'hectare, d'un revenu de 3,25 p. 100, existe un lambeau de terre inculte et de 16 m 25 de long sur un mètre de large au sujet duquel ont plaidé les deux propriétaires voisins Il en a coûté au perdant 720 francs et au gagnant 91 francs. On demande : 1° la valeur réelle de ce lambeau de terrain ; 2° combien de fois il a été porté au-dessus de sa valeur par les frais du procès ; 3° ce que coûterait l'hectare à ce taux ; 4° combien il faudra, pour couvrir les frais du procès, que le perdant consacre d'années du revenu de sa propriété qui a 160 a. 75 ?

378 Une construction communale est mise en adjudication au rabais. Un premier soumissionnaire offre de la faire pour la somme de 14.861 francs ; un second demande 46 fr. 20 de plus que le premier, et il fait ainsi un rabais de 3,20 p. 100 sur le montant du devis. On demande quel est le montant de ce devis, et quel rabais pour cent offrait le premier soumissionnaire.

PROBLÈMES DIVERS

379. On a ensemencé 3 ha. 50 ares de terre avec 7 hl. 70 litres de blé ; le rendement a été de 1.225 gerbes. Sachant que 100 gerbes produisent 7 hectolitres 5 litres de blé, quel est le produit d'un litre de semence ? Combien faudrait-il cultiver d'hectares de terre pour récolter 345 hl. 45 litres de blé ?

380. Une personne a acheté, une première fois, 15 kilogr. de café et 12 kilogrammes de sucre pour 69 francs. Une autre fois, elle a acheté aux mêmes conditions, 17 kilogrammes de café et 14 kilogrammes de sucre pour 79 francs. Quels sont les prix du kilogramme de café et du kilogramme de sucre ?

381. La descente d'une montagne se fait ordinairement dans les 0,73 du temps employé à l'ascension. Une personne est descendue en 3 h. 57 m. 12 secondes de l'hospice du mont Saint-Bernard. L'ascension s'est faite en 7 minutes par 53 mètres. A quelle hauteur est situé l'hospice ?

382. En revendant un terrain de 2 ha. 21 pour 117.130 francs, on a gagné 6 p. 100 sur le prix d'achat. On demande : 1° combien on avait payé le mètre carré de ce terrain : 2° combien de mètres cubes de froment produirait ce terrain mis en culture à raison de 17 litres par are.

383. La farine de froment absorbe 58 0/0 d'eau pendant le pétrissage ; pendant la cuisson, une partie de cette eau s'évapore, de telle sorte que 118 kilogrammes de pâte fournissent 100 kilogrammes de pain. Combien le boulanger peut-il retirer de pains de 3 kilogrammes d'un sac de farine pesant 125 kilogrammes ?

384. Un propriétaire convertit en pâture 3 hectares de terre arable qui lui rapportaient 110 francs par hectare, soit 5 0/0 du prix d'achat. Cette transformation lui coûte 12 fr. 50 l'are. Quelle est la valeur de la propriété ainsi transformée ? Si le revenu annuel est de 950 francs, combien cette propriété lui rapporte-t-elle pour cent ?

385. On achète trois pièces d'étoffe de même qualité pour une somme totale de 1.931 fr. 37. La première a 12 mètres de plus que la seconde, la seconde a 45 m. 75 de plus que la troisième ; celle-ci coûte 270 fr. 50. Quelle est la longueur de chaque pièce ?

386. Un négociant a acheté 12 pièces de drap de chacune 40 mètres, à raison de 11 francs le mètre, et il veut faire, en revendant le tout, un bénéfice de 20 0/0 sur le prix d'achat. Il en a déjà revendu 230 mètres à 12 fr. 50 le mètre. Combien doit-il vendre le mètre de ce qui reste, pour arriver à réaliser les 20 0/0 de bénéfice total, et quel sera le bénéfice pour cent sur le prix de vente ?

387. La distance de Paris à Bordeaux est de 578 kilomètres. Un train express part de Paris à 9 h. 30 m. du matin et arrive à Bordeaux à 10 h. 34 m. du soir. On demande quelle est la vitesse moyenne de ce train et à quelle heure arrivera à Bordeaux un train rapide qui part de Paris 3/4 d'heure avant le précédent et dont la vitesse moyenne surpasse celle de l'autre de 19 km. 064 par heure.

388 Un particulier répand uniformément dans une cour de forme rectangulaire une couche de sable de 3 centimètres d'épaisseur, au prix de 4 fr. 50 le mètre cube. Sachant que la dépense s'est élevée à 136 fr. 89 et que la largeur de la cour est exactement les 2/3 de la longueur, on demande les deux dimensions de cette cour.

389. Un petit marchand achète, à 9 francs la douzaine, des objets qu'il revend en détail 0 fr. 90 la pièce. En outre, on lui fait une remise de 5 p. 100 sur le prix d'achat et on lui donne le 1/13 par-dessus la douzaine. Quel est le bénéfice de ce trafiquant sur la vente de chaque objet ?

390. Un père marche avec son jeune fils ; le fils est obligé de faire 5 pas pendant que son père en fait 4. Au bout de 2 km. 700

le fils a fait 1.000 pas de plus que le père; dites, en millimètres, la longueur d'un pas du père et la longueur d'un pas du fils.

391. Trois associés ont consacré à une entreprise des capitaux différents; le premier a mis 16.832 francs; le second 10.625 fr.; celui-ci a apporté, outre sa mise, un brevet qui lui donne droit d'après l'acte de société, au prélèvement de 8,5 p. 100 sur les bénéfices, avant leur partage.

Au moment de la liquidation, le premier associé reçoit 1.854 fr. 25 et le troisième 2.524 fr. 25. On demande : 1° le montant du capital engagé par le troisième associé ; 2° le montant des sommes qui reviennent au deuxième associé pour sa mise et son brevet ; 3° le bénéfice total de la société.

392. Un aubergiste a acheté un certain nombre de litres de vin. Il les revend au détail à 0 fr. 60 le litre, en faisant un bénéfice de 20 p. 100. Sachant que le prix de vente de 15 litres représente les 3/40 du prix de tous les litres, on demande : 1° quel est le prix d'achat du litre? 2° combien de litres l'aubergiste avait achetés.

393. Au moment où un propriétaire se dispose à vendre son blé et son vin, il survient une baisse de 6 francs par hectolitre sur le prix du vin et une hausse de 2 fr. 50 sur le prix du blé. S'il vendait tout, les nouvelles conditions du marché lui feraient perdre 300 francs. Il vend la totalité du blé, mais seulement les 2/3 du vin, et retire de cette vente ce qu'il en aurait retiré aux anciennes conditions. Combien avait-il de blé et de vin à vendre?

394. Deux trains de chemin de fer font le trajet de Paris à Lyon, l'un en 8 h. 50, l'autre en 18 heures. — Le premier fait 20 km. 317 à l'heure de plus que le second. Calculer à un kilomètre près la distance de Paris à Lyon.

395. Un métallurgiste, qui établit ses prix de vente sur un

240 PROBLÈMES DIVERS

bénéfice de 8 0/0, vend la tonne de fer 266 francs. Il emploie dans son usine un minerai qui renferme 70 0/0 de fer ; mais le traitement de ce minerai entraîne un déchet de 4 0/0 du fer qu'il contient.

Combien ce métallurgiste a-t-il traité de tonnes de minerai dans une année où il a gagné 28.600 fr. 32 ?

396. Un boulanger mélange de la farine à 60 francs les 100 kilogrammes avec d'autre farine à 44 francs les 100 kilogrammes, dans la proportion de 7 kilogrammes de la première pour 12 de la seconde. On sait que 17 kilogrammes de farine donnent 21 kilogrammes de pain. Combien faudra-t-il vendre le kilogramme de pain pour réaliser un bénéfice de 6 0/0, les frais de fabrication étant de 4 francs pour 100 kilogrammes de pain ?

397. Un sol renferme 75 0/0 d'argile ; on veut qu'il n'en contienne plus que 70 0/0 dans une couche superficielle de 0 m. 1 de profondeur, et pour cela on se propose d'y ajouter une terre légère qui n'en renferme que 25 0/0. Combien faudra-t-il transporter de mètres cubes de cette terre, par hectare du sol à amender ?

Chaque mètre cube transporté revient à 3 fr. 50 ; la récolte représentait, dans le premier sol, d'une valeur de 1.100 francs l'hectare, un revenu de 1 fr. 50 0/0 du capital d'acquisition du terrain. La valeur de la récolte a quintuplé. Y a-t-il avantage à amender le sol ? Combien rapporte-t-il actuellement pour 100 du capital engagé ?

398. Deux pièces de drap d'inégale longueur sont de même qualité : les 3/4 de la première valent les 5/6 de la deuxième, et, si on les vendait toutes deux, à 12 francs le mètre, on recevrait une somme d'argent dont le poids serait 6 lit. 84 d'eau distillée. Quelle est la longueur de chaque pièce ?

399. Un marchand a directement acheté d'un vigneron 225 litres de vin ; il a distribué ce liquide en bouteilles de 0 lit. 60

qu'il vend 0 fr. 70 l'une. A ce compte, il gagne 286 fr. 76 0/00 sur ses déboursés. Sachant que les frais de transport, de régie et de manipulation s'élèvent aux 16/35 du prix d'achat, on demande la somme versée au vigneron.

400. Un lingot de cuivre pèse 330 grammes de plus dans l'air que dans l'eau distillée ; on l'emploie à la composition du métal destiné aux pièces divisionnaires d'argent. Combien faut-il y ajouter d'argent, et combien de pièces de 0 fr. 50 pourra-t-on fabriquer avec l'alliage obtenu ? — La densité du cuivre est 8,8.

401. L'eau de mer a une densité de 1,02, et contient 2 0/0 de son poids de sel. On en a introduit, à une certaine hauteur, dans un bassin rectangulaire de 80 mètres de long, et 48 mètres de large. L'évaporation terminée, on a recueilli 11.750 kgr. 4 de sel. — Quelle hauteur avait l'eau introduite dans le bassin ?

402. Trois compagnies d'ouvriers, qui sont entre elles comme 3, 5 et 7, ont fait un ouvrage auquel elles ont travaillé pendant des nombres de jours proportionnels à 4, 3 et 2. La première compagnie, qui compte 12 ouvriers, a reçu 1.152 francs. Sachant qu'un ouvrier gagne 6 francs par jour, on demande le nombre des ouvriers et des jours de travail de chaque compagnie, ainsi que la somme payée pour l'ouvrage entier.

403. Une propriété vendue aux enchères a été adjugée pour 36.000 francs. On demande la mise à prix, sachant qu'à la première enchère l'augmentation a été de 1/5 de la mise à prix, qu'à la deuxième enchère l'augmentation a été le 1/4 de la mise à prix, et qu'à la troisième enchère l'augmentation a été le 1/29 de l'enchère précédente.

404. Un fabricant a vendu une première fois 225 mètres de toile et 240 mètres de madapolam pour 1.098 francs. Il a vendu ensuite pour la même somme 180 mètres de toile et 375 mètres de madapolam, de même qualité que la première fois. Trouver le prix du mètre de toile et de madapolam.

405. On emploie pour un ouvrage 36 ouvriers (hommes, femmes et enfants). Le nombre des hommes est double de celui des femmes, et celui-ci est les 5/3 du nombre des enfants : la journée d'un homme vaut 1 fr. 75 de plus que celle d'une femme, et 3 fr. 25 de plus que celle d'un enfant. Le salaire total, pour 6 journées de travail de chacun des 36 ouvriers, s'élevant à 750 francs, on demande : 1° le nombre des ouvriers de chaque catégorie (hommes, femmes et enfants) ; 2° le prix de la journée de chaque ouvrier.

406. On a acheté, à raison de 7 f. 60 le stère et revendu 1 fr. 10 le quintal métrique, une certaine quantité de bois. Le bénéfice net, augmenté de ses intérêts simples à 5 0/0 par an pendant deux mois douze jours, a produit une somme avec laquelle on a pu payer, à raison de 150 francs l'are, un jardin ayant la forme d'un trapèze, dont les bases mesurent 50 mètres et 30 m. 80 et la hauteur 20 mètres.

Trouver combien on avait acheté de stères de bois sachant :
1° Que la densité de ce bois est 0,8 ;
2° Que les frais d'achat et de vente de ce même bois se sont élevés à 240 francs.

407. Combien pourra-t-on faire de kilogrammes de pain avec un sac de blé de 160 litres. Le poids de ce blé n'est que les 3/4 du poids d'un même volume d'eau, il perd les 0,28 de son poids par la mouture et 3 kilogrammes de farine donnent 4 kilogrammes de pain.

Quelle sera la valeur de ce pain à raison de 0 fr.395 le kilogramme ?

408. Un champ qui est affermé 50 francs est mis en vente. L'impôt annuel est de 4 fr. 75 ; les frais divers s'élèvent à 15 fr. et les frais d'acte sont le douzième du prix d'acquisition. Quelle est l'enchère que l'acquéreur ne devra pas dépasser s'il veut que son argent lui rapporte 3 fr. 50 0/0 ?

409. Les aiguilles d'une montre sont actuellement sur midi.

On demande : 1° à quelle heure elles se trouveront de nouveau l'une sur l'autre ;

2° A quelle heure elles seront en prolongement ;

3° A quelle heure elles seront à angle droit.

410. Une ferme a une superficie totale de 120 hectares dont les 80/100 sont en terres labourables. Le 1/3 de ces terres labourables a été ensemencé en blé, un autre 1/3 en avoine. La récolte par hectare, dans la partie ensemencée en blé, a été de 16 hectolitres de blé et de 3.680 kilogrammes de paille ; dans la partie ensemencée en avoine, de 36 hectolitres d'avoine et de 3.200 kilogrammes de paille. Trouver la valeur de la récolte sur chacune de ces deux portions de terrain, sachant d'autre part : 1° que 159 kilogrammes de blé se vendent en moyenne 38 fr. 16, et 159 kilogrammes d'avoine 28 fr. 62 ; 2° qu'à poids égal le prix de la paille de blé est les 3/4 du prix du blé, et celui de la paille d'avoine les 5/6 de celui de l'avoine. L'hectolitre de blé pèse 75 kilogrammes ; l'hectolitre d'avoine pèse 45 kilogrammes.

411. On demande comment on peut mélanger du vin à 0 fr. 60 le litre et du vin à 0 fr. 80 le litre, de manière qu'il y ait 100 litres de plus du second vin que du premier et que le litre du mélange revienne à 0 fr. 75.

412. Par la torréfaction, le café vert perd 1/5 de son poids. En vendant son café moulu au prix de 0 fr. 75 les 125 grammes un épicier fait un bénéfice de 25 0/0. Ce café vert était un mélange de cafés achetés à 3 fr. 45 et à 4 fr. 50 le kilogramme. Dans quelle proportion a-t-il fait le mélange, pour obtenir 70 kilogrammes de café moulu à vendre au détail ?

413. Un marchand a acheté trois pièces de drap, la première à 6 francs le mètre, la deuxième à 5 fr. 70 le mètre et la troisième à 4 fr. 20 le mètre. Il les a revendues avec un bénéfice de 5 0/0 et la vente a produit 642 fr. 60. On sait que la première pièce a coûté à elle seule autant que les deux autres ensemble, et que la seconde a coûté 104 fr. 40 de plus que la troisième. On demande la longueur de chaque pièce.

414. Un particulier dépense les 3/7 de sa fortune pour l'acquisition d'une propriété sur laquelle il fait bâtir une maison qui lui coûte les 2/5 de ce qui lui reste. Il loue le tout 1.000 fr. et retire ainsi 3 fr. 75 0/0 des sommes qu'il a déboursées. Quel est le prix de la propriété et le prix de la maison ?

415. Cinq personnes s'associent pour exploiter une industrie. La première apporte les 8/21 de la mise de la deuxième, la troisième les 7/16 de la mise de la première. La mise de cette première personne est les 4/5 des mises réunies des deux derniers associés, lesquelles forment un total de 28.000 francs et sont l'une à l'autre dans le rapport de 5 à 9. On demande quel est le capital engagé dans l'opération et quelle est la part de bénéfice de chaque associé, lorsque, dans un partage proportionnel aux mises, celui qui a engagé la plus petite somme gagne 3.675 francs.

416. Un réservoir rectangulaire de 7 mètres de long et de 3 m. 10 de large a une profondeur inconnue; on sait seulement qu'après y avoir versé 385 myriagrammes d'eau pure, et après y avoir fait couler pendant 8 h. 45 deux fontaines qui fournissent, l'une, 12 hectol. 3/4 en une heure 1/2, et l'autre 1 mc. 7/8 en 1 h. 1/4, le bassin s'est trouvé rempli aux 5/8. Calculer la profondeur inconnue.

417. Un lingot d'argent au titre de 0,835 pèse 1 kgr. 750, on demande avec quelle quantité d'un autre lingot d'argent au titre de 0,950 on devrait le fondre pour obtenir un troisième lingot au titre de 0,900.

418. Un terrain a la forme d'un trapèze dont la base inférieure a 24 mètres de plus que la base supérieure ; sa hauteur est de 75 mètres. Ensemencé en colza, il a produit 40 hectolitres de graine à l'hectare ; la graine, qui pesait 65 kilogrammes à l'hectolitre, a donné 32 0/0 de son poids d'huile. Cette huile, vendue à 125 francs le quintal, n'a été payée qu'après 125 jours, avec l'intérêt à 6 0/0 l'an. Le propriétaire ayant reçu 414 fr. 05, on demande les bases du trapèze.

419. Les sources nouvellement acquises par la Ville de Paris débitent 1.280 litres à la seconde ; sachant que entre la prise des eaux et leur arrivée au réservoir il y a une déperdition de 1/128 du volume total, on demande quelle devra être la hauteur du réservoir pour que le niveau de l'eau amenée en 24 h. ne dépasse pas les 4/5 de cette hauteur, la base de ce réservoir étant rectangulaire et mesurant 274 m. 32 sur 100 mètres.

500. Une personne achète deux terrains rectangulaires ; le premier qui a 95 mètres de longueur a été payé 7.125 francs à raison de 300 francs l'are ; le second a 57 mètres de long et son prix d'achat est les 24/25 de celui du premier. Sachant que l'are du second coûte le double de l'are du premier, on demande la largeur de chaque terrain ; on demande également quel prix il faudrait les revendre l'are pour qu'en plaçant la somme produite à 4,5 0/0 on se fasse un revenu de 637 fr. 50.

501. Un ménage a acheté à crédit le 5 septembre 1913 un ameublement estimé 675 francs et il doit payer l'intérêt à 6 0/0. Le 15 mai 1914 il a versé 260 francs ; le 12 décembre suivant, 325 francs. Quelle somme aura-t-on dû donner le 15 juin 1915 pour acquitter la dette ? On comptera l'année de 360 jours.

502. Un épicier a acheté 380 kilogrammes de café de première qualité et 150 kilogrammes d'une qualité inférieure coûtant 8 fr. 50 de moins le quintal. — Il revend le mélange 2 fr. 80 le kilogramme avec un bénéfice de 12 0/0 sur le prix coûtant.
Combien a-t-il payé, à un centime près, le quintal de chaque sorte de café ?

503. La livre de 8 bougies coûte 1 fr. 50 ; chaque bougie a 17 centimètres de longueur et on en consomme 32 millimètres par heure. Quelle différence de dépense y aurait-il au bout d'un mois de 30 jours si, au lieu de cette bougie, on brûlait de l'huile du prix de 65 centimes le demi-kilogramme à raison de 1 kilogramme pour 6 jours et 5 heures d'éclairage par jour ?

504. Un marchand a acheté une pièce d'étoffe sur laquelle il veut gagner 120 francs. Il a vendu une première fois le 1/5 de la pièce, une deuxième fois le 1/4 du reste, une troisième fois le 1/3 du nouveau reste et une quatrième la 1/2 du dernier reste. Ces quatre ventes produisent le prix d'achat plus 20 fr. de bénéfice. Quel est le prix d'achat ?

505. On achète pour 17.500 francs une maison qui est louée annuellement 750 francs. Les dépenses pour entretien, assurance, frais divers, sont évaluées chaque année à 3/10 0/0 du prix d'achat. A quel taux a-t-on placé son argent ? Y aurait-il eu avantage à le placer en rentes françaises à 4 1/2 0/0 au cours de 106 fr. 10 (sans tenir compte des frais) ?

506. Trois associés ont fait 57.000 francs de bénéfice dans une entreprise ; la part du premier est les 5/4 de celle du deuxième ; celle du troisième est la dixième partie de celle du premier.

Ce bénéfice représente les 2/25 des capitaux engagés dans l'entreprise. On demande :

1° Quelle est la part de bénéfice de chaque associé ;

2° Quel est le capital fourni par chacun d'eux sachant que les parts des bénéfices sont proportionnelles aux mises.

507. On a mélangé 480 kilogrammes de farine du prix de 0 fr. 35 le kilogramme, et 520 kilogrammes d'une qualité supérieure, du prix de 0 fr. 70 le kilogramme. Combien y a-t-il de kilogrammes de chaque qualité dans une portion du mélange valant 319 fr. 20 ?

508. Un propriétaire possède un terrain rectangulaire ayant 57 m. 20 de long et 27 m. 50 de large. Il le vend, emploie les

2/3 de l'argent qu'il retire à payer une dette et place le reste à 5 0/0. Au bout d'un an, un mois et six jours, il retire pour le capital et les intérêts réunis 11.916 fr. 60. On demande le prix du mètre carré. On comptera l'année de 360 jours et les mois de 30 jours.

509. Deux compagnies peuvent faire le même travail, l'une dans 11 jours, l'autre en 15 jours. On prend 1/3 des ouvriers de la première et 3/5 des ouvriers de la seconde. En combien de jours fera-t-on l'ouvrage ?

510. Le 23 mai 1914, un propriétaire a payé 514 fr. 20 pour le prix principal et l'intérêt simple, à 5 0/0 l'an, d'un plancher circulaire ayant 8 m. 75 de diamètre, terminé le 4 novembre 1913. — A combien serait revenu le mètre carré, si le propriétaire avait payé au jour de l'achèvement du plancher ?

511. Un boulanger emploie 69 kilogrammes de pâte pour obtenir 60 kilogrammes de pain. Pour faire 180 kilogrammes de cette pâte, il a fallu 120 kilogrammes de farine ; et pour faire 200 kilogrammes de cette farine, il a fallu 266 kilogrammes 2/3 de froment. Sachant que le décalitre de ce froment pèse 7 kgr. 700, on demande combien ce boulanger fabrique de kilogrammes de pain avec 2 hectolitres de froment.

512. Une propriété rectangulaire a 328 mètres de longueur sur 152 mètres de largeur. Achetée à raison de 360 francs l'are, et revendue, partie à 400 francs l'are et le reste à 300 l'are, elle donne 1.000 francs de bénéfice.

On demande combien d'ares et de centiares ont été vendus à 300 francs l'are.

513. Un épicier a acheté des groseilles à 0 fr. 35 le kilogramme ; elles lui donnent 76 0/0 de jus auquel il ajoute un égal poids de sucre à 1 fr. 04 le kilogramme.

Il constate, après la cuisson, une diminution de poids de

16 0/0 et il a 42 kgr. 42 de gelée. Il veut gagner, en les vendant, 25 0/0 sur ses déboursés. — On demande :

1° Combien il doit vendre le kilogramme de gelée ;
2° Le poids des groseilles et du sucre employés.

514. Un libraire achète des exemplaires d'un ouvrage classique, à raison de 2 fr. 60 l'exemplaire ; on lui donne le treizième en plus. Il fait cartonner un certain nombre d'exemplaires qu'il revend au prix de 3 fr. 72 l'un, en faisant ainsi un bénéfice de 20 0/0 sur le prix d'achat.

On demande quel est le prix de revient du cartonnage d'un exemplaire.

515. Un terrain ayant la forme d'un triangle de 225 mètres de base a produit, par hectare, 30.000 kilogrammes de betteraves, qui ont donné, en sucre, les 5/100 de leur poids. La valeur totale de ce sucre, au prix de 110 francs le quintal, représente celle de 148 fr. 50 de rente 4 1/2 0/0, au cours de 108 fr. ; quelle est la hauteur du triangle (sans tenir compte des frais) ?

516. Un réservoir à base rectangulaire de 1 m. 20 de long sur 0 m. 90 de large, contient de l'huile d'olives qui n'occupe que les 5/8 de sa capacité. Si l'on achetait cette huile à 243 fr. l'hectolitre et qu'on la revendît à 290 francs le quintal, on gagnerait 97 fr. 20. La densité de l'huile étant 0,9, quelle est la profondeur du réservoir ?

517. Un père de famille prend à Paris pour Lille 4 billets de 2ᵉ classe et un de 3ᵉ classe pour la somme de 109 fr. 30. — Au retour il prend deux billets de 2ᵉ et trois billets de 3ᵉ pour la somme de 96 fr. 90.

1° Calculer la distance de Paris à Lille, sachant que la différence entre le prix du billet de 2ᵉ classe et le prix du billet de 3ᵉ classe est de 0 fr. 0248 par kilomètre. — 2° Calculer le prix du billet de 3ᵉ classe.

518. Un orfèvre a deux lingots d'or : le premier, de 560 grammes est au titre de 0,920 ; le second de 840 grammes, au titre de 0,750.

1° Combien faudrait-il prendre de l'un et de l'autre pour composer 238 grammes au titre de 0,840 ?

2° Si l'on fondait ensemble ces deux lingots, quel serait le titre de l'alliage obtenu ?

3° Les deux lingots étant alliés, que faudrait-il y ajouter pour former de l'alliage au titre de la monnaie, et combien pourrait-on fabriquer de pièces de 5 francs ?

519. Une somme inconnue a été divisée en parties directement proportionnelles aux nombres 3, 4, 5. Les 2/3 des 7/8 de la deuxième part placés à 4 1/2 0/0 l'an pendant 152 jours et augmentés de l'intérêt produit forment la somme de 9.986 fr. 20. — Calculer les parts et la somme inconnue.

520. Les frais nécessaires pour extraire le cuivre d'un quintal de minerai s'élèvent à 5 fr. 75.

On a acheté, à raison de 18 francs le quintal, une certaine quantité de minerai, dont la teneur en cuivre est 12 0/0.

Quand on extrait le cuivre du minerai, il se perd les 0,02 du cuivre que le minerai contient ; à quel prix revient le quintal de cuivre ?

521. On a placé sur l'un des plateaux d'une balance un sac de monnaie contenant :

1° 7 francs, en monnaie de bronze ;

2° 80 francs, en monnaie d'argent ;

3° 10 pièces de 5 francs en or, 6 pièces de 10 francs, 15 pièces de 20 francs et 3 pièces de 50 francs.

Sur l'autre plateau, on place un vase en fer-blanc, ayant la forme d'un décimètre cube et pesant, vide, 380 gr. 500 ; puis on verse dans ce vase assez d'eau pour établir l'équilibre entre les deux plateaux.

On demande : 1° quelle quantité d'eau on a dû verser ; 2° à quelle hauteur cette eau s'élèvera dans le cube. (Il ne sera pas tenu compte du poids du sac vide.)

522. Un négociant vend une pièce d'étoffe dans les conditions suivantes : 1° les 2/7 de la pièce à 2 fr. 45 le mètre ; 2° le tiers du reste à 2 fr. 80 le mètre ; 3° enfin ce qui reste à 2 fr. 10 le mètre.

Sachant que ce dernier coupon était de 16 mètres, et que le négociant se fait, dans l'ensemble de ces ventes, un bénéfice de 12 0/0, on demande quel était son prix d'acquisition.

523. Deux villes A et B sont éloignées de 240 kilomètres. Deux trains partent le matin :

L'un de A vers B, à 8 h. 24 m., avec une vitesse de 40 kilomètres à l'heure ; l'autre de B vers A, à 9 h., avec une vitesse de 32 kilomètres à l'heure.

1° A quelle distance se fera la rencontre ?

2° A quelle distance les deux trains seront-ils l'un de l'autre 1 heure 1/2 après le départ du second ?

524. Une ménagère a acheté, à raison de 1 fr. 75 le mètre, de la toile écrue pour faire trois douzaines de chemises. Au lavage cette toile se raccourcit de 1/19 de sa longueur. On demande combien cette ménagère a dépensé, sachant qu'il faut 2 m. 50 de toile blanchie pour faire une chemise, que la façon et les fournitures coûtent 1 fr. 65 par chemise et que le marchand a fait sur le prix de la toile une remise de 3 fr. 75 p. 100.

525. Une personne, ayant une certaine somme à sa disposition, achète une maison et une propriété dont le prix est les 3/4 du prix de la maison. Il lui reste alors le cinquième de la somme, et elle place ce reste, moitié en 4 p. 100, moitié en 4,5 p. 100. Ce placement lui rapporte 1.487 fr. 50 par an.

On demande quel est le montant du prix de la maison, du prix de la propriété, de la somme placée et de la somme totale.

526. Un père et son fils creusent un fossé ; ensemble ils le termineraient en 15 jours. Après y avoir travaillé tous deux pendant 6 jours, le fils seul achève le fossé en 30 jours. Combien chacune de ces personnes mettrait-elle de jours pour creuser séparément le fossé ?

527. Une personne achète un lot de marchandises contenant 125 mètres de soie, 142 mètres de mérinos, 180 mètres de jaconas pour la somme de 2.372 francs. Le prix du mètre de mérinos est les 3/5 de celui du mètre de soie, et le prix du jaconas le 1/4 du prix du mérinos. Vu l'état de la saison, la personne doit perdre 7 0/0 sur le prix du jaconas ; elle peut vendre le mérinos à 15 0/0 de profit ; à quel prix doit-elle vendre le mètre de soie pour gagner 12 0/0 sur le prix total des marchandises ?

528. Un négociant achète 20 sacs de blé de 150 kilogrammes chacun au prix de 82 francs le sac. Il se trouve 135 kilogrammes avariés qu'il revend les 3/4 de ce qu'ils ont coûté. Combien doit-il revendre le kilogramme du reste pour faire néanmoins un bénéfice de 15 0/0 sur la somme totale qu'il a déboursée ?

529. Un voyageur part de Paris à 6 h. 5 minutes du matin pour arriver à Boulogne à 1 h. 37 minutes du soir. Le lendemain, il repart de Boulogne à 12 h. 35 minutes pour retourner à Paris avec la même vitesse. Sachant que Paris est à 254 kilomètres de Boulogne, on demande de calculer : 1° la distance de ces deux villes au point de la ligne où il se trouvera à la même heure que la veille ; 2° l'heure à laquelle il passera par ce point.

530. On place la moitié d'une somme à 4 0/0, et 5 mois plus tard, le tiers de ce qui reste à 4,5 0/0. Au bout de 2 ans, comptés à partir du premier placement, les intérêts simples s'élèvent à 1.867 fr. 50. Quelle est la somme ?

531. Un billet à ordre payable le 8 novembre est escompté le 16 juin précédent, au taux de 5,5 0/0 l'an. Le banquier prélève, outre l'escompte, une commission de 1/4 0/0 sur le

montant du billet, et une somme fixe de 8 fr. 50, pour frais d'encaissement. Le porteur a reçu 715 fr. 35. — On demande quel était le montant du billet. (Les mois seront comptés pour leur durée réelle.)

532. On sait que 10 mètres de drap coûtent autant que 15 m. de soie; que 6 mètres de soie ont la même valeur que 8 mètres de cachemire; que 12 mètres de cachemire valent 18 mètres de mérinos; et enfin, que pour avoir 1 mètre de chacun de ces tissus, il faut verser 30 francs. Quel est le prix du mètre de chaque étoffe?

533. Un négociant a perdu dans une affaire le vingtième et le douzième de ce qu'il possédait : il lui reste encore les trois quarts de ce qu'il a perdu plus 16.100 francs. Quelle somme possédait-il?

534. Une personne se propose d'acheter du thé et du café. Si elle prenait 12 kilogrammes du premier et 7 kilogrammes du deuxième, elle dépenserait 133 fr. 50; mais si elle prenait 9 kilogrammes du premier et 11 kilogrammes du deuxième, elle dépenserait 7 fr. 50 de moins. Trouver le prix du kilogramme de chaque marchandise.

535. On a fabriqué une certaine quantité de monnaie de bronze dont la valeur est de 1.158 fr. 30. Sachant qu'il y a eu un déchet de fabrication de 2 1/2 0/0, on demande quel poids de chacun des métaux qui entrent dans l'alliage des monnaies de bronze il a fallu mettre au creuset.

536. On a deux capitaux tels que les 3/4 du premier égalent les 4/5 du second.

Si l'on plaçait à 4,5 0/0 pendant 4 mois les 2/3 du premier et la 1/2 du second, on recevrait 49 fr. 05 d'intérêts.

Trouver la valeur de chaque capital.

537. Une fermière vend des poulets pour 91 fr. 20 et des dindons pour 180 francs. Le prix d'un poulet est le 1/3 de celui

PROBLÈMES DIVERS   253

d'un dindon, et le nombre des poulets surpasse de 13 celui des dindons. Trouver : 1° le prix d'un poulet et celui d'un dindon; 2° le nombre des poulets et celui des dindons vendus.

538. Le foin perd, par la fenaison, 48 0/0 de son poids; et le foin sec subit, dans le grenier, une perte de 12 0/0 du poids qu'il avait quand on l'a rentré. Un propriétaire pourrait vendre son foin sur pied, à raison de 210 francs l'hectare ; il refuse cette proposition et ne vend son foin que 8 mois après la récolte, à raison de 4 fr. 25 les 50 kilogrammes. On demande combien il a perdu ou gagné à cette opération, sachant que la prairie produit 60 quintaux métriques de foin vert à l'hectare; que la récolte totale pesait, quand on l'a remisée, 26.000 kilogrammes, et qu'enfin, s'il avait vendu son foin sur pied, il aurait pu placer, à 6 0/0, le prix de vente et les 165 francs de frais que la récolte lui a occasionnés.

539. Une machine fabrique 1.500 briques par heure. Quel poids de briques peut-elle fournir par journée de 12 heures, si les dimensions de ces briques sont: 0 m. 25, 0 m. 14, 0 m. 06, et que le mètre cube pèse 2.170 kilogrammes?

540. Une mercière, qui veut réaliser un bénéfice de 18 0/0 sur ses achats, a des jupes qui lui reviennent à 20 francs et à 25 francs pièce. Un client lui demande 43 jupes pour 1.180 fr. Combien la mercière doit-elle livrer de jupes de chaque sorte?

541. 2 ouvrières travaillent ensemble : la 1re gagne par jour 1/4 de plus que la 2e. Au bout d'un certain temps, la 1re qui a travaillé 8 jours de plus que la 2e a reçu 120 francs, et la 2e, 80 francs. Combien chacune gagnait-elle par jour ?

542. 4 compagnies font un ouvrage : la 1re en 24 jours ; la 2e en 18 jours ; la 3e en 15 jours ; la 4e en 12 jours.
On prend pour faire le même ouvrage : les 2/3 de la 1re ; les 3/5 de la 2e ; les 5/6 de la 3e ; la 1/2 de la 4e.
On demande au bout de combien de jours et d'heures l'ouvrage sera fait.

543. 2 instituteurs ont touché des appointements dont le total s'est élevé pour l'année à 6.600 francs. Le 1er a dépensé les 2/3 de ce qu'il a gagné, le 2e a dépensé les 3/4, de plus il leur reste ensemble 1.965 francs.

On demande ce que chacun d'eux a gagné dans l'année.

544. On a un lingot d'or pesant 320 grammes au titre de 0,640, et on veut élever ce titre à 0,720 ; mais au lieu d'or pur, on ne peut employer à cela qu'un autre lingot de même matière au titre de 0,780. Combien doit-on allier de grammes de ce dernier au premier lingot pour obtenir le titre demandé ?

545. Une personne possède 78.000 francs ; elle en emploie une partie à acheter une maison, place le tiers de ce qui lui reste à 4 0/0 et les deux autres tiers à 5 0/0. Elle retire de ces deux placements un revenu de 2.870 francs. Quel est le prix de la maison ?

546. 2 personnes se sont associées et ont mis 800 francs dans un commerce qui leur a rapporté 150 francs de bénéfice. La 1re a retiré, mise et bénéfice, 570 francs. On demande la mise de chacune et le bénéfice de la 2e.

547. Un marchand achète un lot de moutons à 3 prix. Il a payé le 1/3 à raison de 21 francs par tête ; les 2/5 à raison de 19 francs et le reste à raison de 15 francs. Il revend le tout pour la somme de 1.674 francs et gagne ainsi 1/5 du prix d'achat. De combien de moutons se compose le lot ?

548. Une femme porte un panier d'œufs au marché. Elle vend à une première personne les 2/5 du contenu de son panier, à une deuxième les 2/3 du reste, à une troisième la moitié de ce qui reste après sa vente à la deuxième. Une quatrième personne prend le dernier reste qui se compose de douze œufs. Combien d'œufs y avait-il en tout ?

549. Un marchand a acheté 15 barils d'huile à 160 francs l'hectolitre. Il a revendu le tout avec un bénéfice de 10 0/0 sur le prix d'achat. Avec ce bénéfice, il pourrait acquérir une pièce de terre rectangulaire de 72 m. 25 de long sur 34 m. 50 de large qui vaut 75 francs l'are. Combien chaque baril contenait-il de litres d'huile ?

550. Deux frères se partagent un héritage par portions égales qu'ils emploient différemment. Tandis que le premier achète de la rente 3 0/0 à 94 francs tous frais compris, le deuxième achète du 5 0/0 à 104 fr. 50, frais compris aussi, et au bout de vingt-cinq mois ses revenus ont dépassé ceux de son frère de 462 francs. Quel était le montant de l'héritage?

551. En vendant 4 fr. 50 le kilogramme un sac de café torréfié qui lui coûtait 2 fr. 775 le kilogramme, un épicier a réalisé un bénéfice de 17 fr. 55. Sachant que par la torréfaction le café perd un tiers de son poids, on demande :
1° Combien pesait le sac de café vert ?
2° Combien l'épicier gagne pour cent du prix d'achat ?

552. Une personne achète un cheval et le revend 2.921 fr. 25, perdant ainsi 5 0/0 sur le prix d'achat. Combien aurait-elle gagné ou perdu pour 100 en le revendant 3.305 fr. 625 ?

553. Deux sœurs ont hérité de la même somme ; au bout de quelques années, l'aînée a augmenté son capital des 0,45 de ce capital et la plus jeune a dépensé les 0,75 du sien. L'aînée a alors 43.524 fr. 60 de plus que sa sœur. Quel était le montant de l'héritage et quel est actuellement le capital de chaque sœur ?

554. En fondant ensemble deux lingots d'or, l'un au titre de 0,95, l'autre au titre de 0,7, on obtient un alliage de 600 grammes au titre de 0,8. On demande de calculer, avec ces données :
1° Les poids respectifs des deux premiers lingots ;
2° Le poids d'or pur qu'il convient d'ajouter au lingot total de 600 grammes pour en obtenir un quatrième au titre de 0,9;
3° Enfin, le nombre de pièces de 20 francs que fournirait ce quatrième lingot s'il était monnayé.

555. On a du vin pesant 9 hgr. 9 décagr. par litre, et de l'huile pesant 9 hectogrammes par litre. Un fût rempli de ce vin pèse 109 kgr. 2 hgr. vin et fût compris, le même fût rempli de cette huile pèse 102 kilogrammes huile et fût compris. On demande la contenance et le poids du fût.

556. Le poids du cuivre contenu dans une certaine somme en pièces de 10, de 5 et de 2 centimes est 14 kgr. 763. Déterminer : 1° Le poids de chacun des autres éléments métalliques ; 2° la valeur de cette somme ; 3° le nombre des pièces de chaque espèce, sachant qu'il y a 3 fois autant de pièces de 5 centimes et 6 fois autant de pièces de 2 centimes que de pièces de 10 centimes.

557. Le blé pèse 75 kilogrammes à l'hectolitre et fournit 84 0/0 de son poids de farine ; on admet que 15 kilogrammes de farine donnent 18 kilogrammes de pain et qu'une personne consomme par jour 720 grammes de pain. On demande à quelle hauteur, dans un bassin rectangulaire de 12 m. 50 de long sur 10 mètres de large, il faut réunir du blé pour nourrir, pendant 70 jours, une population de 120 habitants.

558. Une maîtresse ouvrière a associé ses auxiliaires à ses bénéfices ; elle prélève seulement 1/13 de la recette pour ses frais généraux, et reçoit les 5/4 du salaire d'une ouvrière. Dans le cours d'une quinzaine, la maîtresse a travaillé 13 jours de 12 heures ; la 1re ouvrière 12 jours de 11 heures ; la 2e ouvrière 10 jours de 10 heures. Cette dernière a reçu 13 fr. 44 de moins que sa compagne. On demande ce qu'ont reçu les ouvrières et la maîtresse, ainsi que le prélèvement de celle-ci.

559. Un particulier a payé le 1/6 de ce qu'il devait en fournissant du vin à 12 fr. 40 le double décalitre, puis la moitié du reste en pièces d'argent. La deuxième partie a été payée en pièces d'or. Sachant que le poids de celles-ci était de 150 gr., on demande : 1° quel était le montant de la dette ; 2° quelle quantité de vin il a fourni.

PROBLÈMES DIVERS

560. Deux lingots d'or, l'un au titre de 0,920, l'autre au titre de 0,860, ont des poids tels que, si on les fond ensemble, on obtient un lingot au titre de 0,900 et pesant autant que 1.085 pièces de 20 francs. Calculer les poids des deux lingots primitifs.

561. Une personne qui a fait 2 parts de sa fortune en place 1/4 à 3,60 0/0 et cette partie lui rapporte 2.000 francs par an. A quel taux doit-elle placer le reste pour avoir un revenu annuel total de 9.000 francs?

562. On achète une propriété du prix de 84.000 francs composée de champs, prés et bois; les prés ont les 2/3 de la valeur des champs et les bois les 3/4 de la valeur des prés : les champs rapportent 3 0/0, les prés 4 0/0, et les bois 3 0/0. On demande le revenu de la propriété et quel revenu on aurait en achetant de la rente 3 0/0 au cours de 75 francs au lieu de la propriété. (Sans frais divers.)

563. Une avenue a été plantée, des deux côtés, en arbres fruitiers : sur 1/10 de sa longueur en cerisiers ; sur les 2/9 du reste en pruniers; sur la moitié du nouveau reste, en poiriers; sur le 1/3 du nouveau reste en pommiers; et les 84 mètres restant ont été plantés en noyers.
Sachant que les arbres sont espacés de 6 mètres en 6 mètres, on demande : 1° la longueur de l'avenue; 2° le nombre total des arbres.

564. Un négociant a des vins qui lui reviennent à 76 francs, 68 francs, et 62 francs l'hectolitre. On lui demande 225 litres de vin pour 180 francs. Sachant qu'il veut gagner 15 0/0 sur ses déboursés et employer 3 litres du premier vin pour 2 litres du deuxième, combien doit-il prendre de litres de chaque sorte ?

565. Un marchand achète un certain nombre de sacs de blé d'une même qualité pour 6.400 francs. Il revend les uns à

42 francs, les autres à 43 francs et gagne ainsi 6 0/0 sur son prix d'achat. Son bénéfice aurait été de 7 1/2 0/0 s'il avait pu vendre tous ses sacs à 43 francs.

Combien avait-il acheté de sacs ?
Combien avait-il payé chaque sac ?
Combien a-t-il vendu de sacs à 42 francs et combien à 43 francs ?

566. Une serviette de forme rectangulaire, détachée d'une pièce plus longue et plus large, a 0 m. 95 de long, 0 m. 70 de large. On fait un ourlet de 0 m. 005. De combien l'étendue de la serviette est-elle diminuée ?

567. Un marchand achète 1.000 kilogrammes de café vert à 4 francs le kilogramme prix brut, et obtient un escompte de 5 0/0. Un vingtième de ce café étant avarié, il le cède à 3 francs le kilogramme. Il grille le reste, qu'il vend ensuite 5 fr. 50 le kilogramme. Son bénéfice, sur le total de la vente étant de 634 fr. 50, on demande combien pour 0/0 le café vert perd de son poids par le grillage.

568. Une salle de classe dont le sol est rectangulaire a 8 m. 75 de longueur et 6 m. 20 de largeur. Elle renferme 34 élèves et un maître qui ont chacun 5 m^3 115 d'air à respirer. Le nombre des élèves étant devenu 49, on demande de combien il faudra élever le plafond pour que ces 49 élèves et le maître aient encore 5 m^3 115 d'air à respirer ?

569. Une famille comprenant le père, la mère et 3 enfants va de Paris à Limoges en wagon de 1re classe. Elle débourse pour le voyage 162 fr. 50. Le père est militaire et paie 1/4 de place, 2 enfants de moins de 7 ans ne paient que 1/2 place. On demande la distance de Paris à Limoges sachant que le prix par place et par kilomètre est en 1re classe de 0 fr. 125 ?

570. Six héritiers se partagent une somme de 32.000 francs. Le premier reçoit une somme inconnue; le deuxième, 4 fois la

part du premier; le troisième, 1/2 part du premier moins 120 francs ; le quatrième le 1/4 de la part du deuxième, moins 415 francs; le cinquième autant que le premier et le quatrième, moins 320 francs ; le sixième autant que le premier et le troisième, plus 540 francs. Quelle est la part de chacun ?

571. Un vaisseau de guerre poursuit un vaisseau marchand. Ils sont séparés par une distance de 67.135 mètres. Le vaisseau de guerre parcourt 14 milles marins à l'heure, tandis que le vaisseau marchand ne parcourt que 8 milles marins. Le mille marin étant de 1.852 mètres, combien de temps dure la poursuite ?

572. Un certain nombre de pièces d'or de 20 francs et de pièces d'argent de 5 francs forme une somme de 20.570 francs. Le nombre des pièces de 20 francs est les $\frac{3}{5}$ de celui des pièces de 5 francs.

Cela posé, on demande :

1° Le nombre des pièces de chaque espèce ;

2° Les poids d'or, d'argent et de cuivre contenus dans la somme.

573. Une famille de 6 personnes a consommé, en une année bissextile, le blé fourni par un terrain rectangulaire de 172 m. 5 de long, qui a produit 24 hectolitres à l'hectare. Ce blé qui pesait 75 kilogrammes par hectolitre, a donné les 6/25 de son poids de farine. Convertie en pâte, la farine a augmenté des 3/5 de son poids, et, à la cuisson, la pâte a perdu les 3/10 de son poids. Sachant qu'une personne consomme 750 grammes de pain par jour, on demande la largeur du terrain.

574. Une personne place un capital en 3 parties de la manière suivante : la première partie à 4 0/0 pendant 3 ans 9 mois; la deuxième à 4,50 0/0 pendant 3 ans 8 mois; la troisième à 5 0/0 pendant 3 ans 6 mois. Le deuxième capital est triple du premier, et le troisième est le double du second. Ces trois parts

ont rapporté un intérêt simple total de 2.373 francs. On demande quel est le capital et les trois parts.

575. Un propriétaire possède un terrain rectangulaire ayant 57 m. 20 de long et 27 m. 50 de large. Il le vend, emploie les 2/3 de l'argent qu'il retire à payer une dette et place le reste à 5 0/0. Au bout d'un an, 1 mois et 6 jours, il retire pour le capital et les intérêts réunis 11.616 fr. 60. On demande le prix du mètre carré. On compte l'année de 360 jours et le mois de 30 jours.

576. On place les 3/8 d'un capital à 4 fr. 50 0/0 par an pendant 4 ans, et le reste à 5 0/0 par an pendant le même temps. Sachant que la somme des intérêts simples ainsi produits est de 1.455 fr. 30, calculer ce capital.

577. On a un lingot d'argent au titre de 0,839 qui peut fournir des pièces divisionnaires pour une somme de 53.760 francs. On demande la quantité d'argent fin qu'il faut ajouter à ce lingot pour obtenir un alliage de 0,900.

578. Trois blocs de glace sont tels que le volume du premier surpasse de 1/8 celui du deuxième, que celui du deuxième n'est que les 16/27 de celui du troisième, et que la différence des volumes du premier et du troisième est de 1 m³ 005093. Calculer combien de litres d'eau donnera la fusion de toute cette glace, en supposant que l'eau augmente de 1/9 de son volume en passant de l'état liquide à l'état solide.

579. Une personne a placé à intérêt simple deux sommes, l'une en argent, l'autre en or, la première à 6 0/0 et la deuxième à 4 1/2 0/0. On demande de déterminer ces deux sommes, sachant qu'elles ont le même poids, et que la différence de leurs intérêts au bout d'un an est de 2.868 fr. 75.

580. Partager 252 francs entre trois personnes de manière que la seconde ait les 3/4 de la part de la première, et que la part de la troisième soit égale à la demi-somme des parts des deux autres.

581. On partage une certaine somme entre trois personnes : la première en prend 1/8 plus le 1/4 du reste ; la deuxième prend les 3/5 du reste plus 20 francs ; enfin il reste 70 francs à la troisième ; quelles sont les parts de chacune ?

582. On avait un lingot composé d'argent et de cuivre de façon que le poids du cuivre était les 4/11 du poids de l'argent pur. On a fondu ce lingot avec 610 grammes d'argent pur et l'on a pu, avec l'alliage ainsi obtenu, fabriquer de la monnaie divisionnaire.

Quel était le poids du lingot primitif ?

Quelle somme de monnaie a-t-on obtenue finalement ?

583. Trois associés ont fait une entreprise qui a procuré à leurs capitaux un intérêt annuel de 8 0/0. La mise du premier a été placée pendant 15 mois ; celle du deuxième qui en était les 5/4 a été avancée pendant 8 mois ; celle du troisième qui était les 7/10 de la mise du deuxième, a été placée pendant 10 mois. Sachant que le troisième associé a retiré 24.000 francs en capital et en bénéfice, on demande de calculer les mises et les bénéfices des 3 capitalistes.

584. Trois héritiers se sont partagé une certaine somme en raison inverse des nombres 3, 4 et 5. Le troisième héritier a placé sa part à 4 1/2 0/0, et il en obtient un revenu annuel qui, en monnaie d'argent pèse autant que les 2/5 de l'eau distillée contenue dans une caisse rectangulaire dont les dimensions sont 0 m. 15, 0 m. 12 et 0 m. 09. Quelle était la somme à partager ?

585. On fond ensemble 100 francs en pièces de 5 francs en argent, 100 francs en pièces de 1 franc, 100 grammes d'argent pur et 30 grammes de cuivre ; 1° quel est le titre de l'alliage obtenu ; 2° est-il supérieur ou inférieur à celui des pièces de 5 francs ; 3° quel poids de métal devra-t-on ajouter à l'alliage obtenu pour faire un lingot qui puisse servir à la confection de pièces de 5 francs, et combien de ces pièces en pourrait-on faire ?

586. Une mère et sa fille travaillaient à une tapisserie ; ensemble elles la termineraient en 15 jours ; après y avoir travaillé toutes les deux pendant 6 jours, la fille seule achève la tapisserie en 30 jours.

Combien de temps chacune de ces personnes mettrait-elle pour faire séparément cette tapisserie ?

587. Trois associés ont placé dans une entreprise, le premier 8.000 francs pendant 10 mois ; le deuxième 12.000 francs pendant 6 mois ; le troisième 5.000 francs pendant 13 mois. Le bénéfice s'est élevé à 17.360 francs.

On demande quel est le bénéfice de chaque associé, et à quel taux s'est trouvé placé l'argent employé à cette entreprise.

588. Deux automobiles sont parties de Paris en suivant une même direction : la première à 8 heures du matin avec une vitesse égale aux 3/5 de celle de la seconde qui est partie à 10 h. 50. Après la rencontre, les automobiles ont poursuivi leur route pendant 2 h. 1/2, et, à l'heure de l'arrêt, la seconde avait distancé la première de 30 kilomètres.

A quelle heure a eu lieu la rencontre, et quelles sont les distances parcourues par chacune d'elles à la fin de la course ?

589. Une personne place une partie de sa fortune à 5 0/0 et autre à 4 0/0 ; elle a ainsi un revenu de 1.240 francs. Si la somme placée à 4 0/0 l'était à 5 0/0 et réciproquement, son revenu augmenterait de 40 francs. On demande les sommes placées à 5 0/0 et à 4 0/0.

590. J'achète un terrain de 1 hectare 1/2. Ne pouvant payer immédiatement, je paie les intérêts du prix d'achat à 3 1/2 0/0. Au bout de 3 ans, je verse, pour le prix d'achat et les intérêts, une somme dont les 9/10 sont en monnaie d'or et le reste en monnaie d'argent. Cette somme pèse 24 kgr. 500. Quel est le prix d'achat de l'are du terrain ?

591. Trois entrepreneurs ont construit une maison qui leur a été payée 123.650 francs. Le premier avait avancé 42.000 fr. pendant 8 mois, le deuxième 26.000 francs pendant 15 mois, le troisième 31.000 francs pendant 4 mois.

Quel est le bénéfice de chacun ?

592. Un marchand a acheté du charbon à 35 fr. 40 la tonne. Il paie 223 fr. 60 de transport et de frais. Il revend son charbon à raison de 4 fr. 95 l'hectolitre en faisant, sur son prix de revient, un bénéfice de 20 0/0. Le mètre cube de charbon pesant 937 kilogrammes et demi, on demande le poids du charbon qu'il a acheté.

593. On met dans un plateau d'une balance un poids P. et dans l'autre plateau un poids triple, 3 P. On rétablit ensuite l'équilibre en remettant dans le premier plateau 3 litres d'huile contenus dans un récipient, et dans l'autre plateau 620 francs en or.

Le récipient où l'huile est contenue pèse, vide, 400 grammes et on sait que la densité de l'huile est de 0,90. Quelle est la valeur de P ?

594. Un marchand vend une pièce de drap en trois fois. Le premier coupon est les $\frac{2}{7}$ de la pièce ; le second est formé des $\frac{4}{5}$ du reste, et le troisième, qui a une longueur de 8 mètres, est vendu 22 francs. Dans chacune de ces ventes, le marchand réalise un bénéfice de 10 0/0. On demande : 1° combien de mètres contenait la pièce ; 2° le prix de vente total ; 3° le prix d'achat.

595. Une personne achète deux champs ; la superficie du premier est à celle du second comme 7 est à 21 ; mais 25 m² du premier valent autant qu'un are du second. Sachant que les deux champs ont coûté ensemble 15.125 fr. 60 et que leur superficie totale est de 4 hectares 32 ares 16 centiares, trouver le prix de l'are de chacun d'eux.

596. On fond un décimètre cube d'argent pur avec un

volume de cuivre suffisant pour former un alliage au titre de 0,900. Calculez en centimètres cubes et millimètres cubes le volume du cuivre, sachant qu'un décimètre cube d'argent pèse 10 kgr. 47 et un décimètre cube de cuivre 8 kgr. 85. Calculez le plus grand nombre de pièces de 5 francs que l'on peut fabriquer avec le lingot résultant de cet alliage.

597. On fond du cuivre avec 400 pièces de 5 francs en argent pour fabriquer de la monnaie divisionnaire.

1° Quelle quantité de cuivre faut-il ajouter pour opérer cette transformation ?

2° Combien pourra-t-on fabriquer de pièces de 1 franc avec le nouvel alliage ?

598. Une personne place dans une entreprise un certain capital. A la fin de la première année ce capital s'est accru de ses $\frac{2}{7}$, mais pendant la deuxième année, il a diminué de $\frac{1}{8}$ de ce qu'il était devenu après la première. Le bénéfice de la troisième année représente le $\frac{1}{12}$ du capital primitif; enfin le gain réalisé pendant la quatrième année est égal à celui de l'ensemble des trois premières. Calculer la valeur du capital primitif sachant qu'au bout de ces quatre années il est devenu 26.180 francs.

599. Une étoffe perd au lavage 1/20 de sa longueur et 1/16 de sa largeur. Quelle longueur de cette étoffe faut-il pour obtenir, après lavage, 85 m² 1/2, la largeur primitive étant de 0 m. 80.

600. Une somme de 2.317 francs se compose de poids égaux de monnaies d'or, d'argent et de bronze. On demande quelle somme représente chacune de ces trois espèces de monnaie.

Sachant que la partie qui est en monnaie d'argent est formée de pièces de 5 francs, quelle quantité de cuivre faudrait-il y ajouter pour obtenir un alliage d'argent au titre de 0,835 ?

601. Un négociant commence une entreprise avec une somme de 12.000 francs; 8 mois plus tard, un associé s'y intéresse pour une somme de 180.000 francs; et 14 mois plus tard, un nouvel associé s'y intéresse pour une somme de 300.000 francs. L'entreprise, après avoir duré 6 ans, donne un bénéfice de 148.000 francs. Sachant que le premier négociant doit prélever une prime de 6 0/0 sur le bénéfice avant tout partage, on demande ce qui revient à chacun des trois associés.

602. On a vendu les 7/12 d'une propriété à raison de 1.280 francs l'hectare et le reste à raison de 1.125 francs l'hectare. Si l'on avait vendu la propriété tout entière à raison de 1.209 fr. 65 l'hectare, on aurait perdu 16.954 francs. Trouver l'étendue de la propriété et le prix qu'on en a retiré par la vente en deux lots.

603. Deux frères héritent d'une vigne et d'un champ dont les superficies sont entre elles comme les nombres 3 et 4 1/4. La vigne est estimée 3.200 francs l'hectare et le champ 0 fr. 25 le mètre carré. Celui qui prend le champ donne à celui qui prend la vigne 92 fr. 25 et le partage est également fait.
On demande la contenance de chaque parcelle.

604. Ma montre avance de 11 minutes tous les 4 jours. Je la mets à l'heure le lundi à midi; le samedi suivant, je veux aller prendre le train à 8 h. 45 du matin; ma maison est à 25 minutes de la gare, et je désire arriver 5 minutes avant le départ du train. Quelle heure sera-t-il à ma montre au moment où je devrai partir de la maison?

605. Un propriétaire vend un terrain de 45 ares et fait à l'acheteur, qui paie comptant, un rabais de 2 0/0 sur le prix convenu; d'autre part, il reçoit les 4/5 de la somme à percevoir en monnaie d'or et le cinquième en monnaie d'argent. Calculer le prix du mètre carré du champ, sachant que le vendeur a reçu 2 kgr. 774 de monnaie.

606. Un propriétaire achète à crédit, à raison de 5.400 francs l'hectare, deux terrains, dont le second a la moitié de la contenance du premier plus 3 ares. Au bout de quinze mois, il paie, prix d'achat et intérêt à 4 0/0 compris, la somme de 13.948 fr. 20.

On demande les surfaces des deux terrains.

607. Un vase contient le tiers de sa capacité de mercure ; on met de l'eau dans les 5/6 du reste, et on achève de remplir le vase avec de l'huile. Le poids du vase est alors de 90 kilogrammes. Vide, il pesait 3 kgr. 600. On demande la capacité totale de ce vase, sachant qu'un centimètre cube de mercure pèse 13 gr. 6, et un centimètre cube d'huile 0 gr. 90.

608. Un lingot cylindrique d'or pur a 3 centimètres de rayon, et 7 décimètres de hauteur. La densité du métal est 19. On demande : 1° le poids du lingot ; 2° le nombre de pièces d'or de 10 francs qu'on pourra fabriquer avec ce lingot.

On prendra : $\pi = \dfrac{22}{7}$.

609. Une automobile ayant une vitesse de 60 km. 8 à l'heure est partie de Paris pour Bordeaux par Tours, à midi. Une seconde automobile est partie à 2 h. 5 (ou 2 h. 1/2) de Tours pour Bordeaux avec une vitesse de 48 kilomètres à l'heure.

On demande : 1° à quelle heure la première automobile a atteint la seconde ; 2° à quelle distance de Bordeaux la rencontre a eu lieu.

On sait que la distance de Paris à Tours est de 332 kilomètres et celle de Paris à Bordeaux de 585 kilomètres.

610. 21 kilogrammes de sucre, 25 kilogrammes de chocolat et 10 kgr. 1/2 de thé ont coûté ensemble 256 fr. 20. On demande de trouver le prix du kilogramme de chacune de ces denrées en admettant que 2 kgr. 25 de chocolat coûtent autant que 9 kilogrammes de sucre, et que 7 kilogrammes de thé coûtent autant que 20 kilogrammes de chocolat.

611. Un marchand a reçu deux caisses contenant chacune

150 kilogrammes de thé ; il a payé pour le tout 4.800 francs, et l'une des caisses lui coûte 600 francs de plus que l'autre. Le marchand veut faire un mélange de thé qui lui revienne à 1.500 francs les 100 kilogrammes. Combien doit-il prendre de chaque espèce ?

612. Un tisserand a employé 9 jours pour fabriquer une pièce de toile de 60 m. 75 de longueur. La quantité de fil nécessaire pour faire 4 m. 50 est de 1 kgr. 125 ; chaque écheveau pèse 0 kgr. 36 et l'on a 34 écheveaux pour 36 fr. 75. Enfin le tisserand est payé à raison de 25 fr. 20 par semaine de 6 jours. On demande d'après cela combien le fabricant devra vendre le mètre pour gagner 20 0/0 sur le prix de revient.

613. Une personne avait placé les $\frac{10}{13}$ d'un capital à 2 1/2 0/0 et le reste à 3 0/0. Le capital, au bout d'un an, lui est remboursé avec ses intérêts. Elle prélève alors une somme de 10.000 francs et prête le surplus à 4 0/0 ; le revenu est alors augmenté de 410 francs. Quel était le capital primitivement placé ?

614. On a acheté pour 461 fr. 25 une pièce de velours et une pièce de drap formant ensemble une longueur de 35 mètres. La pièce de velours n'a que les 5/9 de la longueur de la pièce de drap, et 12 mètres de drap coûtent autant que 7 mètres de velours.
On demande : 1° la longueur de chaque pièce ; 2° le prix du mètre de chaque étoffe.

615. On veut faire un alliage avec 100 francs en pièces de 5 francs en argent, 50 francs en pièces de 2 francs et 25 grammes de cuivre pur.
Quel sera le titre de cet alliage ?

616. Un lingot, alliage d'argent et de cuivre, qui a pour titre 0,840, a été obtenu en faisant fondre dans un même creuset deux lingots dont les titres sont différents, qui ont fourni, l'un,

1.417,5 grammes et l'autre 15.781,5 grammes d'argent fin. Celui qui a fourni le plus grand poids d'argent a aussi apporté 2.961 grammes de cuivre de plus que l'autre. Quels sont les titres de ces lingots?

617. Sur un parcours donné, les grandes roues d'une voiture ont fait en moyenne 7 tours en 8 secondes, et les petites 5 tours en 4 secondes. Sachant que les petites roues ont fait 10.800 tours de plus que les grandes, dire quelle a été la durée du trajet et combien de tours ont fait les grandes roues et les petites.

Si le chemin parcouru est 114 kilomètres, quel est le diamètre de chaque roue?

618. Un boulanger a fait un achat de farine au prix de 28 francs le quintal métrique, il a vendu le pain 0 fr. 35 les 2 kilogrammes et il a réalisé un bénéfice total de 136 fr. 25. Sachant qu'avec 4 kilogrammes de farine il a fait 5 kgr. 1/2 de pain, et que les frais de fabrication se montent à 3 francs pour 100 kilogrammes de pain, quel était le poids de la farine achetée?

619. Combien pourrait-on fabriquer de pièces en bronze de 0 fr. 10, de 0 fr. 05, de 0 fr. 02 et de 0 fr. 01, avec une masse de cuivre pesant 2.356 grammes, après y avoir ajouté l'étain et le zinc réglementaires?

On impose cette condition que la valeur de l'ensemble des pièces de chaque espèce soit la même.

620. Un commissionnaire en marchandises achète une pièce de drap de 20 mètres de longueur; il en garde le quart et cède le reste en trois coupons, dont les longueurs sont proportionnelles aux nombres 11, 15, 24; sachant que ces trois coupons ont été cédés: le premier à raison de 24 francs le mètre, le deuxième à 18 francs et le troisième à 25 francs, et que le bénéfice ainsi réalisé est de 8 0/0 du prix d'achat de ces trois coupons, on demande: 1° le prix d'achat de la pièce entière;

2° le prix que le commissionnaire devrait vendre le coupon qui lui reste pour obtenir un bénéfice de 33 0/0 sur le prix d'achat de ce dernier coupon.

621. Une étoffe, après avoir été mouillée, est réduite du $\frac{1}{15}$ de sa longueur et du $\frac{1}{16}$ de sa largeur.

Quelle longueur de cette étoffe ayant 0 m. 80 de large faudra-t-il prendre pour en avoir 70 mètres carrés après le lavage ?

622. On pourrait faire une robe avec 6 m. 50 d'étoffe de 1 m. 20 de largeur. Mais l'étoffe dont on dispose n'a que 0 m. 75 de largeur et elle coûte 0 fr. 75 le double décimètre. Le montant de la façon et des fournitures devant s'élever aux 5/6 des 2/3 du prix du tissu, quel sera le prix de la robe avec la deuxième étoffe ?

623. Un vase plein d'eau pèse 800 grammes, le poids du vase est le $\frac{1}{7}$ du poids de l'eau qu'il contient.

Combien pèserait ce vase si, au lieu d'être plein d'eau, il était plein d'alcool de densité 0,875 ?

624. Les élèves d'une école supérieure paient les uns 800 francs par an, les autres 600 francs. Le nombre total des élèves est de 61, parmi lesquels 4 sont admis gratuitement dont 3 de la première catégorie et 1 de la seconde. La somme représentant le prix de la pension de ces 4 élèves est égale aux $\frac{5}{72}$ de la rétribution totale des autres. On demande combien cette école reçoit d'élèves de chaque catégorie.

625. Une somme de 240 francs est composée de pièces d'argent et de pièces de bronze. Les 5/12 de la valeur sont en pièces de bronze, le reste en pièces de 5 francs en argent. Quel est le poids de cette somme et quel est le poids d'argent pur qu'elle contient ?

626. Un rentier a placé $\frac{1}{3}$ de sa fortune à 5 0/0 ; les $\frac{2}{5}$ à 4 fr. 50 0/0 et le reste à 4 0/0. Les deux premiers placements lui rapportent ensemble 1.500 francs. Quelle est la fortune de ce rentier? Trouver chacun des trois placements. Quel est le revenu total?

627. Un champ a la forme d'un rectangle ; le périmètre est égal à 780 mètres ; la différence entre la base et la hauteur est 150 mètres. Quelle est la surface du champ?

Ce champ a été acheté 10.000 francs ; on le revend à raison de 35 francs l'are. Quel est le bénéfice total? quel est le bénéfice p. 100?

628. On a placé un certain capital à 4 p. 100. Au bout de deux ans et demi, on a retiré ce capital et les intérêts simples pendant ce temps ; avec le tout, on a acheté 330 francs de rente française 3 0/0 au cours de 83 francs. Quel était le capital placé?

629. Un entrepreneur s'est engagé à construire un bâtiment dans un délai déterminé. Il recevra 2.000 francs par jour mais payera 500 francs par jour de retard. Le travail dure 224 jours et l'entrepreneur reçoit 388.000 francs. En combien de jours le bâtiment devait-il être achevé?

630. Un entrepreneur qui a occupé 15 hommes, 18 femmes et 4 enfants, leur paye une somme totale de 1.815 fr. 40. Combien reçoit chaque homme, chaque femme et chaque enfant, sachant que la part d'une femme est les $\frac{6}{13}$ de celle d'un homme et les $\frac{12}{5}$ de celle d'un enfant?

631. Une personne place les $\frac{2}{5}$ de sa fortune à 3 0/0 et le reste à 4 0/0. Le deuxième placement lui rapporte 600 francs de plus que le premier. Quelle est sa fortune et quel est son revenu?

632. Un libraire a vendu 328 exemplaires d'un ouvrage ; la moitié au prix du catalogue, l'autre moitié avec une remise de 10 0/0 sur ce prix. Il avait obtenu lui-même de l'éditeur une remise de 25 0/0 sur la totalité de la livraison. Il a ainsi gagné 98 fr. 40. Quel est le prix porté au catalogue ?

633. On fond un décimètre cube d'argent avec un volume de cuivre suffisant pour former un alliage au titre de 0,900. Calculer en centimètres cubes et en millimètres cubes le volume du cuivre, sachant qu'un décimètre cube d'argent pèse 10 kgr. 47 et un décimètre cube de cuivre 8 kgr. 85. Calculer aussi le plus grand nombre de pièces de 5 francs que l'on peut fabriquer avec le lingot résultant de cet alliage.

634. Un cultivateur achète pour en faire de l'engrais un monceau d'os de 52 mètres cubes à raison de 3 fr. 75 les $\frac{5}{6}$ de mètre cube. Il paye pour broyer ces os 1 fr. 50 par hectolitre mesuré après broyage. Par cette opération, le volume a augmenté de 15 0/0. On demande le prix total de l'engrais obtenu et à combien reviendrait la fumure de 6 hect. 25 de terre à raison de 36 hectolitres d'os broyés par hectare.

635. Une personne a placé au taux de 5 0/0 une somme dont le revenu lui permet d'acheter, au prix de 0 fr. 75 le mètre carré, un champ de forme rectangulaire. Sachant que le périmètre de ce champ a 262 mètres et que sa longueur a 39 mètres de plus que sa largeur, on demande la somme placée au taux de 5 0/0.

636. Un négociant achète au comptant, à raison de 158 fr. l'hectolitre, 29 hectolitres d'huile d'olive dont la densité est 0,914. Il la revend le même jour 183 francs le quintal. On demande quel est son bénéfice s'il reçoit 4.000 francs au comptant et le reste en un billet payable dans 3 mois. L'escompte du billet sera pris à 6 0/0.

637. Dans une fabrique où l'on emploie des hommes, des

femmes et des enfants, on a payé 309 fr. 50 pour 30 journées d'homme, 21 journées de femme et 28 d'enfant. Les salaires sont tels que 7 journées d'homme sont payées autant que 12 de femme, et que 4 journées de femme le sont autant que 7 d'enfant. On demande :

1° Le prix d'une journée d'homme;
2° Celui d'une journée de femme;
3° Celui d'une journée d'enfant.

638. Un voyageur de commerce reçoit de son patron 12 francs par jour et 3 p. 100 de commission sur les ventes qu'il fait.

Après 112 jours de voyage, il a économisé 924 francs. Quel est le chiffre d'affaires faites par lui, sachant que sa dépense quotidienne s'élève à 15 francs?

639. Une personne place les $\frac{3}{7}$ de son capital à 4 1/2 0/0; les $\frac{3}{4}$ du reste à 3 1/2 0/0; le reste à 3 0/0. Ce dernier placement lui est remboursé au bout de 9 mois et reste 3 mois improductif.

Le revenu total de l'année a été de 3.192 francs.
Quel est le capital?

640. Dans une composition, l'élève classé le premier n'a pas fait de faute, le deuxième a fait $\frac{1}{4}$ de faute, le troisième $\frac{3}{4}$ de faute, le quatrième 1 faute, et le cinquième 1 faute $\frac{1}{2}$; combien chacun de ces cinq élèves aura-t-il de bons points sur 312 qui leur sont destinés, si la quantité donnée au deuxième est les $\frac{2}{5}$ de celle donnée au premier?

641. Deux ouvriers ont entrepris un ouvrage pour le prix de 150 francs. Le premier ferait, seul, l'ouvrage en 16 jours; le second, en 20 jours. Ils s'adjoignent un manœuvre, et achèvent l'ouvrage en 8 jours, en travaillant tous les trois ensemble.

Quelle sera la part de chaque travailleur proportionnellement à son habileté ?

642. Un marchand, ayant acheté un lot de marchandises pour 3.540 francs, en vend le $\frac{1}{3}$ avec une perte de 4 p. 100. De combien 0/0 doit-il élever son prix de vente pour qu'après avoir vendu le reste, il ait finalement un gain de 4 0/0 sur la totalité de son affaire ?

643. Un marchand a acheté pour 2.560 francs de marchandises, à 1 an de terme pour le payement, avec un escompte de 4 0/0 par an, s'il paye avant le terme. Il se libère quelque temps après en donnant 2.480 fr. 64. Après combien de mois et de jours a-t-il payé ?

644. On a acheté deux barils d'huile pesant ensemble, fûts compris, 1.012 kgr. 95. Le poids des fûts vides est $\frac{1}{75}$ du poids de l'huile, dont la densité est 0,925. Le plus grand fût contient $\frac{1}{2}$ hectolitre de plus que l'autre. Quelle est la valeur de l'huile contenue dans le plus petit tonneau à raison de 1 fr. 80 le kilogramme ?

645. Un marchand a acheté du charbon à 35 fr. 40 la tonne. Il paye 223 fr. 60 de transport et de frais. Il revend ce charbon à raison de 4 fr. 95 l'hectolitre en faisant, sur son prix de revient, un bénéfice de 20 0/0. Le mètre cube de charbon pesant 937 kilogrammes $\frac{1}{2}$, on demande le poids du charbon qu'il a acheté.

646. Une personne divise un capital en deux parties. Elle place la 1re à 5 0/0 et la 2e à 3 0/0 ; elle obtient ainsi 420 francs d'intérêts en 1 an. Si elle avait placé la 1re à 3 0/0 et la 2e à

5 0/0, elle aurait obtenu 380 francs d'intérêts. Quel était le capital entier ?

647. Deux frères héritent d'une vigne et d'un champ dont les superficies sont entre elles comme 3 et $4\frac{1}{4}$. La vigne est estimée 32 francs l'are et le champ 25 francs l'are. Celui qui prend le champ donne 92 fr. 25 à celui qui a la vigne, et le partage est alors également fait. On demande la contenance de chaque parcelle.

648. Un vase contient le tiers de sa capacité de mercure ; on met de l'eau dans les $\frac{5}{6}$ du reste, et on achève de remplir le vase avec de l'huile. Le poids du vase est alors de 97 kilogrammes ; vide il pesait 3 kgr. 600.

On demande la capacité totale du vase, sachant que 1 centimètre cube de mercure pèse 13 gr. 6 et 1 centimètre cube d'huile, 0 gr. 90.

On indiquera ensuite avec quels poids effectifs on devrait faire équilibre au vase vide, pour n'avoir besoin que d'un nombre minimum de poids.

649. On a trois alliages aux titres : 0,8, 0,8, 0,9. On veut obtenir un lingot pesant 1 kgr. 5 au titre 0,82 ; quel poids faut-il prendre des 2 premiers alliages, si l'on prend 600 grammes du troisième ?

650. Quel est le capital qui, placé à intérêts à 5 0/0 pendant 1 an, 2 mois, 15 jours, a donné, capital et intérêts compris, une somme de 10.465 fr. 27 ? On comptera l'année de 360 jours et les mois de 30 jours.

651. Une dame a fait un héritage. Sur le montant de l'héritage le notaire a prélevé 11 p. 100 pour frais de succession. De la somme nette qu'elle a recueillie, l'héritière a fait deux parts :

avec les $\frac{2}{7}$ de cette somme, elle a acheté une maison; avec le reste, elle a pu acheter 1.500 francs de rente $3\frac{1}{2}$ 0/0 au cours de 102 fr. 35. 1° Quel était le montant de l'héritage? 2° Quelle était la valeur de la maison?

652. Une laitière, voulant vérifier si le lait qu'on lui vend contient de l'eau, en achète 807 décilitres, elle le pèse et trouve que le poids est de 827 hectogrammes. Combien ce lait contient-il de litres d'eau, sachant qu'un litre de lait pèse 1.030 grammes?

653. Un capital inconnu a été placé à intérêt simple, pendant 3 mois, au taux de $2\frac{1}{2}$ 0/0 ; après ce temps, on ajoute l'intérêt produit au capital primitif, on obtient 483 francs. Trouver la valeur du capital.

654. Une lingère a acheté une pièce de toile de 116 mètres et l'a fait laver. La toile s'est retirée des $\frac{3}{48}$ de la longueur. Si la lingère la revendait au prix coûtant, elle perdrait 18 fr. 20. Combien doit-elle revendre le mètre de toile pour avoir un bénéfice de 64 fr. 50?

655. Une personne a placé 63.420 francs en deux parties : l'une à 4 fr. 75 0/0, l'autre à 5 fr. 20 0/0. Les intérêts réunis de ces deux placements s'élèvent en 8 mois à 2.088 fr. 94. Quelle est la somme placée à chacun des deux taux?

656. Un homme emprunte 8.000 francs sous condition de payer un intérêt de 6 0/0. Au bout de 3 mois, il donne un acompte de 5.000 francs ; mais 2 mois après ce versement, il emprunte encore 1.503 fr. 80. Enfin après un nouvel intervalle, il s'acquitte complètement en donnant 4.748 fr. 10. Trouver le temps qui s'est écoulé depuis le premier versement jusqu'au règlement définitif.

657. Un marchand a du café Moka et du café Brésil. Le kilo-

gramme de Moka lui revient à 0 fr. 90 plus cher que le kilogramme du Brésil. Il fait un mélange d'une partie de Moka contre deux parties du Brésil. Il vend ce mélange au prix de revient du Moka et gagne 20 0/0 du prix auquel lui revient le mélange. A quel prix lui revient le kilogramme de Moka ?

658. Une personne, partie à 7 h. 20 du matin par un train qui fait 25 kilomètres à l'heure, fait un séjour de 2 heures et demie dans son lieu de destination, et revient par un train marchant à raison de 36 kilomètres à l'heure, qui la ramène au point de départ à 8 heures du soir. Quelle est la longueur du trajet ?

659. Un alliage de 300 kilogrammes contient 90 parties de cuivre et 10 parties d'étain. Quelle quantité de cuivre et d'étain faut-il ajouter pour obtenir un nouvel alliage formé de 67 parties de cuivre et 33 d'étain, et pesant 540 kilogrammes ?

660. Une somme de 240 francs est composée de pièces d'argent et de pièces de bronze. Les $\frac{5}{12}$ de la valeur sont en pièces de bronze, le reste en pièces de 5 francs en argent. Quel est le poids de cette somme et quel est le poids d'argent pur qu'elle contient ?

661. Deux personnes ont à se partager un capital de 50.000 fr. de telle sorte que la part de la première augmentée de ses intérêts pendant 8 ans à 3 0/0, soit égale à la part de la deuxième augmentée de ses intérêts pendant 12 ans au même taux.

On demande : 1° quelle somme chacune d'elles devra prendre sur les 50.000 francs ; 2° avec cette somme, combien chacune d'elles pourra-t-elle acheter de rente 3 0/0 au cours de 82 fr. 80 ?

662. Un marchand de vin vend la moitié du vin qu'il a acheté avec un bénéfice de 0 fr. 15 par litre ; le quart, avec un bénéfice de 0 fr. 10, le huitième avec un bénéfice de 0 fr. 05 et le

PROBLÈMES DIVERS 277

reste avec une perte de 0 fr. 09 par litre. Il gagne ainsi 570 fr. Quelle quantité de vin a-t-il vendue ?

663. Une personne vend une propriété dont la superficie est de 39 a. 49. L'acheteur en payant comptant obtient un rabais de 3 0/0 sur le prix convenu et paye le reste, les $\frac{3}{4}$ en monnaie d'or et $\frac{1}{4}$ en monnaie d'argent. Sachant que la somme pesait au total 12 kgr. 450, on demande quel était le prix du mètre carré de la propriété.

664. Un cultivateur achète, à raison de 35 francs l'are, un champ qui a la forme d'un trapèze ayant une hauteur de 32 m. et dont les deux bases sont entre elles dans le rapport de 4 à 9.

Pour avoir 5 0/0 de son argent, il faut que le cultivateur fasse avec ce champ annuellement un bénéfice net de 182 fr. On demande de calculer : 1° la surface du champ ; 2° les deux bases du trapèze.

665. Trois robinets coulent dans un bassin dont la capacité est de 45 litres. Le 1er et le 2e robinet coulant ensemble rempliraient le bassin en 25 minutes ; le 1er et le 3e le rempliraient en 27 minutes. Le débit du 3e est les $\frac{3}{5}$ du débit du 2e.

On demande le débit de chaque robinet à l'heure et le temps que les trois robinets coulant ensemble mettraient à remplir le bassin.

666. Deux capitaux égaux, placés l'un à 3 0/0, l'autre à 2 fr. 75 0/0 ont rapporté en 440 jours une somme qui, évaluée en argent, pèse 3 kgr. 375. Quels sont les capitaux ?

667. Un capital, augmenté de ses intérêts simples, après 15 mois de placement à un certain taux, est devenu 7.437 fr. 50 ; le même capital, augmenté de ses intérêts pendant 18 mois, au même taux, deviendrait 7.525 francs. Calculer ce capital et le taux auquel il était placé.

668. Un vase A renferme 10 litres de vin et 5 litres d'eau; un deuxième vase B contient 7 litres de vin et 5 litres d'eau. On tire 5 litres de chacun de ces vases et on met les 5 litres provenant du vase A dans le vase B et les 5 litres du vase B dans le vase A. On demande la quantité de vin et d'eau qui se trouve dans chaque vase.

669. Dans quelle proportion faut-il mélanger deux sortes de farine valant l'une 27 francs, l'autre 33 francs le quintal pour obtenir du pain revenant à 0 fr. 28 le kilogramme ?

On sait que 100 kilogrammes de farine donnent 125 kilogrammes de pain et que, pour une fournée de 100 kilogrammes de pain, les frais de main-d'œuvre et de cuisson s'élèvent à 4 francs.

670. Le poids du blé est, à volume égal, les 0,8 du poids de l'eau distillée ; le blé réduit en farine perd les 0,16 de son poids, tandis que la farine convertie en pain gagne, en absorbant de l'eau, les 0,4 de son poids ; on suppose enfin que 30 gerbes de blé fournissent un hectolitre de grain. Cela posé, calculer en kilogrammes le poids du pain fabriqué avec 135 gerbes de blé.

671. Une personne achète 20 obligations au porteur, de 500 francs 3 0/0, d'un chemin de fer au cours de 464 francs. Quelle somme dépensera-t-elle pour cet achat, sachant qu'elle paye 1/10 0/0 pour le courtage de l'agent de change? — Quel sera son revenu net et à quel taux place-t-elle son argent sachant qu'il est retenu comme impôt sur l'intérêt brut de l'obligation : 1° 4 0/0 de cet intérêt ; 2° 2 p. 1000 de la valeur de l'obligation au cours de la Bourse ?

672. Une pièce de toile de 45 mètres coûte 1 fr. 75 le mètre. On paye comptant et on bénéficie d'un escompte de 3 0/0.

La toile lavée se rétrécit des $\frac{2}{15}$ de sa longueur. On l'emploie alors à la confection de chemises, à raison de 3 m. 25 par che-

PROBLÈMES DIVERS

mise. La façon des chemises s'élève aux $\frac{2}{5}$ de prix d'achat brut de la toile. Le prix des fournitures diverses a été de 3 fr. 90. Calculer le prix de revient d'une chemise.

673. Une ménagère en payant comptant les marchandises qu'elle achète, obtient une remise de 2 0/0 sur la facture et donne 73 fr. 50 aux fournisseurs. Quel était le montant de la facture?

Cette personne a payé son achat 5 pièces de monnaie.

Dites lesquelles et calculez le poids total, ainsi que le poids du métal précieux.

674. Une femme et une jeune fille termineraient ensemble un ouvrage de couture en 10 jours. La femme tombant malade après 2 jours de travail commun, la jeune fille achève la besogne commencée en 12 jours. Si le prix de l'ouvrage est de 60 francs, quelle somme revient à chacune d'elles ?

675. Une personne a légué par testament le $\frac{1}{3}$ de sa fortune au bureau de bienfaisance, le $\frac{1}{5}$ à la caisse des écoles ; les $\frac{2}{7}$ à un parent pauvre, et le reste à sa domestique. A l'ouverture de sa succession, la domestique reçoit pour sa part 11.400 francs. A combien se montait l'héritage et quelles sont les valeurs des trois premiers legs?

676. Partager 9.800 francs entre trois personnes, de manière que la deuxième ait le double de la première, plus 125 francs et que la troisième ait les $\frac{3}{5}$ de ce qu'auront les deux premières.

677. Une personne place à 4 0/0 une somme de 21.600 francs ; 8 mois après, elle place à 5 0/0 une somme de 20.880 francs.

On demande, en années, mois et jours, combien de temps après le premier placement les intérêts rapportés par les deux sommes seront devenus égaux.

678. Trois personnes s'étant associées ont réalisé un bénéfice de 111.330 fr. 45. On demande ce qui revient à chacune d'elles sachant que la mise de la première était de 757.350 francs, que celle de la deuxième était les $\frac{3}{4}$ de celle de la première, et que celle de la troisième était les $\frac{4}{5}$ de la demi-somme des mises des deux autres. On demande aussi à quel taux les deux premières ont placé leur argent.

679. On a un lingot d'argent pur pesant 3 kgr. 94, un autre lingot de 6 kilogrammes au titre de 0,840, et enfin 7.650 gr. de vieilles pièces de 5 francs. Combien faudra-t-il ajouter de cuivre à tout ce métal pour obtenir un alliage propre à la fabrication des pièces divisionnaires d'argent ?

680. Deux personnes possèdent, à elles deux, 58.400 francs. La première a dissipé les $\frac{5}{8}$ de sa part et la seconde les $\frac{6}{11}$ de la sienne. Elles possèdent alors la même somme. Quelle est la part de chacune ?

681. Un tailleur achète dans un magasin 8 m. 50 de velours et 12 m. 60 de toile pour 169 fr. 68. Une seconde fois, il achète 15 m. 20 de velours et 12 m. 60 de toile pour 268 fr. 17. Une troisième fois il achète 14 m. 20 de velours et 6 m. 80 de toile. Combien devra-t-il payer pour cette dernière acquisition, sachant que les étoffes ont la même qualité dans les trois cas ?

682. La betterave donne en sucre 7 0/0 environ de son poids, un mètre carré de terrain produit approximativement 3 kgr. 125 de betteraves, et 1.000 kilogrammes de betteraves valent 16 fr. 50. Quelle superficie faut-il ensemencer pour fournir à une fabrique qui doit produire annuellement 87.500 kilogrammes de sucre ? Quelle est la valeur totale de la betterave récoltée ?

683. Un fabricant a vendu une première fois 225 mètres de toile et 240 mètres de calicot pour 1.098 francs ; une seconde fois, pour la même somme, 180 mètres de toile et 375 mètres de calicot de même qualité. Trouver le prix du mètre de toile et du mètre de calicot.

684. Deux champs, dont l'un est double de l'autre en superficie, ont coûté ensemble 3.342 fr. 47. Sachant que 5 ares du premier valent autant que 8 ares du deuxième et que leur superficie totale est de 1 ha. 6 a. 20 c. a., on demande le prix de chacun d'eux.

685. Un vase plein d'eau pèse 800 grammes ; le poids du vase seul est le septième du poids de l'eau qu'il contient ; combien pèserait ce vase si, au lieu d'être plein d'eau, il était plein d'alcool de densité 0,875 ?

686. Un négociant achète une pièce de drap qu'il paye à raison de 3 fr. 50 le mètre. Il en vend une première fois les $\frac{3}{7}$ avec un bénéfice de 18 0/0 sur le prix d'achat ; une deuxième fois, il vend le $\frac{1}{4}$ du reste avec 2 fr. 75 de bénéfice par mètre, enfin le dernier reste est vendu avec une perte de 4 p. 0/0 sur le prix d'achat. On demande la longueur totale de la pièce, sachant que le bénéfice total réalisé a été de 42 fr. 20.

687. Une étoffe, après avoir été mouillée est réduite de $\frac{1}{15}$ de sa longueur et de $\frac{1}{16}$ de sa largeur. Quelle longueur de cette étoffe faut-il employer pour avoir 101 m² 25 après le lavage, sachant qu'elle a 0 m. 80 de largeur avant le lavage ?

688. Un oncle laisse par testament une fortune totale de 73.100 francs qu'il a distribuée entre ses trois neveux de la manière suivante : le premier reçoit une somme d'argent placée à 3,25 0/0 ; le deuxième un capital placé à 2 fr. 80 0/0 et le troisième une maison estimée 20.000 francs et dont le revenu net par mois est 100 francs. Les trois lots ont produit en totalité pendant 10 mois, 2.320 francs d'intérêts. Trouver la part de chacun des deux premiers neveux.

689. Un bijoutier a 2 lingots d'argent pesant ensemble 187 grammes; le rapport du poids du premier au poids du deuxième est $\frac{13}{21}$.

1° Calculer le poids des 2 lingots;

2° Le bijoutier prend une première fois 24 grammes du premier lingot et 36 grammes du second et il en fait 60 grammes d'un alliage au titre de 0,750; une seconde fois il prend 14 gr. du premier lingot et 36 grammes du second il en fait un alliage qui a pour titre 0,795. Quels sont les titres des deux lingots?

690. Deux personnes séparées par une distance de 7 km. 2 vont à la rencontre l'une de l'autre. Elles se rejoignent à 4 kilomètres de l'un des points de départ.

Si la personne qui va le moins vite était partie 9 minutes avant l'autre la rencontre aurait eu lieu à mi-chemin. Quelle est par minute la vitesse de chaque personne?

Vérifier les résultats.

691. Un tapissier a acheté 12 mètres de drap pour confectionner des rideaux. Il a employé pour doubler ces 12 mètres de drap une étoffe dont la largeur n'est que les $\frac{3}{4}$ de celle du drap et dont le mètre coûte les $\frac{2}{9}$ du prix du mètre de drap. Sur le prix total on lui a fait une remise de 10 0/0 et il se trouve avoir payé 75 fr. 60 en tout. Quel est le prix fort du mètre de drap et du mètre de doublure?

692. Une personne divise un capital en deux parties respectivement proportionnelles aux nombres 4 et 3, et elle les place respectivement à 5 0/0 et à 6 0/0 l'an. On sait que la somme des intérêts annuels de ces deux parties est égale à 1.957 francs.

1° Trouver la valeur du capital ;

2° Avec la somme de ce capital et de son intérêt annuel, cette personne achète un terrain carré à 30 fr. 90 l'are.

Trouver le côté de ce terrain carré à moins d'un décimètre près.

Vérifier le résultat obtenu.

693. Deux personnes se présentent chez un banquier, la première avec un billet de 1.500 francs, payable dans 6 mois, la seconde avec un billet de 1.470 francs payable dans 10 jours. Le banquier escompte les deux billets au même taux et donne à la seconde personne 12 fr. 55 de plus qu'à la première. Quel est le taux de l'escompte commercial (en dehors) ?

Vérifier.

694. Après avoir acheté deux coupons d'étoffe de même qualité, un négociant les revend ensemble 2.160 fr. et réalise un bénéfice de 20 0/0 sur le prix d'achat. Sachant que ces deux coupons ont une différence de longueur de 15 mètres, que la largeur du plus petit est les 5/6 de celle du plus grand et que les prix d'achat diffèrent de 160 francs, on demande de calculer la longueur et le prix du mètre de chaque coupon.

Vérifier.

695. Un vase en argent, plein d'eau pure, pèse 5 kgr. 800 ; plein d'huile dont la densité est 0,92, il pèse 5,480 grammes.

On demande : 1° la capacité du vase ; 2° son poids lorsqu'il est vide ; 3° le titre de l'alliage avec lequel il est fait, sachant qu'il contient 54 kilogrammes de cuivre.

Vérifier.

696. Une ouvrière employée dans une maison de confections a reçu pour 22 journées de travail une somme de 81 fr. 50 et 5 mètres de drap. Pour 15 autres journées de travail pendant lesquelles son salaire journalier a été augmenté de 1/5, elle a reçu une somme de 72 fr. 25 et 2 m. 50 de drap de même qualité que le premier.

Calculer le nouveau salaire de cette ouvrière et le prix du mètre de drap. Vérifier.

697. Un tramway met 3/4 d'heure pour effectuer son parcours. Après 1/4 d'heure de marche, une avarie se produit dans la machine et la vitesse se trouve ralentie de 1/4. On demande quelle sera la durée du parcours.
Vérifier.

698. Deux sœurs ont à se partager une succession consistant en pièces de terre et en une somme de 9.900 francs.
Le notaire fait deux lots; l'un comprend la somme de 9.900 fr. et une partie des terres estimées 1 fr. 50 le mètre carré; l'autre comprend le restant des terres estimées à 30 francs l'are et d'une superficie huit fois plus grande que les terres du premier lot.
Sachant que les parts sont d'égale valeur, calculer les superficies des deux lots de terre.
Vérifier.

699. Trois équipes d'ouvriers pourraient faire le même travail, la 1re équipe en 8 jours, la 2e équipe en 10 jours et la 3e en 12 jours.
On prend la moitié des ouvriers de la 1re équipe, 1/3 de ceux de la 2e et 3/4 de ceux de la 3e. En combien de jours et fraction de jour l'ouvrage entier sera-t-il terminé? Quelle somme reviendra à chaque équipe employée, sachant que le travail entier a été payé 3.230 francs?
Vérifier.

700. Un particulier qui a mis des fonds dans une entreprise reçoit 21.125 francs au bout de 5 ans pour le capital engagé et le bénéfice produit. Ce bénéfice est les 5/8 du capital engagé. Trouvez le capital, le bénéfice et le taux de placement (École normale).

701. Un commerçant a acheté du drap à 8 fr. 50 le mètre. Il

revend une partie de ce drap à raison de 10 fr. 20 le mètre et cède les 40 mètres qui lui restent au prix coûtant ; son bénéfice est ainsi de 16 fr. 80 0/0.

Combien ce commerçant avait-il acheté de mètres de drap ? (École normale.)

702. Une boîte prismatique en fer blanc sans couvercle, a pour fond un rectangle dont la largeur est les 3/4 de la longueur ; sa profondeur est de 15 centimètres.

Lorsqu'on la remplit avec un mélange formé de volumes égaux d'eau pure et d'un liquide dont la densité est 0,8, cette boîte pèse 18 grammes de plus que quand on la remplit avec un mélange formé de poids égaux des mêmes liquides. Trouver : 1° la capacité et les dimensions de cette boîte ; 2° son poids quand elle est vide, le fer-blanc dont elle est faite pesant 20 grammes par décimètre carré (École normale).

703. Un marchand a acheté 632 mètres de drap, il en a vendu une partie en gagnant 10 0/0 et le reste en perdant 6 0/0 sur le prix d'achat.

1° Sachant qu'il n'a ni gagné, ni perdu, trouver le nombre de mètres de chaque partie vendue.

2° Sachant qu'il a reçu 3.128 fr. 40 pour la vente de la première partie, trouver le prix d'achat du mètre

Vérifier les résultats.

704. Un négociant présente à l'escompte 2 billets payables le 1er dans 5 mois et le 2e dans 2 mois 1/2 ; la valeur du second billet est les 2/3 de celle du 1er et l'escompte est de 6 0/0. Ce négociant achète avec la somme qu'il retire un terrain rectangulaire dont le périmètre est de 462 mètres et la largeur les 4/7 de la longueur.

Le terrain ayant été payé à raison de 2.500 francs l'hectare, on demande quelle était la valeur nominale des billets.

Vérifier les résultats.

705. On achète des pains de sucre de deux qualités. On paie

pour les uns 1.122 francs et pour les autres 620 francs. Sachant qu'un pain de sucre de deuxième qualité coûte 3 fr. 20 de moins qu'un pain de sucre de première qualité et que 2 pains, un de chaque qualité, coûtent ensemble 34 fr. 20, on demande de calculer le nombre de pains de chaque qualité achetés.

Vérifier le résultat obtenu.

706. Le 25 novembre 1913, un cultivateur refuse de vendre au comptant sa récolte de blé au prix de 25 fr. 20 le quintal métrique.

Le 23 février 1914, il vend au comptant cette récolte au prix de 27 fr. 50 le quintal métrique.

Le blé s'étant desséché, il y a alors une perte de 397 kilogrammes sur la récolte totale. De plus, le cultivateur pouvait placer à 5 0/0 le prix de sa récolte.

Sachant que le cultivateur n'a ni gagné, ni perdu, trouver le nombre de quintaux métriques de sa récolte.

707. Un capital a été placé à un taux tel que, au bout de 7 mois et 25 jours, on retire, capital et intérêts simples réunis, une somme de 51.998 fr. 75. Si on avait laissé ce capital produire intérêts pendant 10 mois et 15 jours, on aurait obtenu, capital et intérêts réunis, 52.338 fr. 75. On demande de calculer le capital et le taux. (On fera les calculs en prenant l'année de 360 jours et les mois de 30 jours.)

708. On verse de l'eau dans un vase jusqu'à ce qu'elle occupe les 2/5 de sa capacité. Un morceau de fer pesant 15 kgr. 912 immergé à moitié seulement dans l'eau, fait monter le niveau de l'eau de façon que le volume du vase compris au-dessous de ce niveau représente les 7/9 de la capacité du vase.

Quelle est cette capacité? La densité du fer est 7,8.

Vérifier le résultat obtenu.

709. Deux poids, dont l'un est double de l'autre, sont placés sur les deux plateaux d'une balance. Si l'on ajoute d'un côté

310 francs en argent et de l'autre 310 francs en or, l'équilibre est établi. Quels étaient ces deux poids ?

Vérifier le résultat obtenu.

710. Avec les 5/8 de son capital, une personne achète un terrain qui lui rapporte annuellement 1.200 francs. Avec les 2/3 du reste, elle achète une maison qu'elle loue annuellement 980 francs.

Elle a ainsi un nouveau reste qu'elle place à 4 0/0 l'an.

Sachant que l'intérêt annuel qu'elle retire ainsi est égal à 270 francs, trouver le capital primitif, le prix de la maison, le prix du terrain, le taux de l'intérêt du capital.

Vérifier le résultat obtenu.

711. Deux ouvrières font un certain ouvrage. Ensemble elles le termineraient en 12 jours. Après qu'elles y ont travaillé toutes deux pendant 5 jours, l'une d'elles tombe malade et l'autre achève seule le travail en 17 jours.

D'après cela, calculer combien il revient à chacune de ces ouvrières pour le travail qu'elle a accompli, sachant que tout a été payé 64 francs.

Vérifier le résultat obtenu.

712. Un père partage sa fortune entre ses trois enfants : à l'aîné, il donne les 3/8 de sa fortune ; au second, il donne 2.000 francs de moins qu'au premier. La part du troisième, placée à 6 p. 100 dans le commerce, lui donne une rente de 3.000 francs. Quelle était la fortune du père et quelle est la part de chaque enfant ?

Vérifier le résultat obtenu.

713. Un marchand avait un lot de café. En le vendant à 2 francs le kilogramme, il aurait perdu 318 fr. 75 ; s'il l'avait vendu à 2 fr. 20 le kilogramme, sa perte aurait été de 63 fr. 75. Or, il a cédé tout son café pour 3.213 francs. Combien en avait-il de kilogrammes et combien pour cent a-t-il gagné sur son prix d'achat ?

Vérifier le résultat obtenu.

714. Un négociant avait le matin dans sa caisse une certaine somme. Il en a utilisé les 3/4 pour faire des paiements dans la journée. Mais il a fait, ce jour-là, 7.688 francs de recette ; le montant de sa caisse, le soir, est les 5/2 de ce qu'elle était le matin.

Trouver la situation de la caisse au matin et le soir.
Vérifier.

715. Une personne porte chez un banquier un billet de 1.000 francs payable dans 60 jours. Le banquier donne en échange un billet de 920 francs payable dans 30 jours et une somme de 76 fr. 40.

Quel a été le taux de l'escompte commercial ?
Faire la vérification.

716. Deux ouvrières se sont engagées à ourler un même nombre de mouchoirs.

La première en ourle 7 en 3 heures ; la deuxième 5 en 2 heures.

La première en a déjà ourlé 28 quand la deuxième se met à l'ouvrage. A partir de ce moment, les deux ouvrières travaillent ensemble et s'arrêtent quand elles ont ourlé le même nombre de mouchoirs. On demande : 1° le temps employé par chacune d'elles ; 2° le nombre de mouchoirs faits par chacune.

Vérifier le résultat obtenu.

717. Une montre retarde de 3 minutes par jour. Elle a été mise à l'heure exacte, sur une horloge bien réglée, avant-hier, à midi. D'après cette montre, il serait maintenant 8 heures du matin. Quelle heure est-il réellement ?

Vérifier le résultat obtenu.

718. Un propriétaire a acheté un terrain ayant 128 mètres de longueur sur 45 mètres de largeur, au prix de 300 francs l'are. Il en revend une partie à raison de 325 francs l'are et le reste à raison de 350 francs et il réalise un bénéfice de 2.075 francs.—

Calculer en ares et centiares la superficie de chacune des deux parties du terrain.
Vérifier le résultat.

719. L'intérêt d'un capital placé à 4.0/0 est égal à la 41ᵉ partie de la somme obtenue en additionnant le capital et cet intérêt lui-même. Quelle est la durée du placement?
Vérifier le résultat.

720. Une personne lègue les 7/9 de sa fortune à ses héritiers naturels, les 3/5 du reste au bureau de bienfaisance et le nouveau reste à la caisse des écoles. Cette dernière part produit une rente annuelle de 1.250 francs. On demande de calculer la fortune du testateur, la part des héritiers, celle du bureau de bienfaisance et celle de la caisse des écoles.
Vérifier le résultat.

721. Le grand-père, le père et le fils sont réunis à la même table; leurs âges réunis forment une somme de 118 ans; les chiffres des unités de ces âges font un total de 18; en ajoutant le chiffre des unités de l'âge du fils à celui du grand-père, on obtient 11, et en l'ajoutant à celui du père, on obtient 10. D'autre part le chiffre des dizaines de celui du père est le triple de celui du fils et la moitié de celui du grand-père. Quels sont ces âges?
Vérifier le résultat.

722. L'effectif d'une école à plusieurs classes est compris entre 100 et 300 élèves. Si on les range par piles de 4, 5 ou de 6, il en reste toujours 3, mais si on les range par piles de 9, il n'en reste pas. Calculer d'après cela 1° le nombre des élèves de cette école; 2° la largeur, à 1 centimètre près, d'une salle destinée à 50 d'entre eux, si la surface attribuée à chaque élève est d'un mètre carré et quart et la longueur de la salle de 8 mètres.
Vérifier le résultat.

723. Deux tramways partent en même temps d'un même point et dans des directions différentes.

Le premier met 27 minutes pour se rendre au terminus, là il stationne 15 minutes et revient à son point de départ en 35 minutes. Après 13 minutes de stationnement il repart.

L'aller du second s'effectue en 48 minutes, le retour en 55 minutes; les deux stationnements sont de 10 minutes et de 7 minutes.

Combien chaque tramway aura-t-il fait de trajets (aller et retour) quand ils repartiront de nouveau en même temps du point A ?

724. Pour peser un cube de fer de 5 centimètres d'arête, on emploie 217 pièces d'or de 10 francs, 10 pièces d'argent de 5 et 5 pièces d'argent de 1 franc. Si on plongeait ce cube dans de l'eau salée, il faudrait, pour rétablir l'équilibre, enlever une pièce de 5 francs de plus que si on le plongeait dans l'eau pure. Calculer : 1° le poids de 1 centimètre cube de fer ; 2° le poids de 1 litre d'eau salée.

Vérifier le dernier résultat obtenu.

725. On veut faire exécuter un travail en réunissant deux troupes d'ouvriers. La première est composée de 10 ouvriers qui gagnent 3 fr. 50 par jour ; la seconde de 15 ouvriers qui, plus habiles, gagnent chacun 4 fr. 50 par jour. Les deux troupes réunies pourraient effectuer ce travail en 10 jours, mais à la fin de la 4e journée, 4 ouvriers de la première troupe et 6 de la seconde abandonnent le travail, que les autres poursuivent jusqu'à la fin.

Combien faut-il de jours aux deux troupes ainsi diminuées pour terminer le travail et combien recevra en totalité un ouvrier de chaque troupe s'il est resté jusqu'à la fin ?

Vérifier le résultat.

726. Un négociant achète 800 kilogrammes de marchandises et remet en paiement un billet payable dans trois mois et que le vendeur fait escompter à 4 0/0. Quelque temps après, le prix de la marchandise augmente de 1/0 et ce négociant pour prix

de 450 kilogrammes de marchandise achetée dans les mêmes conditions, remet en paiement un billet inférieur au premier de 1.500 francs. Quel est le prix, dans les deux achats, d'un kilogramme de marchandise ?

Vérifier les résultats obtenus.

727. Une somme de 56.000 francs a été partagée inégalement, entre deux frères, l'aîné ayant la plus forte part.

Au bout d'un certain temps, le plus jeune a dépensé les 2/3 de sa part et l'aîné a perdu les 3/4 de la sienne. Il leur reste alors, à chacun d'eux exactement la même somme.

Quelle était la part primitive de chacun et que leur reste-t-il maintenant ?

Vérifier le résultat.

728. On fait couler deux robinets dans un réservoir ; le premier pendant 2 h. 35 minutes, le second pendant 1 h. 57 minutes et on recueille ainsi 2 m³ 319 d'eau. Sachant que si on les faisait couler tous les deux ensemble pendant un quart d'heure, on obtiendrait 252 litres, on demande le nombre de litres que chaque robinet débiterait en une heure.

Vérifier le résultat obtenu.

729. Deux personnes ont fait un partage de 18.360 francs. La première dépense les 2/5 de sa part pour payer ses dettes et la seconde dépense les 3/7 de sa part pour acheter une maison qu'elle paie comptant. Il reste alors à la première deux fois plus qu'à la seconde. On demande la part de chaque personne dans l'héritage.

730. Une personne a des pièces de 2 francs et de 0 fr. 10 dont le total représente 109 fr. 80. Si dans ce nombre de pièces, il y avait autant de pièces de bronze que d'argent, la somme n'aurait plus comme valeur que 75 fr. 60.

Calculer 1° le nombre total des pièces ; 2° le nombre total des pièces de chaque espèce.

Vérifier les résultats obtenus.

731. Une personne a engagé deux sommes égales dans deux entreprises différentes. Au bout d'un certain temps la première somme s'est trouvée accrue de 65 p. 100, et la seconde réduite aux 7/9 de ce qu'elle était au début. La première surpasse alors la seconde de 15.600 francs. Quelles sont ces deux sommes ?

732. Une personne place un certain capital à 4 1/2 0/0, un deuxième capital à 4 fr. 20 0/0, dont la valeur est à celle du premier dans le rapport de 7 à 18. Au bout de 9 mois, elle retire, capital et intérêts compris, 23.245 fr. 20. On demande combien cette personne avait placé à chaque taux.
Vérification.

733. Une personne achète un terrain ayant la forme d'un rectangle dont la longueur est égale à deux fois la largeur. Elle l'entoure d'une palissade qui lui revient à 1 fr. 60 le mètre courant.

Sachant que le prix de cette palissade est les 1/31 du prix du terrain et que l'acquéreur a payé le tout avec le produit de la vente au cours de 96 francs d'un titre de 240 francs de rente 3 0/0, on demande de calculer :

1° Le prix du terrain ;
2° Le prix de la palissade ;
3° Les dimensions du terrain.
Vérification.

734. Un négociant achète 32 barriques de vin de deux espèces pour la somme totale de 3.645 francs : chaque barrique contient 225 litres et il y a payé pour la 2ᵉ espèce 15 francs de plus par hectolitre que pour la première. Il vend le premier vin avec un bénéfice de 0 fr. 10 par litre, ce qui lui donne un gain égal aux 2/9 du prix d'achat de ce vin. Combien a-t-il acheté de barriques de chaque espèce et combien a-t-il payé chaque barrique ?

735. Un spéculateur a vendu ensemble deux maisons pour

la somme de 54.260 francs. Sur la vente de la première, il gagne 15 0/0 du prix d'achat ; sur la vente de la deuxième, il perd 2 1/2 0/0 du prix d'achat. Sachant que le résultat de cette double vente a été, pour lui, un gain de 3.760 francs, on demande quel était le prix d'achat de l'une et de l'autre maison.

Vérifier le résultat obtenu.

736. Dans un vase A on a un mélange de 12 litres de vin et de 5 litres d'eau, et dans un autre vase B un mélange de 8 litres de vin et de 3 litres d'eau. On ôte 4 litres du vase A et 4 litres du vase B, puis on verse les 4 litres enlevés du vase A dans le vase B et les 4 litres enlevés du vase B dans le vase A. On demande la quantité de vin et d'eau qui se trouve alors dans chaque vase.

Vérifier le résultat obtenu.

737. Un marchand achète à des prix différents deux barriques de vin contenant chacune 240 litres. Après avoir mélangé ces deux espèces de vin, il vend 300 litres de mélange à raison de 1 fr. 20 le litre et le reste à raison de 0 fr. 80 le litre. Il réalise ainsi un bénéfice de 20 0/0 sur le prix d'achat. Combien lui coûtait un litre de chaque barrique, sachant que le prix d'achat de la première barrique est les 3/4 de celui de la deuxième ?

Vérifier le résultat obtenu.

738. Deux trains partent de Paris pour Lyon ; le second, qui part 4 h. 10 minutes après le premier et qui fait 24 kilomètres de plus à l'heure, rencontre le premier au bout de 7 h. 35 minutes et à 34 km. 250 de Lyon. Trouver combien chaque train fait de kilomètres à l'heure, la distance de Paris à Lyon et combien chacun d'eux met de temps pour parcourir cette distance.

Vérifier le résultat obtenu.

739. Soit A un alliage d'argent et de cuivre formé par des pièces de 5 francs démonétisées et représentant une somme égale à 50.100 francs ; on demande :

1° Le poids de cuivre qu'il faut fondre avec l'alliage A pour obtenir un alliage B au titre de 0.835.

2° La différence entre la somme représentée par l'alliage B converti en monnaie d'argent divisionnaire et la somme représentée par les pièces de 5 francs employées.

740. Un entrepreneur a accepté d'exécuter un travail, et il a consenti un rabais de 1/15 sur le devis primitif. Pour intéresser ses ouvriers, il leur alloue en dehors de leur paie, 1/20 de ce qui lui est dû après le rabais ; il prélève en outre 1/50 du reste qu'il verse à une caisse d'assurance, après quoi il touche une somme de 52.136 francs. On demande : 1° à combien s'élève le devis primitif ; 2° quelles sont les sommes versées aux ouvriers et à l'assurance.

741. Une personne a deux paiements à effectuer ; l'un de 3.708 francs au bout de 8 mois ; l'autre de 7.470 francs au bout de 10 mois. Elle voudrait s'acquitter au moyen d'un billet unique de 11.043 francs.

On demande au bout de combien de temps ce billet doit être payable. L'escompte étant rationnel (ou en dedans) et au taux de 4,5 0/0.

Vérifier le résultat obtenu.

742. Quatre pompes A, B, C, D, sont disposées de manière à pouvoir épuiser une citerne parallélipipédique complètement remplie d'eau.

Si on les faisait fonctionner ensemble toutes les quatre, la citerne serait vidée en 14 heures. D'autre part, la pompe A fonctionnant seule l'aurait vidée en 84 heures ; la pompe B fonctionnant seule en 21 heures de moins et la pompe C en 33 h. 36 m. de moins que A. Enfin on sait que la pompe D tire par heure 90 litres de plus que A.

Trouver d'après ces données :
1° La capacité de la citerne ;
2° Le débit par heure de chaque pompe ;
3° Le temps que mettrait la pompe D pour épuiser la citerne ;
4° La surface de base de la citerne où la hauteur d'eau est 1 m. 20 (École normale).

PROBLÈMES DIVERS

743. Une roue dentée A, ayant 240 dents, engrène avec une deuxième A' qui a 180 dents et celle-ci avec une troisième C ayant 50 dents. Sachant que la roue A fait 300 tours à l'heure, on demande de calculer :

1° Combien la troisième roue C fait de tours en 20 minutes ;

2° Combien chacune des trois roues doit faire de tours pour occuper de nouveau, par rapport aux deux autres, la position qu'elle occupait au moment de la mise en marche.

744. Un train de chemin de fer part à midi d'un point A pour arriver à un point B. Un autre train part également à midi pour aller du point B au point A. Ces deux trains se rencontrent à 15 h. 30 dans une gare intermédiaire. On demande l'heure à laquelle chaque train arrivera à destination, sachant que le premier marche avec une vitesse moyenne de 60 kilomètres à l'heure et le second avec une vitesse moyenne de 50 kilomètres à l'heure.

745. Un cycliste et un automobiliste se dirigeant sur Reims partent de Charleville, le premier à 5 h. 45 m., le deuxième à 7 h. 10 m. L'automobile, dont la vitesse est le double de celle de la bicyclette, arrive à Rethel 10 minutes après la bicyclette.

1° A quelle heure l'automobiliste arrivera-t-il à Rethel, dont la distance à Charleville est de 50 kilomètres ?

2° Trouver la distance de Rethel à Reims, sachant que le cycliste s'arrête une heure à Rethel et arrive à 11 h. 9 m.

746. Un cycliste roule pendant 3 h. 20 m. puis prend le train, dont la vitesse égale les 5/3 de la sienne. Le voyage en train ayant duré 40 minutes et la distance totale étant de 80 kilomètres, quelle était la vitesse du cycliste ?

747. Deux piétons partent d'un même point, l'un à 6 h. 40 m., l'autre à 7 heures et demie et vont dans le même sens. Le premier fait 90 pas à la minute et le second 95. Mais tandis que 1.200 pas du premier représentent 1.020 mètres, 1.200 pas du second n'en représentent que 960. On demande d'après cela, de calculer à quelle heure les deux piétons seront distants de 3 km. 900 (Vérifier le résultat obtenu).

748. Un cavalier et un bicycliste se proposent d'aller de Melun à Paris. Le premier part 50 minutes avant le second et parcourt 10 kilomètres à l'heure. Le bicycliste qui fait 12 kilomètres à l'heure, arrive 5 minutes après le cavalier. On demande quelle est la distance entre ces deux villes.

749. Deux personnes partent ensemble d'un même point sur une piste fermée dont la longueur est de 6 kilomètres. L'une, A, fait 1 kilomètre en 15 minutes ; l'autre, B, 1 kilomètre en 10 minutes. Au bout de combien de temps se retrouveront-elles ensemble ? Quel chemin auront-elles parcouru ? A quelle distance seront-elles du point de départ ?

On considérera : 1° le cas où les deux personnes vont dans le même sens ; 2° le cas où elles vont en sens contraire.

750. Une voiture part d'un certain endroit avec une vitesse de 12 kilomètres à l'heure ; 1 h. 45 m. après, un piéton et un cycliste partent du même endroit et dans la même direction en marchant respectivement à des vitesses de 6 kilomètres et de 18 kilomètres à l'heure. Dès que le cycliste a rejoint la voiture, il rebrousse chemin et se porte à la rencontre du piéton. On demande à quelle distance du point de départ commun se fera la rencontre.

751. Deux trains animés d'une vitesse uniforme parcourent en sens inverse la distance qui sépare deux stations A et B. S'ils partaient en même temps de A et de B, ils se croiseraient en un point situé à 15 km. 6 de B et à 10 km. 4 de A. Pour qu'ils se croisent exactement au milieu de AB, il faudrait que le départ du train qui part de A eût lieu 6 minutes avant le départ du train de B. Quelle est la vitesse de ces deux trains ? Vérifier le résultat obtenu.

752. Un lingot d'argent dont le titre est $\dfrac{950}{1.000}$ pèse 8 kilogrammes ; un autre lingot au titre de $\frac{800}{1.000}$ pèse 2 kilogrammes. Quel poids de cuivre faudrait-il fondre avec ces deux lingots pour avoir un alliage de $\frac{900}{1.000}$? Combien pourrait-on faire de pièces de 5 francs avec le lingot ainsi obtenu ?

753. On a placé à des taux différents 3 sommes : 3.600 fr. 3.200 fr., 3.000 francs pendant 18 mois. L'intérêt a été le même pour chaque somme. De plus, le total des 3 sommes avec leurs intérêts est de 10.286 francs. Quel était le taux de chaque placement ?

Vérifier le résultat obtenu.

754. Dans un vase à demi rempli d'eau, on plonge un corps dont la densité est 4, ce qui a pour effet d'emplir les 2/3 de ce vase. Le poids du contenu est 8 kgr. 400. Quelle est la contenance totale du vase et le poids du corps immergé ?

755. Une fermière porte des œufs au marché. Une première fois, elle vend le 1/4 de ses œufs plus 9 œufs ; une 2ᵉ fois, elle vend le 1/2 du reste plus 6 œufs ; une 3ᵉ fois, elle vend les 5/6 du reste plus 5 œufs ; elle a alors fini sa vente. Combien avait-elle d'œufs ?

Vérifier le résultat obtenu.

756. Une personne place un certain capital à intérêts simples au taux de 3 0/0. Deux ans après, elle place encore 1.000 francs à 4,5 0/0. Enfin 8 mois plus tard, elle retire la totalité des capitaux et des intérêts. La somme reçue est formée d'or et d'argent pesant au total 6 kgr. 875 et telle que le poids de l'or est les 24/31 du poids de l'argent. On demande quelle était la somme primitivement placée.

Vérifier le résultat obtenu.

GÉOMÉTRIE USUELLE

GÉOMÉTRIE USUELLE

CHAPITRE PREMIER

1. On appelle **volume** toute portion limitée de l'espace.

Ainsi, votre salle de classe est un volume, si l'on ne considère que la masse d'air limitée par les murs; l'eau d'un réservoir est un volume limité par les parois du réservoir, etc.

2. Une **surface** est la figure qui limite un volume.

Dans la salle de classe, le volume d'air a pour limite les murs, le plancher, le plafond; ces murs, ce plancher, ce plafond sont des surfaces. La face interne de la plaque de zinc qui forme le réservoir contenant et limitant l'eau est encore une surface, etc.

3. Une *surface plane* ou un **plan** est une surface telle que si l'on y prend 2 points et qu'on les joigne par un fil tendu, ce fil touche en tous ses points à la surface.

Les murs de la classe sont des plans. Les parois du réservoir sont des surfaces courbes.

4. Lorsque 2 surfaces se coupent, elles forment à leur rencontre une **ligne**. Une ligne est donc la figure formée par l'intersection de 2 surfaces.

Ainsi dans la classe, la rencontre de la surface A avec la surface B fournit une ligne CD.

On peut dire également qu'une *ligne est la limite* d'une surface.

Ainsi pour figurer sur le tableau noir une surface quelconque, je la limiterai par des traits marqués à la craie. Ces traits sont des lignes.

5. Une ligne n'a qu'une seule dimension, *la longueur*.

La largeur, qu'on se trouve obligé de lui donner sur le tableau pour la représenter, ne compte pour rien en géométrie, et quand nous la traçons, nous devons nous efforcer de la faire aussi fine que possible.

6. *Un* **point** *est l'intersection de 2 lignes*.

L'endroit C où les 2 lignes AB, DE se coupent est un point.

On peut également dire que *le point est l'extrémité d'une ligne*.

Un point n'a aucune dimension.

Quand on nous demande de fixer un point sur le tableau ou sur le papier, nous ne devons donc pas faire une grosse tache blanche ou noire, mais faire se couper deux petites lignes.

7. Il y a 2 espèces de lignes : la ligne *droite* et la ligne *courbe*.

8. La **ligne droite** *est la ligne qui va d'un point à un autre par le chemin le plus court*.

C'est la figure que formerait un fil tendu entre A et B.

Une droite est parfaitement déterminée quant à sa direction, quand on connaît 2 points de cette droite, car *il n'y a qu'une seule droite qui puisse passer par 2 points donnés*.

En effet, un champ est parfaitement limité quand on a placé une borne à chaque extrémité des côtés qui limitent le champ. Il l'est aussi bien que si un fil de fer était tendu entre chacun des coins A. B. C. D. E. du champ.

FIGURES COMPOSÉES DE LIGNES DROITES

9. *Une* **ligne brisée** *est formée de portions de lignes droites.* On l'appelle encore *ligne polygonale :* soit A B C D.

10. *Une* ligne *courbe* est une ligne qui n'est ni droite ni brisée.

Telle est une corde non tendue fixée en deux points, une circonférence qu'on décrit avec un compas, une spirale, etc.

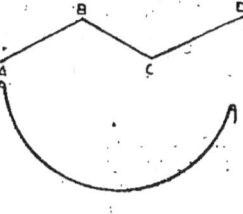

FIGURES COMPOSÉES DE LIGNES DROITES

11. Un **angle** est une figure composée de 2 droites partant d'un même point. Ainsi BAC.

Les droites AB, AC, qui composent l'angle sont ses *côtés ;* le point de rencontre A des côtés est le *sommet* de l'angle.

Pour désigner un angle on emploie 3 lettres : une sur chacun des côtés, la 3ᵉ au sommet. Pour nommer un angle, on nomme chacune de ses lettres en plaçant celle du sommet au milieu : soit BAC ou CAB.

12. *La grandeur d'un angle ne dépend que de l'écartement entre ses côtés, et nullement de la longueur de ses côtés.*

L'angle n'est donc qu'une amorce de directions. Ainsi des deux angles BAC, DEF, le plus grand est BAC, malgré ses petits côtés.

13. On dit que 2 *angles sont égaux* lorsqu'en faisant coïncider leurs sommets et un de leurs côtés, les deuxièmes côtés coïncident et suivent la même direction.

Ainsi, soient les 3 angles ABC, A'B'C', A"B"C". Transportons A'B'C' et plaçons-le sur ABC en mettant B' en B, et C' quelque part sur BC ; si

304   FIGURES COMPOSÉES DE LIGNES DROITES

B′A′ s'applique sur BA, nous dirons que l'angle $\widehat{A'B'C'} = \widehat{ABC}$. Mais, si après avoir placé B″ de A″B″C″ en B, et B″ C″ sur BC, B″ A″ suit une autre direction que BA, les 2 angles sont inégaux. Si A″ B″ tombe en dehors de AB, nous dirons :

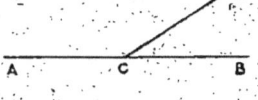

Si B″ A″ était à l'intérieur de l'angle, on eût dit :

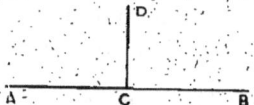

14. *Deux angles sont dits* **adjacents** *lorsqu'ils ont le même sommet, un côté commun, et qu'ils sont situés de part et d'autre de ce côté commun.*

Les angles ACD, BCD, sont adjacents parce qu'ils ont le même sommet C, un même côté CD appartenant à eux deux, et qu'ils sont situés, l'un à gauche, l'autre à droite de ce côté commun.

15. On dit qu'une droite est **perpendiculaire** sur une autre lorsqu'elle forme avec cette autre 2 angles adjacents égaux.

Ainsi la droite CD sera perpendiculaire sur AB si
$\widehat{ACD} = \widehat{DCB}$

Se souvenir que le mot *perpendiculaire* tout seul ne veut rien dire; une droite n'est pas perpendiculaire : elle est perpendiculaire par rapport à une autre.

16. *Une droite est* **oblique** *par rapport à une autre lorsqu'elle forme avec cette autre 2 angles adjacents inégaux.*

La droite DE sera oblique par rapport à AC si les deux angles ADE, EDC sont inégaux. Nous voyons qu'une même droite DE oblique à AC peut être perpendiculaire sur GH.

1. Ce signe $>$ signifie plus grand que; et $<$ plus petit que. Pour écrire un angle, on coiffe les lettres d'un angle : $\widehat{ABC}$.

ANGLES

17. Si d'un point C pris en dehors de AB, on abaisse sur cette droite une perpendiculaire CD et différentes obliques CE, CE', etc., on démontre que la perpendiculaire est plus courte que toute oblique, et que plus le pied E de l'oblique est loin du pied D de la perpendiculaire, plus l'oblique est longue.

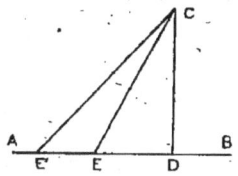

Quand on parle de distance d'un point C à une droite AB, c'est toujours de la plus courte distance qu'il s'agit, de la perpendiculaire abaissée de ce point sur la droite.

18. Un angle est **droit** quand un de ses côtés est perpendiculaire sur l'autre : soit MPN.

19. Un angle est **aigu** lorsqu'il est plus petit qu'un angle droit : soit ABC.

20. Un angle est **obtus** lorsqu'il est plus grand qu'un angle droit : DEF.

21. Deux angles sont **opposés par le sommet**, lorsque les côtés de l'un sont les prolongements des côtés de l'autre.

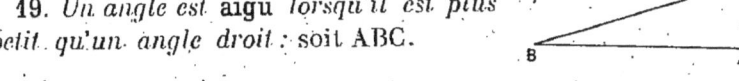

Ainsi A E D et C E B sont opposés par le sommet si E C est le prolongement de E D et si E B est le prolongement de A E.

On démontre que 2 angles opposés par le sommet sont égaux.

22. On dit que des angles sont **complémentaires**, lorsque leur somme égale un angle droit.

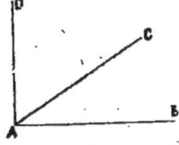

Les angles B A C, C A D seront complémentaires si B A C + C A D = 1 angle droit.

On dit dans ce cas que CAD est le *complément* de BAC.

23. *Des angles sont* **supplémentaires,** *lorsque leur somme égale 2 angles droits.*

Les angles BCD, DCE, ECA seront supplémentaires, si BCD + DCE + ECA = 2 angles droits.

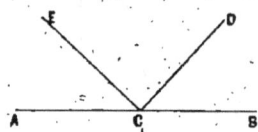

24. On dit que ECA est le supplément de ECB, si, ajouté à ECB, il forme 2 angles droits.

25. *Une droite est bissectrice d'un angle lorsque, partant de son sommet, elle divise l'angle en 2 parties égales.*

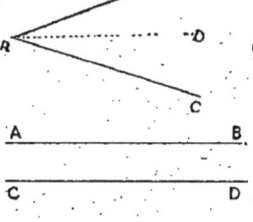

BD sera bissectrice de l'angle ABC si les 2 angles ABD, DBC sont égaux.

26. *Deux droites sont* **parallèles** *lorsque, situées dans le même plan et prolongées indéfiniment, elles ne peuvent pas se rencontrer :* soient AB et CD.

Des parallèles sont partout également distantes.

CHAPITRE II

POLYGONES

27. Un **polygone** *est une surface plane limitée par des lignes droites.*

Ces lignes AB, BC... EA qui limitent le polygone sont *ses côtés*; leurs points de rencontre sont ses *sommets*.

La somme des côtés d'un polygone est son *périmètre*. Le périmètre du polygone ABCDE est AB + BC + CD + DE + EA.

28. Un polygone de 3 *côtés* s'appelle *triangle.*
—   4 *côtés* — *quadrilatère.*
—   5 *côtés* — *pentagone.*
—   6 *côtés* — *hexagone*, etc.

29. Un **triangle** *est donc une surface terminée par trois droites qui se coupent 2 à 2:* soit ABC.

Dans tout triangle, il est facile de voir qu'un côté est plus petit que la somme des deux autres : AB $<$ AC + CB.
Car AB est une ligne droite et AC + CB une ligne brisée aboutissant aux extrémités de la droite; or la ligne droite est le plus court chemin d'un point à un autre, donc AB $<$ AC + CB.

30. *Un triangle est* **équilatéral,** *s'il a ses 3 côtés égaux* : ABC. Dans ce cas il est également *équiangle*, c'est-à-dire qu'il a ses 3 angles égaux.

31. *Un triangle est* **isocèle,** *s'il a 2 côtés égaux* : DEF ; les côtés égaux sont ED, DF. Ce triangle a 2 angles égaux : DEF, DFE, ceux qui touchent au côté inégal EF.

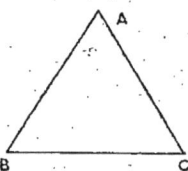  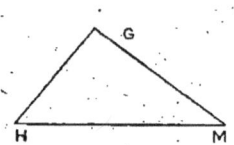

32. *Un triangle* **scalène** *est celui qui a ses trois côtés inégaux* : soit GHM. Ce triangle a ses 3 angles inégaux.

33. *Un triangle* **rectangle** *est un triangle qui a un angle droit.* Si l'angle B du triangle BAC est droit, le triangle est rectangle. On appelle *hypoténuse* le côté AC opposé à l'angle droit dans un triangle rectangle.

Un triangle rectangle peut être isocèle, scalène, mais jamais équilatéral : l'hypoténuse est toujours plus grande que l'un quelconque des 2 autres côtés de l'angle droit.

34. On appelle **hauteur** d'un triangle la perpendiculaire abaissée d'un de ses sommets quelconques sur le côté opposé qui prend alors le nom de *base*.

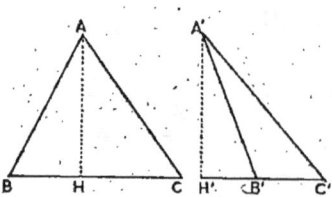

La hauteur est donc la plus courte distance d'un sommet au côté opposé.

Elle ne tombe pas toujours à l'intérieur du triangle, ainsi A'H' dans le triangle A'B'C'.

QUADRILATÈRES

35. La **médiane** d'un triangle est la droite qui joint un de ses sommets au milieu du côté opposé :

Soit AM dans le triangle ADG.
On voit que dans un triangle isocèle CDE la médiane CM est à la fois hauteur du triangle et bissectrice de l'angle DCE.

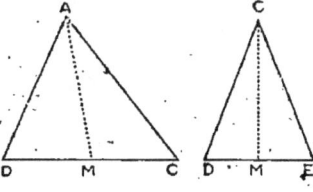

36. Quadrilatères. — *Un quadrilatère est une surface terminée par 4 côtés* : ABCD.

Il existe 2 espèces particulières de quadrilatères : les **parallélogrammes** et le **trapèze**.

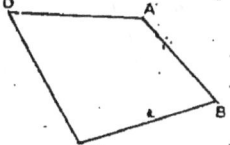

37. *Les* **parallélogrammes** *sont des quadrilatères dont les côtés opposés sont parallèles deux à deux* : ABCD.

38. Il existe plusieurs espèces de parallélogrammes : le *rectangle*, le *carré* et le *losange*.

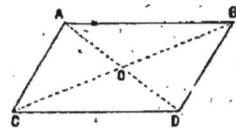   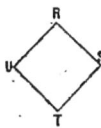

39. *Le* **rectangle** *est un parallélogramme dont les angles sont droits* : EFGH.

40. *Le* **carré** *est un rectangle dont tous les côtés sont égaux* : MNOP.

41. *Le* **losange** *est un parallélogramme dont les côtés sont tous égaux entre eux* : RSTU.

Nous voyons qu'un carré et un rectangle se ressemblent en ce qu'ils ont chacun 4 angles droits, mais qu'ils diffèrent l'un de l'autre en ce que le carré a tous ses côtés égaux et que le rectangle n'a que ses côtés opposés égaux.

Le carré et le losange se ressemblent en ce qu'ils ont tous deux tous leurs côtés égaux, mais ils diffèrent en ce que le carré a ses angles droits et que le losange a 2 angles aigus et 2 obtus.

42. On appelle **diagonale** d'un polygone la droite qui joint 2 sommets non consécutifs de ce polygone.

Dans le parallélogramme ABCD, les 2 diagonales sont AD et BC.

Dans un parallélogramme quelconque, les diagonales se coupent en parties égales : AO = OD et BO = CO.

Dans un rectangle, les diagonales sont égales.

Dans un carré, les diagonales sont égales et perpendiculaires entre elles.

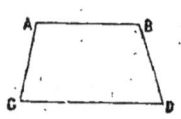

Dans un losange, les diagonales sont perpendiculaires entre elles.

43. *Le trapèze est un quadrilatère qui n'a que 2 côtés opposés parallèles mais inégaux.* Ces côtés parallèles AB, CD, sont dits les *bases* du trapèze.

POLYGONES RÉGULIERS

44. Un **polygone régulier** *est un polygone dont tous les côtés et les angles sont égaux entre eux.*

45. Le polygone régulier de 3 côtés est le triangle *équilatéral*; celui de 4 côtés est le *carré*. Les autres n'ont pas de noms particuliers : ils sont dits pentagones, hexagones, etc., réguliers.

46. Le polygone régulier dont le nombre des côtés est infiniment grand et dont les côtés sont infiniment petits est un **cercle**; le périmètre de ce cercle est une **circonférence**.

47. On dit encore *qu'une circonférence est une ligne courbe dont tous les points sont à égale distance d'un point intérieur à la courbe appelé centre.*

POLYGONES RÉGULIERS 341

48. *Un* cercle *est une surface qui a pour limite une circonférence.*

49. On appelle **rayon** *toute droite qui joint le centre à un point quelconque de la circonférence :* OA.

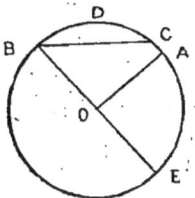

En vertu de la définition de la circonférence, tous les rayons d'un même cercle sont égaux.

50. Un **arc** *de cercle est une portion de circonférence :* soit BDC.

51. Une **corde** *est la droite* BC *qui joint les deux extrémités d'un arc.*

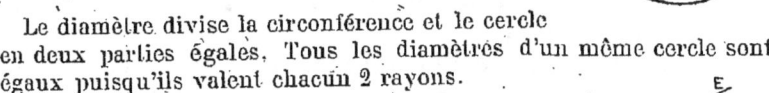

52. Le **diamètre** est la plus grande corde d'un cercle, celle qui passe par le centre : soit BE.

Le diamètre divise la circonférence et le cercle en deux parties égales. Tous les diamètres d'un même cercle sont égaux puisqu'ils valent chacun 2 rayons.

53. *Une* **sécante** *est une droite qui traverse une circonférence, la touchant en 2 points :* DE.

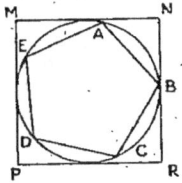

54. *Une droite est* **tangente** *à une circonférence lorsqu'elle ne touche la circonférence qu'en un seul point :* soit MN n'ayant que le seul point P de commun avec la circonférence.

55. Un polygone est dit **inscrit** dans une circonférence quand tous ses sommets sont situés sur la circonférence : soit ABCDE.

56. Un polygone est **circonscrit** à un cercle quand tous ses côtés sont des tangentes à la circonférence : soit MNRP.

57. Tout *polygone régulier peut être inscrit* dans une circonférence et lui être *circonscrit*. Alors on appelle *centre d'un polygone régulier* le centre de la circonférence qui circonscrit ce polygone.

58. L'**apothème** d'un polygone régulier est la perpendiculaire abaissée de son centre sur l'un quelconque de ses côtés : soit OR l'apothème de l'hexagone régulier.

59. Un **secteur** *est la portion de cercle limitée par 2 rayons*. Ainsi le secteur ABO.

60. Un **segment** *est la portion de cercle comprise entre un arc et sa corde* : soit CDE. Le segment est un demi-cercle lorsque la corde est le diamètre.

MESURE DES ANGLES

61. On appelle **angle au centre** un angle ayant son sommet au centre d'une circonférence et dont les côtés sont des rayons : soit l'angle AOB.

62. Un **angle inscrit** a son sommet sur une circonférence et pour côtés des cordes : soit DCE.

63. Pour indiquer *la grandeur d'un arc* on n'emploie pas habituellement le mètre ou ses sous-multiples; on emploie des degrés. On suppose en effet que toute circonférence est divisée en 360 parties égales ou **degrés** ayant pour sous-multiples la **minute** ou soixantième partie du degré, et la **seconde** ou soixantième partie de la minute.

Lorsqu'on dit qu'un arc AB a 70 degrés, cela signifie qu'il contient 70 fois la 360e partie de la longueur de la circonférence à laquelle il appartient.

On voit alors que le degré a une longueur variable : il est

grand dans une circonférence de grand rayon; petit dans une circonférence de petit rayon; mais de même grandeur pour toutes les circonférences de même rayon.

64. Comme les arcs, *les angles se mesurent à l'aide de degrés.* Pour évaluer la grandeur d'un angle, on décrit une circonférence de son sommet pour centre et avec un rayon quelconque, et l'on dira que l'angle contient autant de degrés que l'arc de cette circonférence limité par les côtés de l'angle.

Ainsi l'on dira que l'angle BOC est un angle de 40 degrés si l'arc de cercle décrit de son sommet comme centre et limité par les côtés OB, OC de cet angle mesure 40 degrés.

Comme l'angle BOC est un angle au centre, on en conclut que *tout angle au centre a même mesure que l'arc compris entre ses côtés.*

65. Si dans une circonférence on mène 2 diamètres perpendiculaires, ils diviseront la circonférence en 4 parties égales et formeront au centre 4 angles droits. Chacun de ceux-ci aura donc pour mesure $\dfrac{360}{4}$ degrés = 90 degrés. On peut donc dire qu'un *angle droit* est un angle qui mesure 90 *degrés.*

66. Pour mesurer un angle sans décrire effectivement une circonférence de son sommet comme centre, on prend un demi-cercle en corne ou en cuivre dont la circonférence est graduée; on place le centre de ce cercle au sommet de l'angle, le diamètre sur 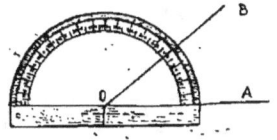 un des côtés, et l'on lit le nombre de degrés par où passe le deuxième côté de l'angle; ce nombre fournit la mesure de l'angle. L'appareil qui vient de nous servir pour cette mesure s'appelle un *rapporteur.*

CHAPITRE III

MESURE DES SURFACES

67. On appelle *unité de surface le carré construit sur l'unité de longueur*. Si nous prenons le mètre pour unité de longueur, le mètre carré sera l'unité de surface.

Trouver la surface d'une figure ou l'*aire* d'une surface, c'est trouver combien cette surface contient d'unités de surface.

68. On dit que des surfaces sont *équivalentes* lorsqu'elles ont la même surface sans avoir nécessairement même forme.

69. Des surfaces sont *égales* lorsque, ayant même aire, elles ont aussi la même forme. Des surfaces égales coïncident dans toute leur étendue lorsqu'on les superpose.

Ainsi un cercle peut être équivalent à un carré, il ne peut pas lui être égal.

70. *L'aire d'un rectangle est égale au produit de sa base par sa hauteur*.

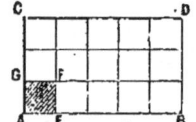

Soit le rectangle ABCD dont la base mesure 5 mètres et la hauteur 3 mètres; par chaque extrémité des mètres de la base et de la hauteur j'élève des perpendiculaires aux côtés respectifs. Je décompose ainsi le rectangle en carrés qui sont chacun l'unité de surface puisqu'ils sont construits sur l'unité de longueur. Connaître leur nombre, c'est donc connaître la surface du rectangle.

Or sur la base AB nous en comptons 5, autant que d'unités de longueur et cette tranche se trouve répétée 3 fois, autant que de mètres dans la hauteur AC. Donc la surface du rectangle est

$$5 \text{ m}^2 \times 3 = 15 \text{ m}^2.$$

71. L'aire d'un parallélogramme quelconque est égale au produit de sa base par sa hauteur.

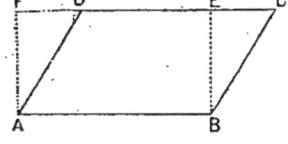

Si par les sommets A, B, de la base j'élève les hauteurs BE, AF (perpendiculaire sur DC), je formerai, en prolongeant CD, un rectangle ABEF équivalent au parallélogramme ABCD. (La géométrie raisonnée démontre que le triangle AFD ajouté égale le triangle BCE retranché au parallélogramme).

Comme ce rectangle a pour surface :

$$AB \times BE$$

le parallélogramme qui lui est équivalent aura même surface,

$$AB \times BE$$

base et hauteur du parallélogramme.

72. Comme, dans un *carré*, la base égale la hauteur, on dira que sa **surface est égale au carré de son côté**.

Si son côté a 8 mètres, sa surface sera $8^2 = 64$ mètres carrés.

73. L'aire d'un losange est égale à la moitié du produit de ses deux diagonales.

Si par les sommets B et D, je mène deux parallèles à la grande diagonale, et par les sommets A et C deux parallèles à la petite diagonale, j'obtiens un rectangle de surface double du losange donné. Or la surface de rectangle est $AC \times BD$, d'où la surface du losange sera :

$$\frac{AC \times BD}{2}$$

74. L'aire d'un triangle est égale à la moitié du produit de sa base par sa hauteur.

Si par les points A et C du triangle ABC, je mène des parallèles aux côtés opposés, j'obtiens le parallélogramme ABCD dont la surface égale le double du triangle ABC.

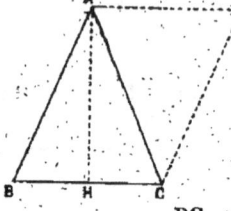

Or le parallélogramme ABCD a pour surface

$$BC \times AH$$

donc sa moitié, le triangle ABC, aura pour surface :

$$\frac{BC \times AH}{2}$$

ou : $\quad \frac{BC}{2} \times AH \quad$ ou $\quad BC \times \frac{AH}{2}$.

75. L'aire d'un trapèze est égale au produit de la demi-somme de ses bases par sa hauteur.

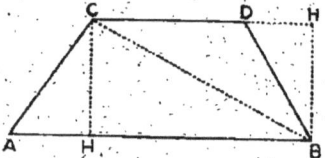

La diagonale BC du trapèze ABCD divise sa surface en 2 triangles ABC et BCD.

Or, surf. ABC $= \frac{AB}{2} \times CH$.

Surf. BCD $= \frac{CD}{2} \times BH'$,

mais BH' = CH : ces 2 lignes sont la distance entre les 2 bases.

Donc : $\quad$ surf. ABCD $= \frac{AB}{2} \times CH + \frac{CD}{2} \times CH$

ou : $\quad$ surf. ABCD $= \frac{AB + CD}{2} \times CH$.

76. Pour trouver l'aire d'un polygone quelconque, on le décompose en figures qu'on sait mesurer.

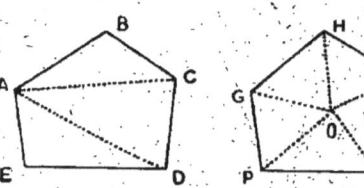

On peut faire cette décomposition de diverses façons, soit comme en ABCDE, en joignant un sommet A à tous les autres non consécutifs ; soit comme pour GHMNP, en joignant un point quelconque pris à l'intérieur à tous les sommets. Dans ces 2 cas, la somme des aires des triangles fournit l'aire des polygones. Lorsque le polygone est tracé sur le terrain, on emploie généralement la méthode suivante : on jalonne la plus grande diagonale AE, et de chacun des sommets du polygone, on abaisse (à l'aide de l'équerre d'arpenteur) des perpendiculaires sur cette diagonale. Le polygone se trouve ainsi décomposé en triangles rectangles et en trapèzes dont la somme fournit l'aire du polygone irrégulier.

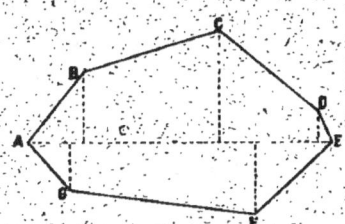

77. L'aire d'un polygone régulier est égale au produit de son périmètre par la moitié de son apothème.

Si je joins le centre du polygone régulier à chacun de ses sommets, je le décompose en autant de triangles égaux qu'il a de côtés. Un de ces triangles, AOB par exemple, a pour surface :

$$AB \times \frac{OH}{2}$$

les 6 triangles égaux qui forment le polygone régulier ont pour surface totale :

$$6 AB \times \frac{OH}{2}$$

mais 6 AB est le périmètre, OH est l'apothème ; donc :

$$\text{surf. polygone régulier} = \text{périmètre} \times \frac{OH}{2}.$$

78. L'aire d'un cercle est égale au produit de sa circonférence par la moitié de son rayon.

Nous avons dit qu'un cercle pouvait être considéré comme la limite d'un polygone régulier d'un nombre infini de côtés, les côtés étant infiniment petits. Le périmètre de ce polygone-limite est sa circonférence ; son apothème devient le rayon ;

donc $\quad$ surf. du cercle = circonférence $\times \dfrac{\text{Rayon}}{2}$

79. Le calcul a montré que toute circonférence est 3 fois plus grande (3,1416...) que son diamètre ; il sera donc possible de trouver la longueur d'une circonférence dont on connaît le rayon ; il suffira de doubler le rayon puis de multiplier ce nombre par 3,1416 qu'on désigne par la lettre grecque π (pi) dans les formules ; alors :

La longueur de toute circonférence de rayon R égale :

$$2 \times \pi \times R$$

En reprenant l'expression précédente de la surface du cercle.

$$Surface\ cercle = circonférence \times \frac{R}{2}$$

Si dans cette égalité, je remplace circonférence par sa valeur en fonction du rayon : $2 \times \pi \times R$, elle deviendra :

$$Surf.\ cercle = 2 \times \pi \times R \times \frac{R}{2} = \frac{2 \times \pi \times R^2}{2} = \pi \times R^2$$

La surface d'un cercle est donc égale au carré de son rayon multiplié par 3,1416.

80. **L'aire d'un secteur est égale au produit de la longueur de son arc par la moitié de son rayon.**

Si je considère ACB comme un triangle dont la base est courbe, j'obtiendrai sa surface comme celle du triangle ; sa base est l'arc AB et sa hauteur le rayon.

$$Surf.\text{-}secteur = Arc\ AB \times \frac{R}{2}$$

Mais les arcs sont exprimés en degrés, et pour la mesure d'une surface, les dimensions doivent être exprimées en mètres ou en sous-multiples de mètre. On devra donc convertir le nombre de degrés en mètres.

Soit à trouver la surface d'un secteur ayant 40 degrés d'arc de base dans un cercle de 3 mètres de rayon.

La circonférence entière ou 360 degrés de cette circonférence a pour longueur :

$$2 \times \pi \times R = 2 \times 3{,}1416 \times 3 = 18\ m.\ 8496$$

360 degrés ont une longueur de 18 m. 8496 ; 40 degrés auront :

$$\frac{18{,}8496 \times 40}{360} = 2\ m.\ 0944.$$

L'arc de base a pour mesure 2 m. 0943.

$$\text{Surf. secteur} = \frac{2.0943 \times 3}{2} = 3 \text{ m}^2.1416$$

81. Le *segment* AMB a pour surface la surface du secteur AMBO moins celle du triangle AOB.

Pour la résolution de problèmes intéressants de surfaces il est utile de connaître une importante propriété du triangle rectangle, que la géométrie démontre et que nous allons vérifier. Cette propriété est la suivante :

82. Le carré de l'hypoténuse d'un triangle rectangle est égal à la somme des carrés des deux autres côtés du triangle.

On démontre que $AC^2 = AB^2 + BC^2$.

Nous allons vérifier que le carré construit sur l'hypoténuse AC est équivalent à la somme des carrés construits sur les 2 autres.

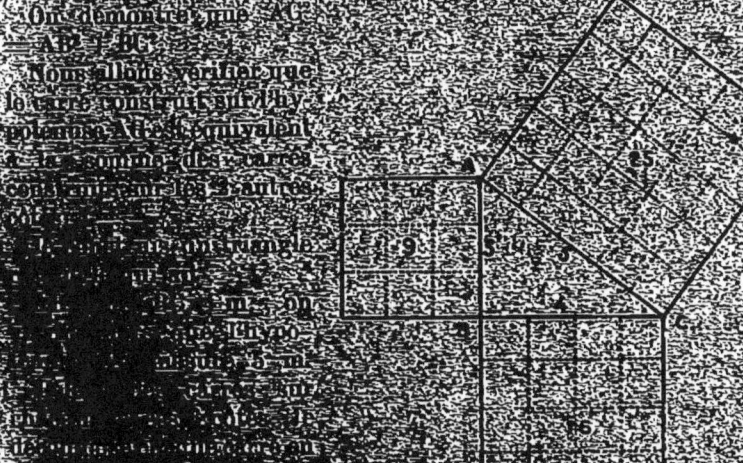

Cette propriété nous permet de calculer un côté quelconque d'un triangle rectangle connaissant les 2 autres.

On énonce à mesure comme il suit le théorème suivant :

83. Théorème. — *Si du sommet de l'angle droit d'un triangle rectangle, on abaisse une perpendiculaire sur l'hypoténuse :*

1° Chaque côté de l'angle droit est moyenne proportionnelle entre l'hypoténuse entière et le segment adjacent;

2° La perpendiculaire est moyenne proportionnelle entre les deux segments de l'hypoténuse.

Ainsi dans le triangle rectangle ABC, on écrira :

$$1° \begin{cases} AB^2 = BC \times BH, \\ AC^2 = BC \times CH. \end{cases}$$
$$2° \quad AH^2 = BH \times CH.$$

84. Application. — *Du sommet de l'angle droit A du triangle rectangle ABC on abaisse la perpendiculaire AH sur l'hypoténuse. Cette perpendiculaire donne* $BH = 1,8$; $CH = 3,2$; *calculer* AH, AB, AC.

Solution :

En vertu de l'égalité (2°) :

$$AH^2 = 1,8 \times 3,2 = 5,76.$$
$$AH = \sqrt{5,76} = 2,4.$$

En vertu de l'égalité (1°) :

$$AB^2 = 1,8 + 3,2 \times 1,8.$$
$$AB^2 = 5 \times 1,8 = 9.$$
$$AB = \sqrt{9} = 3.$$

De même
$$AC^2 = 5 \times 3,2 = 16.$$
$$AC = \sqrt{16} = 4.$$

Les côtés demandés sont :

$$AH = 2,4 \ ; \ AB = 3 \ ; \ AC = 4.$$

L'égalité (3°) pourrait nous servir de vérification ; nous devons avoir en effet :

$$BC^2 = AB^2 + AC^2.$$
$$5^2 = 3^2 + 4^2.$$

Égalité qui se vérifie bien, car :

$$25 = 9 + 16.$$

A l'aide de l'égalité (3°) on voit la possibilité de calculer un côté quelconque d'un triangle rectangle connaissant les deux autres. Si l'hypoténuse est l'inconnue, on applique directement la formule (3°); si c'est un des côtés de l'angle droit qui est inconnu, de l'égalité (3°) :

on tire
$$AB^2 + AC^2 = BC^2$$
$$AB^2 = BC^2 - AC^2$$

qu'on exprime en disant :

85. Le carré d'un côté de l'angle droit d'un triangle rectangle est égal au carré de l'hypoténuse moins le carré de l'autre côté.

Ainsi dans l'exemple précédent :

$$AB^2 = 5^2 - 4^2$$
$$AB^2 = 25 - 16 = 9$$
$$AB = \sqrt{9} = 3$$

BRÉMANT. — Math. Brevet.

CHAPITRE IV

MESURE DES VOLUMES

86. Dans ce chapitre, nous allons parler de figures ayant une épaisseur ; possédant par conséquent les 3 dimensions : *longueur*, *largeur* et *épaisseur*, c'est-à-dire de **volumes**.

87. Nous rappellerons qu'un **volume** est une portion limitée de l'espace ; qu'il est séparé du reste de l'espace par des surfaces qu'on appelle **faces** du volume ; les côtés de ces surfaces sont les **arêtes** du volume.

88. *Un* **polyèdre** *est un volume terminé en tous sens par des plans* ; ses faces sont des polygones quelconques.

Les principaux polyèdres sont le *prisme* et la *pyramide*.

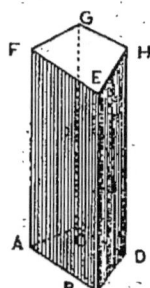

89. *Un* **prisme** *est un polyèdre qui a 2 faces égales unies par des parallélogrammes* : soit ABCDEFGH.

On appelle *bases* du prisme les 2 faces égales et parallèles : ABCD et EFGH ; les autres faces sont ses *faces latérales* ABEF ; BDEH, etc.

La *hauteur* d'un prisme est la perpendiculaire abaissée d'un point quelconque de la base supérieure sur le plan de la base inférieure.

90. Un prisme est *triangulaire*, *quadrangulaire*, *pentagonal*,

PARALLÉLIPIPÈDE. PYRAMIDE

hexagonal, etc., selon que ses bases sont des *triangles, des quadrilatères, des pentagones, des hexagones*, etc.

91. Un prisme est *droit*, lorsque ses arêtes latérales sont perpendiculaires aux plans des bases : ABF. Dans le prisme droit les faces sont des rectangles.

92. Il est *oblique*, si ses arêtes sont obliques aux plans des bases : MNOS.

93. On appelle **parallélipipède** *un prisme dont les bases et les faces sont des parallélogrammes* : ABGH. Lorsque les bases du parallélipipède sont des rectangles, le volume est dit *parallélipipède rectangle*.

94. Le parallélipipède rectangle dont les six faces sont égales est appelé **cube** ou *hexaèdre régulier* : KLPR.

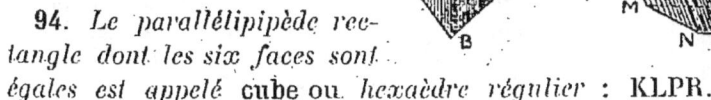

95. Une **pyramide** est un polyèdre qui a pour base unique un polygone ABCDE et pour faces, des triangles ayant tous le même sommet S et reposant chacun sur un des côtés du polygone de base.

Le sommet commun des triangles est le *sommet* de la pyramide.

96. Une pyramide est *triangulaire, quadrangulaire, hexagonale*, etc., suivant que sa base est un *triangle, un quadrilatère, un hexagone*, etc.

97. La *hauteur* d'une pyramide est la perpendiculaire abaissée du sommet de la pyramide sur le plan du polygone de base : SO.

98. L'*apothème* d'une pyramide est la perpendiculaire SM abaissée du sommet sur un des côtés du polygone de base. C'est la hauteur d'un des triangles de face.

99. On dit qu'une *pyramide est régulière* lorsque sa base est un polygone régulier et que sa hauteur tombe au centre du polygone de base.

100. Lorsqu'on coupe une pyramide par un plan qui rencontre toutes les faces, la portion de volume comprise entre ce plan et la base de la pyramide est un *tronc de pyramide* ou une *pyramide tronquée*.

101. Le **cylindre** *est le solide engendré par la révolution d'un rectangle tournant autour d'un de ses côtés.*

Si je fais tourner le rectangle ABCD autour de AB comme *axe*, les côtés AC, BD engendreront deux cercles qui seront les *bases* du cylindre ; CD engendrera une surface courbe limitant latéralement le cylindre ; cette droite CD engendrant la surface latérale est dite la *génératrice* du cylindre ; BD est son rayon de base.

102. Le cylindre est *droit*, lorsque ses génératrices sont perpendiculaires aux plans des bases. Il est *oblique* dans le cas contraire.

103. Le **cône** *est le volume engendré par la révolution d'un triangle rectangle tournant autour d'un de ses côtés de l'angle droit.*

Si je fais tourner le triangle rectangle SAB autour de SA pour axe, AB décrira le cercle de base ayant AB pour *rayon*, et la *génératrice* SB engendrera la surface latérale du cône. Le côté immobile SA, l'axe, est la *hauteur* du cône.

104. Un **tronc de cône** *est la portion de volume d'un cône comprise entre sa base et un plan parallèle à la base.*

SPHÈRE 325

On pourrait également dire que le tronc de cône est le solide engendré par la révolution du trapèze rectangle ABCD tournant autour de BC.

105. *Une* **sphère** *est le solide engendré par la révolution d'un demi-cercle tournant autour de son diamètre.*

Nous pouvons constater en effet, qu'en faisant tourner rapidement un demi-cercle en carton autour de son diamètre AB, l'œil percevra l'illusion d'un solide que nous appelons sphère.

Comme pour le cercle qui l'a engendrée, *tous les rayons de la même sphère sont égaux.*

106. Toutes les fois qu'on coupe une sphère par un plan quelconque, la forme de *la section est toujours un cercle*. Et ce cercle sera d'autant plus grand que le plan sécant sera plus près du centre. Quand ce plan passe par le centre, sa section est dite un *grand cercle* de la sphère.

107. L'*équateur* est un grand cercle terrestre ; de même chaque *méridien*.

108. Un plan est *tangent* à une sphère lorsqu'il n'a qu'un seul point commun avec elle.

109. Le plan est *sécant* quand il traverse la sphère de part en part.

110. Lorsqu'on coupe une sphère par 2 plans parallèles MN, M'N', *la portion de volume* de sphère comprise entre ces 2 plans est un **segment sphérique**. *La portion de surface* de cette sphère comprise entre ces 2 plans parallèles est une **zone**.

111. La portion de surface de sphère comprise entre un plan sécant et le reste de la surface de la sphère est une calotte sphérique ou *zone à une base*.

112. Le *secteur sphérique* est le volume OABC engendré par la révolution d'un secteur circulaire OAB tournant autour de son rayon OB. Une toupie ordinaire est un secteur sphérique.

SURFACES LATÉRALES ET VOLUMES DES SOLIDES

113. La *surface latérale* d'un solide est la somme des surfaces de ses faces latérales.

114. La surface du solide *est totale*, quand à la surface latérale on ajoute la surface des bases.

Nous avons appris au chapitre III à calculer les aires des principales surfaces employées, nous pourrons donc sans insister de nouveau trouver les surfaces des solides. Nous n'indiquerons ici que des simplifications à apporter à la disposition des calculs.

115. Surfaces latérales. — Pour trouver la surface latérale de ce *prisme droit* ABCGI, il suffit de faire la somme des 5 rectangles de face ayant tous même hauteur AF.

soit (AB × AF) + (BC × AF) + (CD × AF) + (DE × AF) + (AE × AF)

ou mettant AF en facteur commun :

(AB + BC + CD + DE + AE) × AF

qui s'énonce ainsi :

La surface latérale d'un prisme ou d'un parallélipipède s'obtient en multipliant son périmètre de base par sa hauteur.

Surf. prisme, parallélipipède $= p \times h$

116. Un *cylindre* peut être considéré comme un prisme dont les bases sont des polygones à côtés infiniment petits et infini-

CYLINDRE. PYRAMIDE

ment nombreux, dont le périmètre est par conséquent une circonférence ; alors :

Surf. latérale du cylindre $= 2 \times \pi \times R \times h$

117. Un raisonnement analogue à celui que nous avons fait pour le prisme nous montrerait que la surface latérale de la *pyramide droite* est égale à la somme de triangles ayant tous même hauteur, l'apothème de la pyramide, et ayant chacun pour base un des côtés du polygone de base. Donc :

Surf. latérale de la pyramide $= p \times \dfrac{a}{2}$

118. Le *cône* étant une pyramide dont le polygone de base est un cercle et dont l'apothème est la génératrice :

Surf. latérale du cône $= \dfrac{2 \times \pi \times R \times g}{2} = \pi \times R \times g$

119. La *surface d'une sphère* est égale à 4 fois la surface d'un grand cercle de cette sphère :

Surf. sphère $= 4 \times \pi \times R^2$

120. Volumes des solides. — Le volume d'un prisme ou d'un parallélipipède s'obtient en multipliant la surface de son polygone de base par sa hauteur :

Vol. prisme, parallélipipède $=$ Surf. $B \times h$

121. Le volume d'un cylindre est égal au produit de son cercle de base par sa hauteur :

Vol. cylindre $= \pi \times R^2 \times h$

122. Le volume d'une pyramide égale le produit de son polygone de base par le tiers de sa hauteur.

Vol. pyramide $=$ Surf. $B \times \dfrac{h}{3}$

123. De même pour le volume du cône :

Vol. cône $= \pi \times R^2 \times \dfrac{h}{3}$

124. Le volume d'un tronc de pyramide (ou d'un tronc de cône) est équivalent au volume de 3 pyramides ayant toutes trois pour hauteur la hauteur h du tronc, et pour bases, l'une la grande base A, l'autre la petite base b, et la troisième une moyenne proportionnelle entre les 2 bases $\sqrt{B \times b}$:

$$\text{Vol. tronc de pyramide ou de cône} = \frac{h}{3}(B + b + \sqrt{B \times b})$$

125. Le volume d'une *sphère* est égal à sa surface multipliée par le tiers de son rayon :

$$\text{Vol. sphère} = \frac{4 \times \pi \times R^2 \times R}{3} = \frac{4 \times \pi \times R^3}{3}$$

CHAPITRE V

CONSTRUCTIONS GRAPHIQUES

126. Pour exécuter les constructions simples suivantes on devra se prémunir d'une *règle plate*, d'une *équerre* à angle droit, d'*un compas* dont l'une des branches mobiles soit terminée par un crayon, et d'un *rapporteur* en corne ou en cuivre.

127. Par un point donné sur une droite donnée construire un angle égal à un angle donné.

1° A l'aide du compas. — Du point M, sommet de l'angle donné comme centre avec un rayon quelconque, je décris un arc NP limité aux côtés de l'angle ; du point C donné sur la droite AB, avec le même rayon je décris un arc DE ; je prends la longueur de NP que je reporte en DG ; je joins CG et l'angle GCB est l'angle demandé.

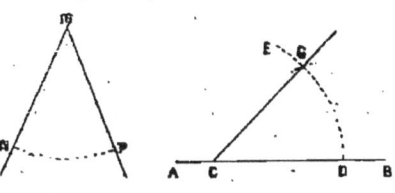

A l'aide du rapporteur. — Je place le centre du rapporteur en M, son rayon s'appliquant sur MN ; je lis le nombre par lequel passe MP, soit 30 degrés. Je place le centre du rapporteur en C, le diamètre suivant CB, et je joins le point C au 30ᵉ degré du rapporteur.

128. Construire un triangle connaissant un de ses angles et les 2 côtés qui comprennent cet angle. — Soit M l'angle et N, P, les côtés donnés.

Je prends une droite AB = N ; en A, je fais sur AB un angle égal à l'angle donné M ; sur le second côté de l'angle je porte AC = P ; joignant CB je trouve le triangle demandé.

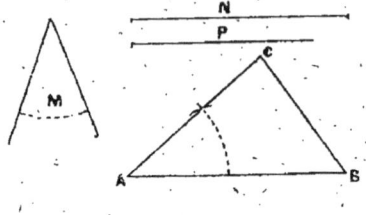

129. Construire un triangle connaissant ses trois côtés. — Soit M, N, P, les côtés donnés.

Je prends sur une droite une longueur AB = M ; de A comme centre avec la longueur N pour rayon je décris un arc de cercle ; de B pour centre avec P pour rayon je décris un autre arc qui coupe le premier en C ; je joins CA, CB et j'ai le triangle demandé.

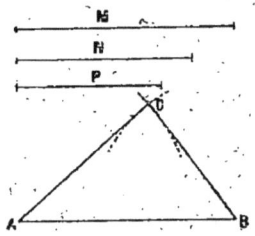

130. Par un point donné mener une perpendiculaire à une droite donnée. — 1° *Le point donné A est sur la droite BC.*

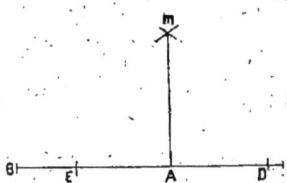

Je porte de chaque côté de A deux longueurs égales AD, AE. De D et de E comme centres avec le même rayon plus grand que AD je décris successivement des arcs de cercle qui se coupent en M ; joignant MA, j'ai la perpendiculaire demandée.

2° *Le point donné C est en dehors de la droite AB.*

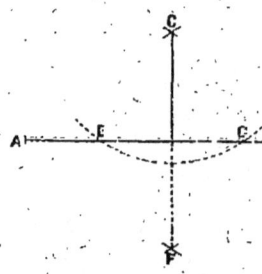

De C comme centre avec un rayon plus grand que la distance de C à AB, je décris un arc de cercle coupant AB, en E, D. De E et D comme centres avec le même rayon plus grand que la moitié de DE je décris successivement 2 arcs de cercle se coupant en F ; je joins CF ; cette droite est la perpendiculaire demandée.

3° *Le point B donné est à l'extrémité de la droite AB qu'on ne peut pas prolonger.*

D'un point C pris en dehors de AB pour centre avec CB pour rayon, je décris une circonférence rencontrant AB en D ; je joins DC que je prolonge jusqu'à sa rencontre en E avec la circonférence; joignant EB, on trouve la perpendiculaire demandée.

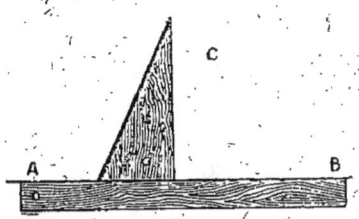

Ces trois constructions peuvent s'effectuer sans compas, avec la règle et l'équerre, et c'est même la façon la plus habituelle de procéder.

On applique la règle plate suivant AB et l'on fait glisser sur son arête un des côtés de l'angle droit de l'équerre jusqu'à ce que l'autre côté rencontre le point donné. On fait suivre à la pointe de son crayon ce second côté et l'on trace ainsi la perpendiculaire.

131. Par un point donné C mener une parallèle à une droite donnée AB. — 1° Par C j'abaisse une perpendiculaire CD sur AB par un des procédés indiqués ; puis par C j'élève une perpendiculaire à CD ; CE est la parallèle à AB ;

2° Je mène CD quelconque rencontrant AB ; et au point C et sur CD je fais un angle DCE égal à l'angle CDA ; le côté CE de l'angle est la parallèle demandée ;

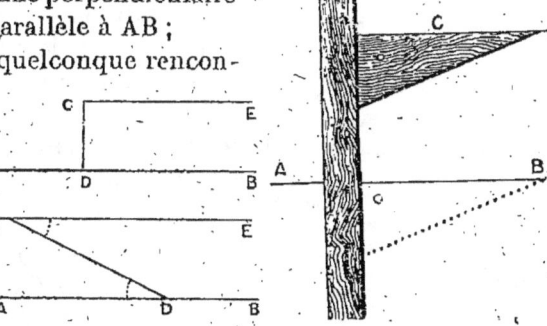

3° A l'aide de l'équerre : je place un côté de l'angle droit de l'équerre sur AB et j'appuie la règle sur l'autre côté de l'angle

132. Diviser une droite AB en 2 parties égales. — La construction est la même que si l'on voulait élever une perpendiculaire à AB par son milieu. De A et B comme centres avec le même rayon plus grand que la moitié de AB on décrit des arcs de cercle qui se coupent en EF ; joignons EF qui coupera AB en C, milieu de AB.

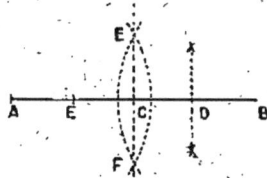

La même construction répétée sur la moitié de AB permet de diviser cette ligne en 4 parties égales et ainsi de suite en toutes puissances de 2 parties égales.

133. Diviser un arc AB en 2 parties égales. — Je mène la corde AB de l'arc et je divise cette corde en 2 parties égales par le procédé indiqué (n° 132) ; à l'intersection de DE avec l'arc se trouve en C le milieu de l'arc. La même construction faite sur l'arc AC, en menant la corde du nouvel arc, permettrait de le diviser en 4 parties égales et ainsi de suite en toutes puissances de 2 parties égales.

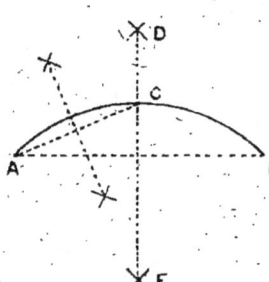

134 Diviser un angle BAC en 2 parties égales ou mener la bissectrice d'un angle. — De A comme centre avec un rayon quelconque je décris un arc de cercle mn limité aux 2 côtés de l'angle, et par le procédé indiqué (n° 133), je divise cet arc en deux parties égales ; la droite AD qui le divise est la bissectrice de l'angle.

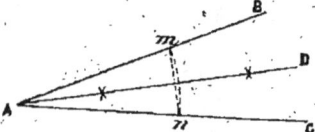

TRIANGLES. POLYGONES 333

135. Diviser une droite AB en un nombre quelconque de parties égales. — Soit à diviser AB en 5 parties égales ; je trace par A une droite quelconque Ax sur laquelle je porte 5 longueurs égales entre elles. Je joins le dernier point de division C à l'extrémité B de la droite à diviser, et par chacun des 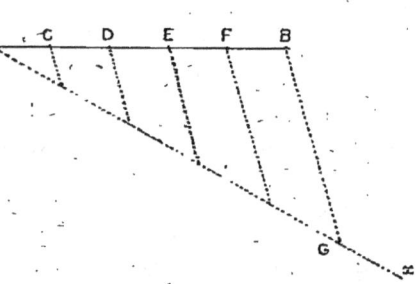 autres points de division de AG, je mène des parallèles à BC ; les points de rencontre de ces parallèles avec AB déterminent les points qui divisent AB en 5 parties égales.

136. Sur une droite donnée ab construire un triangle semblable à un triangle donné ABC. — Au point a et sur ab je fais un angle bac égal à l'angle BAC ; et au point b 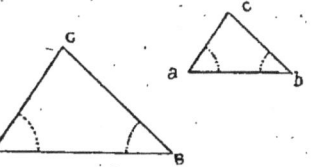 et sur ba un angle égal à ABC ; au point de rencontre c des 2 côtés des angles se trouve le 3e sommet du triangle demandé.

137. Sur une droite donnée ab construire un polygone semblable à un polygone donné ABCDE. — Soit ab correspondant à AB du polygone ABCDE. Je mène la diagonale AC et sur ab je construis le triangle abc semblable au triangle ABC, je mène la diagonale CE et sur ac je fais un triangle ace semblable au triangle CED.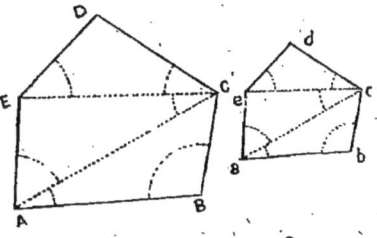

138. Faire passer une circonférence par 3 points A, B, C, non en ligne droite. — Je joins AB, BC, et j'élève des perpendiculaires 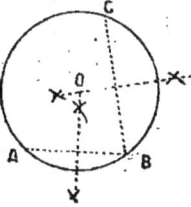 par les milieux de chacune de ces droites. Le point de rencontre de ces perpendiculaires détermine le centre de la circonférence qui passera par les 3 points.

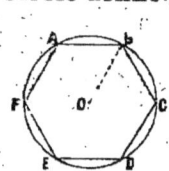

139. Inscrire un carré dans un cercle donné. — Je mène AB, CD, 2 diamètres perpendiculaires et je joins les extrémités consécutives de ces diamètres.

140. Inscrire un hexagone régulier dans un cercle donné. — La géométrie démontre que le côté d'un hexagone régulier inscrit dans un cercle est égal au rayon de ce cercle ; il suffira donc de porter 6 fois la longueur du rayon sur la circonférence pour déterminer les sommets de l'hexagone, puis de joindre ces sommets.

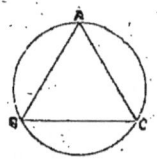

141. Inscrire un triangle équilatéral dans un cercle. — On détermine comme précédemment les sommets de l'hexagone régulier et l'on joint de 2 en 2 seulement ces points de division.

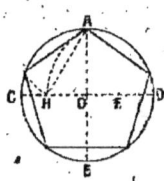

142. Inscrire un pentagone régulier dans un cercle. — Je mène 2 diamètres AB, CD perpendiculaires entre eux ; du point E, milieu de OD, comme centre avec EA comme rayon je décris l'arc AH ; la corde AH de cet arc est le côté du pentagone régulier inscrit ; il suffit alors de porter, à partir de A, cette longueur 5 fois sur la circonférence.

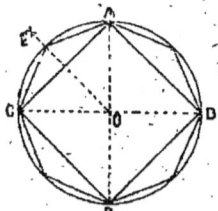

143. Un polygone régulier étant inscrit, inscrire un polygone d'un nombre double de côtés. — Soit ABCD le carré inscrit ; du centre j'abaisse une perpendiculaire sur un côté quelconque du polygone, cette perpendiculaire coupe l'arc en son milieu E ; la corde de l'arc AE est le côté du polygone d'un nombre double de côtés.

POLYGONES. TANGENTES   335

Cette construction permet d'inscrire l'octogone avec le carré, le dodécagone avec l'hexagone, le décagone avec le pentagone, etc.

144. Circonscrire un polygone régulier à un cercle donné. — Soit à circonscrire un triangle équilatéral au cercle O. On détermine les sommets du polygone régulier inscrit du même nombre de côtés : A, B, C, et par ces sommets on mène des tangentes (n° 145) à la circonférence. Ces tangentes limitées à leur point de rencontre sont les côtés du polygone circonscrit.

145. Par un point A donné, mener une tangente à un cercle donné. — 1° *Le point donné A est sur la circonférence.* — Je mène le rayon OA et en A, je mène TT' perpendiculaire à ce rayon; cette perpendiculaire est la tangente demandée. La tangente possède en effet la propriété d'être perpendiculaire à l'extrémité du rayon aboutissant au point de contact.

A est en dehors de la circonférence. — Je joins A au centre O; sur AO comme diamètre je décris une circonférence qui rencontre la circonférence donnée O en T et T'; joignant AT, AT', ces droites forment les tangentes au cercle donné. On voit que dans le cas où le point A est en dehors de la circonférence, il est possible de lui mener 2 tangentes.

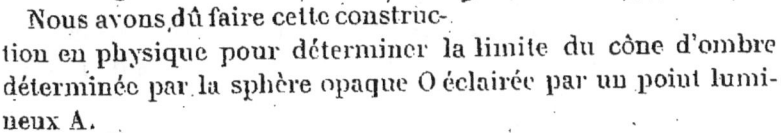

Nous avons dû faire cette construction en physique pour déterminer la limite du cône d'ombre déterminée par la sphère opaque O éclairée par un point lumineux A.

146. Mener les tangentes communes à 2 cercles donnés. — 1° Les tangentes communes sont *extérieures*, c'est-à-dire que leur point de rencontre M est situé au delà des cercles. De O

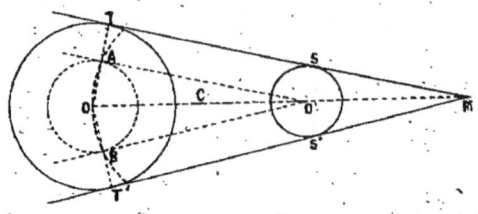

comme centre avec un rayon égal à la différence des rayons des circonférences données, je décris une circonférence auxiliaire ; et de O' je mène les tangentes O'A, O'B à cette circonférence auxiliaire (V. 145) ; je joins O aux points de contact A, B', et je prolonge jusqu'en T, T' ; de ces points je mène les parallèles TS, T'S' aux tangentes AO' BO' ; ce sont les tangentes communes demandées. Comme vérification de la bonne construction les tangentes prolongées doivent se rencontrer en M sur le prolongement de la ligne des centres OO'.

2° Les tangentes communes sont *intérieures*, c'est-à-dire que leur point de rencontre N se trouve situé entre les 2 circonfé-

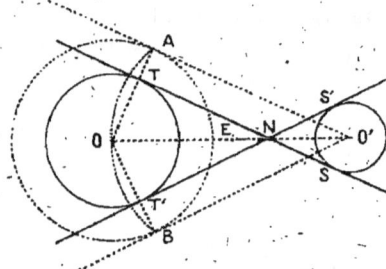

rences données. Du point O comme centre, avec la somme des rayons des circonférences données, je décris une circonférence auxiliaire ; de O je mène les tangentes O'A, O'B à cette circonférence auxiliaire ; je joins OA, OB, qui rencontrent la circonférence donnée en T et T' ; par ces points, je mène TS, T'S' respectivement parallèles à AO', BO' ; ces parallèles sont les tangentes intérieures demandées. Comme vérification, leur point de rencontre N doit être sur la ligne des centres OO'.

Ces deux constructions sont celles qu'on doit faire, lorsqu'en physique on veut déterminer les limites des cônes d'ombre et de pénombre projetées par une sphère opaque O éclairée par une sphère lumineuse O'.

EXERCICES ET PROBLÈMES DE GÉOMÉTRIE

1. Quelle est la surface d'un triangle dont la base a 8 m. 4 et la hauteur 5 m. 75 ?

2° Base = 15 m. 04 ; hauteur 4 m. 48.

2. Exprimez en ares la surface d'un terrain triangulaire dont la base a 47 m. 50 et dont la hauteur est moitié moindre.

3. Trouver le côté d'un carré connaissant sa diagonale d.

1° $d = 8$ mètres ; 2° $d = 5$ m. 20.

4. Dans un rectangle le grand côté a 9 m. 20, la diagonale 12 m. 40 ; trouver l'autre côté.

2° Diagonale = 8 m. 25 ; grand côté = 6 mètres.

5. Le périmètre d'un carré est de 20 mètres ; quelle est sa surface ?

6. La diagonale d'un carré est de 28 mètres ; quelle est sa surface ?

7. La grande diagonale d'un losange a 10 mètres, l'autre a 6 mètres, quelle est la surface du losange ?

2° Les 2 diagonales ont 16 m. 80 et 7 m. 50.

8. Calculer la surface d'un hexagone régulier inscrit dans un cercle de 8 mètres de rayon.

2° Le cercle a 15 mètres de rayon.

9. Trouver la surface d'un carré connaissant sa diagonale d.

1° $d = 10$ mètres ; 2° $d = 4$ m. 03.

10. Quelle est la surface d'un rectangle dans lequel le petit côté est les $\frac{2}{3}$ du grand et dont la diagonale a 15 mètres ?

2° Le grand côté est $\frac{7}{5}$ du petit ; diagonale 28 mètres.

11. Trouver la diagonale d'un carré connaissant son côté a.

1° $a = 6$ mètres ; 2° $a = 8$ m. 50.

12. Calculer le côté d'un losange sachant que ses diagonales sont 12 mètres et 8 mètres.
2° Ses diagonales ont 25 m. 8 et 13 m. 4.

13. Dans le triangle rectangle ABC, on connaît AD et BD ; calculer CD, AC, BC.
Applications :
1° AD = 4 mètres ; BD = 10 mètres.
2° AD = 5 m. 2 ; BD = 12 m. 4.
Vérifier les résultats.

14. Quelle est la surface d'un losange sachant que son côté a 16 m. et sa grande diagonale 14 mètres ?
2° Côté = 13 m. 45 ; grande diagonale 7 mètres.

15. Les côtés d'un triangle rectangle sont 3 nombres consécutifs, trouver ces côtés.

16. La somme des côtés d'un rectangle est 11 mètres ; la diagonale est 8 m. 067 ; quelle est la surface ?
2° Somme des côtés = 8 m. 6 ; diagonale = 6 m. 27.

17. La surface d'un rectangle est 48 mètres carrés ; la différence des côtés est 2 mètres ; quels sont ses côtés ?
2° Surface = 25 m² 92 ; différence des côtés = 3 m. 6.

18. La surface d'un rectangle est de 28 mètres carrés ; la somme des côtés est 11 mètres ; quels sont ses côtés ?
2° Surface = 24 m² 94 ; somme des côtés = 10 m. 10.

19. Trouver la surface d'un triangle équilatéral dont le côté a 8 mètres.
2° Côté = 5 m. 4.

20. Calculer la surface d'un triangle équilatéral dont la hauteur égale 9 mètres.
2° Hauteur = 11 m. 3.

21. Quelle est la surface d'un triangle rectangle isocèle dont l'hypoténuse a 12 mètres ?
2° Hypoténuse = 14 m. 8.

22. Trouver les côtés d'un triangle isocèle dont la hauteur a 8 mètres et dont la surface est égale au carré construit sur la hauteur.

23. Calculer le côté d'un triangle équilatéral dont la surface a 30 mètres carrés.
$\qquad$ 2° Surface = 45 a. 02.

24. Trouver le rayon d'un cercle dont la circonférence a 28 mètres.
$\qquad$ 2° Circonférence = 47 m. 08.

25. Exprimer en kilomètres le rayon de la terre.

26. La surface d'un cercle est de 72 mètres carrés ; trouver sa circonférence.
$\qquad$ 2° Surf. cercle = 7 ha. 403.

27. La circonférence d'un cercle a 28 mètres ; trouver sa surface.

28. Quelle est la longueur d'une circonférence de 9 mètres de rayon ?
$\qquad$ 2° Le rayon est de 4 m. 80.

29. Calculez la surface d'un cirque dont le rayon a 25 mètres ; exprimez-la en ares.

30. Quelle sera la surface d'un cercle dont la circonférence a 48 mètres ?
$\qquad$ 2° La circonférence a 7 m. 70.

31. Quelle est la longueur de la circonférence d'un manège circulaire de 3 ares de superficie ?

32. Exprimer en kilomètres le rayon de la terre.

33. Combien la grande roue d'un vélocipède qui a 0 m. 45 de rayon fera-t-elle de tours pour parcourir une route de 8 kilomètres de longueur ?

34. Trouver la surface de l'hexagone régulier inscrit dans un cercle dont la circonférence a 20 mètres.
$\qquad$ 2° Circonférence = 12 m. 04.

35. Que restera-t-il de la surface du cercle précédent, lorsqu'on aura enlevé celle de son hexagone inscrit ?

36. Quel est le côté du carré inscrit dans le cercle de rayon R ?
$\qquad$ 1° R = 8 mètres ; 2° R = 5 m. 4.

37. Trouver la surface du carré inscrit dans le cercle qui a pour surface 25 mètres carrés.
$\qquad$ 2° Surf. cercle = 4 ha. 8.

38. Quelle est la surface de la couronne formée par 2 cercles dont les rayons sont R et r?

$1°$ $\begin{cases} R = 7 \text{ m. } 2 \\ r = 3 \text{ m. } 4 \end{cases}$; $2°$ $\begin{cases} R = 4 \text{ mètres.} \\ r = 2 \text{ mètres.} \end{cases}$

39. Trouver la surface de la couronne comprise entre les circonférences dont les longueurs sont 8 mètres et 4 m. 6.

$2°$ 15 m. 4 et 7 m. 9.

40. Quelle est la surface du secteur dont l'arc de base a 48° 24' dans la circonférence de 10 mètres de rayon?

$2°$ $\begin{cases} \text{Arc de base} = 5° \ 4' \ 35''. \\ R = 4 \text{ m. } 2. \end{cases}$

41. Quelle est la surface du secteur comprise entre les rayons qui joignent 2 sommets consécutifs de l'hexagone régulier inscrit dans le cercle qui a 4 mètres de rayon?

$2°$ R = 3 m. 4.

42. Trouver la surface du segment qui a pour base le côté de l'hexagone inscrit dans un cercle de 12 mètres de rayon.

$2°$ R = 7 m. 8.

43. Calculer le côté de l'hexagone régulier circonscrit à un cercle de rayon R.

$1°$ R = 8 mètres; $2°$ R = 7 m. 45.

44. Calculer la surface de l'hexagone régulier circonscrit à un cercle de 35 mètres carrés de surface.

$2°$ Surf. cercle = 2 a. 4.

45. Exprimer le rapport de la surface de l'hexagone régulier circonscrit, à celle de l'hexagone régulier inscrit dans le même cercle.

46. Trouver le côté du triangle équilatéral inscrit dans le cercle de rayon R.

$1°$ R = 8 mètres; $2°$ R = 6 m. 32.

47. Calculer la surface du triangle équilatéral inscrit dans le cercle de rayon R.

$1°$ R = 9 mètres; $2°$ R = 7 m. 45.

48. Exprimer le rapport entre la surface du triangle équilatéral et celle de l'hexagone régulier inscrits dans le même cercle.

· PROBLÈMES   341

49. Calculer le côté du triangle équilatéral circonscrit à un cercle de rayon R.

$$1° \; R = 8 \text{ mètres} ; \; 2° \; R = 4 \text{ m. } 45.$$

50. Quelle est la surface du triangle équilatéral circonscrit à un cercle dont le rayon a 4 mètres ?

$$2° \; R = 2 \text{ m. } 8.$$

51. Quel est le côté du carré inscrit dans le cercle de rayon R ?

$$1° \; R = 8 \text{ mètres} ; \; 2° \; R = 5 \text{ m. } 4.$$

52. Trouver la surface du carré inscrit dans le cercle qui a pour surface 25 mètres carrés.

$$2° \; \text{Surf. cercle} = 4 \text{ ha. } 8.$$

53. Trouver la surface du carré circonscrit au cercle de rayon R.

$$1° \; R = 4 \text{ m. } 2 ; \; 2° \; R = 9 \text{ mètres}.$$

54. Quel est le côté de l'octogone régulier inscrit dans le cercle de rayon R ?

$$1° \; R = 5 \text{ mètres}, \; 2° \; R = 7 \text{ m. } 4.$$

55. Calculer la surface de l'octogone régulier inscrit dans le cercle de rayon R.

$$1° \; R = 2 \text{ mètres} ; \; 2° \; R = 4 \text{ m. } 3.$$

56. Quelle est la surface de la couronne formée par 2 cercles dont les rayons sont R et r ?

$$1° \begin{cases} R = 7 \text{ m. } 2 \\ r = 3 \text{ m. } 4 \end{cases} ; \; 2° \begin{cases} R = 4 \text{ mètres} \\ r = 2 \text{ mètres} \end{cases}.$$

57. Trouver la surface de la couronne comprise entre les 2 circonférences dont les longueurs sont 8 mètres et 4 m. 6.

$$2° \; 15 \text{ m. } 4 \text{ et } 7 \text{ m. } 9.$$

58. Quelle est la surface du secteur dont l'arc de base a 48° 24′ dans la circonférence de 10 mètres de rayon ?

$$2° \begin{cases} \text{Arc de base} = 5° \; 4′ \; 35″. \\ R = 4 \text{ m. } 2. \end{cases}$$

59. Quelle est la surface du secteur comprise entre les rayons qui joignent 2 sommets consécutifs de l'hexagone régulier inscrit dans le cercle qui a 4 mètres de rayon ?

$2°\ R = 3\ m.\ 4.$

60. Trouver la surface du segment qui a pour base le côté de l'hexagone inscrit dans un cercle de 12 mètres de rayon.

$2°\ R = 7\ m.\ 8.$

61. Dans un cercle de 0 m. 053 de rayon, calculer la surface du segment dont la corde sous-tend l'arc de 120°.

62. La surface d'un champ rectangulaire est de 72 ares ; un autre champ qui a 30 mètres de moins en longueur et 20 mètres de plus en largeur a la même surface. Trouver les dimensions du premier champ. (Interpréter la solution négative.)

63. En un point A d'une circonférence de 2 m. 65 de rayon, on mène une tangente et l'on porte sur cette droite, à partir du point A, une longueur AB égale aux $\dfrac{3}{5}$ du rayon. Calculer la distance du point B au centre de la circonférence.

64. Si on suppose que tous les habitants de Paris et de sa banlieue, au nombre de 2.400.000, se donnent la main pour former une immense ronde circulaire, où chaque personne occuperait en moyenne une longueur de 1 m. 35, on demande combien de degrés et de minutes occuperait son diamètre en latitude, et ce que la surface intérieure du cercle, supposée plane, serait par rapport à celle de la France, qui est de 52.800.000 hectares.

65. On a tracé sur un terrain deux circonférences concentriques dont la plus grande a un rayon de 15 m. 08, et la plus petite un rayon de 6 m. 05. On mène du centre deux rayons qui interceptent sur la grande circonférence une longueur de 26 mètres. Quelle est, en mètres carrés et décimètres carrés, la portion de terrain comprise entre les deux circonférences et les deux rayons ?

66. Dans un cercle de 0 m. 40 de rayon, on inscrit une corde ayant 0 m. 50 de longueur, et par les deux extrémités de cette corde, on mène des tangentes au cercle.
Calculer l'aire du triangle formé par la corde et les deux tangentes.

67. Trouver la surface latérale d'un prisme, sachant que sa hau teur a 0 m. 3 et que sa base est un triangle équilatéral de 24 mètres carrés de surface.

2° Hauteur $= 0$ m. 45; surf. base $= 0$ m² 026.

68. Quelle est la surface totale du mètre cube?

69. Trouver la surface latérale, puis totale d'un cylindre droit de 3 mètres de rayon de base et de 4 mètres de hauteur.

2° Rayon $= 0$ m. 42; $h = 0$ m. 8.

70. La surface totale d'un cube est de 14 mètres carrés; quelle est la longueur de l'arête?

71. Une pyramide régulière et droite a pour hauteur 8 mètres et pour base un hexagone de 20 mètres carrés de surface; trouver la surface latérale de la pyramide.

2° $h = 3$ m. 2; surf. base $= 4$ mètres carrés.

72. Quelle est la surface latérale, puis totale d'un cône dont la hauteur a 4 mètres et le rayon de base 5 mètres?

2° $h = 3$ m. 2; $R = 2$ m. 3.

73. Quelle est la surface de la sphère qui a 0 m. 05 de diamètre?

2° $d = 0$ m. 8.

74. Quelle est la surface de la terre supposée sphérique?

75. Calculer le volume du parallélipipède droit dont la hauteur a 3 mètres et dont la base est un carré de 6 mètres de périmètre.

76. Trouver le volume du prisme droit dont la hauteur a 5 mètres et dont la base est un triangle équilatéral de 6 m. 90 de périmètre.

2° $h = 0$ m. 48; $p. b. = 0$ m. 36.

77. Une pile de bois de 24 stères est de forme régulière, c'est-à-dire a la forme d'un parallélipipède rectangle. Elle est aussi haute que large et sa longueur égale 8 fois sa hauteur. Quelles sont ses dimensions? *B. C.*

78. Autour d'une roue de 90 centimètres de rayon, on fixe une bande de fer dont l'épaisseur est de 0 m. 004 et la largeur 0 m. 08. Quel sera le prix de cette bande, si le fer coûte 0 fr. 90 le kilogramme? Densité du fer, 7,8.

79. Quel est le volume du cylindre dont la base a 5 mètres de diamètre et dont la hauteur a 4 mètres ?

2° $d = 0$ m. 46 ; $h = 0$ m. 32.

80. Trouver le volume du cylindre dont la circonférence de base a 18 mètres et la hauteur 7 mètres.

2° Circonférence $b = 0$ m. 43 ; $h = 0$ m. 8.

81. La base d'une pyramide droite est un hexagone régulier de 2 mètres de côté ; l'arête de la pyramide est de 4 mètres ; trouver son volume.

2° Côté $= 0$ m. 3 ; arête $= 0$ m. 95.

82. Quel est le volume du cône dont la génératrice a 7 mètres et le rayon de base 3 mètres ?

2° $g = 25$ m. 6 ; $R = 0$ m. 48.

83. Le volume d'un cône est de 12 mètres cubes ; sa circonférence de base a 8 mètres. Quelle est sa hauteur ?

2° Volume $= 0$ m³ 4567 ; circonf. $= 0$ m. 24.

84. Un tronc de pyramide a pour base des carrés dont les côtés sont dans le rapport de 3 à 4. Le grand côté a 12 mètres ; la hauteur du tronc est de 8 mètres : quel est son volume ?

2° Le rapport des côtés est $\frac{7}{8}$; le grand côté a 8 mètres ; la hauteur 5 mètres.

85. Quel est le volume du tronc de cône dont les circonférences de base ont 8 mètres et 5 mètres et dont la hauteur a 4 m. 20 ?

2° Bases $= 0$ m. 45 et 0 m. 3 ; hauteur $= 0$ m. 42.

86. Le litre employé à mesurer les liquides est un vase cylindrique dont la hauteur égale deux fois le diamètre de la base. Ce vase est en étain dont la densité est 7,734 et les parois ont 0,004 d'épaisseur. Quel serait le poids de ce vase construit dans ces conditions ?

87. Une tige cylindrique a 0 m. 52 de long et 0 m. 10 de diamètre ; on fait argenter cette tige et la couche d'argent qui la recouvre alors a une épaisseur uniforme d'un dixième de millimètre. On demande de combien le volume de cette tige a augmenté, et quel est le poids

de l'argent déposé à sa surface, sachant que le centimètre cube d'argent pèse 10 gr. 47.

88. Quel est le volume de la sphère qui a pour rayon 3 mètres ?

2° Rayon = 0 m. 426.

89. Quel est le volume de la sphère qui a 12 mètres carrés de surface ?

2° Surface = 0 m² 5954.

90. Exprimer en myriamètres cubes le volume de la terre supposée sphérique.

91. Un vase cylindrique de 0 m. 15 de rayon contient de l'eau jusqu'à une hauteur de 0 m. 28 ; on plonge dans cette eau une sphère en fer de 0 m. 03 de diamètre. A quelle hauteur s'élèvera l'eau dans le vase après cette immersion ?

92. Deux cylindres de même diamètre, 0 m. 04, l'un en fer, l'autre en platine, sont accolés bout à bout ; la hauteur du cylindre de fer est 0 m. 30, celle du platine 0 m. 12. Ce système est plongé verticalement dans un bain de mercure. On demande quelle sera la hauteur du cylindre de platine qui émergera suivant qu'on placera dans le liquide : 1° le fer en bas ; 2° le fer en haut ? La densité du fer est 7,8 ; celle du platine 22 ; celle du mercure 13,6. (On sait que tout corps qui flotte pèse autant que le liquide qu'il déplace.)

93. Combien contient de litres un tonneau dont la circonférence à la bonde a 1 m. 70, celle des fonds 1 m. 20 et la longueur 1 m. 10 ?
2° Grande circonférence 0 m. 70 ; petite circonférence 0 m. 60 ;

longueur 0 m. 60.

94. Combien faudrait-il de tombereaux de 1 m³ 5 pour enlever les pierres de 4 tas de cailloux dont les dimensions sont : côtés du grand rectangle 1 m. 90 et 1 m. 20 ; côtés du petit rectangle 1 mètre et 0 m. 80 ; hauteur 0 m. 50 ?

2° Les dimensions précédentes seront doublées.

95. On a une bille d'ivoire, dont le rayon a 0 m. 03, et l'on veut fondre une bille de fer creuse ayant le même volume et le même poids. Quel doit être le rayon de la capacité sphérique qu'il faut ménager pour que cette condition soit remplie ? La densité de l'ivoire est 1,9 et celle du fer, 7,8.

96. Un corps se compose d'un cylindre terminé à chaque extré-

mité par un cône dont la base a le même diamètre que le cylindre ; ces deux cônes sont égaux entre eux, et le côté de chacun d'eux est égal au diamètre de sa base ; enfin la hauteur du cylindre est double de son diamètre. On suppose que la surface totale de ce corps soit égale à 28 mètres carrés, et on demande de calculer le diamètre du cylindre.

On calculera aussi le volume du corps donné.

97. On a coupé en deux par un plan parallèle aux bases mené à égale distance de ses bases, un tronc de pyramide dont les dimensions sont : hauteur, 3 m. 45 ; grande base, 10 m² 4384 ; petite base, 2 m² 3542.

On demande : 1° le volume du tronc de pyramide entier ; 2° le volume de chacune des parties.

98. Un jardin carré ayant été entouré d'un mur de 0 m. 40 d'épaisseur, sa surface a diminué de 84 mètres carrés. Quel était le côté et quelle était la surface du jardin ?

COURS D'ALGÈBRE

COURS D'ALGÈBRE
ESSENTIELLEMENT PRATIQUE

CHAPITRE PREMIER

NOTIONS PRÉLIMINAIRES

---

1. **L'algèbre** *est une science qui a pour but de simplifier et surtout de généraliser les solutions des questions relatives aux nombres.*

Ainsi, soit à résoudre la question suivante :

Calculer l'intérêt d'une somme A placée à r 0/0 pendant t années.

Si nous désignons par x l'intérêt cherché, l'algèbre nous fournira la formule :

$$x = \frac{A.r.t}{100}$$

De sorte qu'un raisonnement *fait une fois pour toutes* permet de trouver la réponse à *toutes* les questions du même genre.

En arithmétique, au contraire, chaque fois qu'un ou plusieurs nombres changeront dans un énoncé de ce genre, il sera nécessaire de refaire un raisonnement pour trouver la solution du problème.

2. On représente ordinairement les quantités *connues* d'une

question par les premières lettres de l'alphabet, et les *inconnues* par les dernières lettres.

3. Les signes des opérations sont les mêmes qu'en arithmétique. Cependant le signe × (multiplié par) n'est pas usité. On le remplace quelquefois par un point ou par une parenthèse ; mais le plus souvent aucun signe n'indique la multiplication.
Ainsi :

$$5ab \quad \text{signifie} \quad 5 \times a \times b$$

4. Une **expression algébrique** est un ensemble de lettres et de chiffres unis par les signes des opérations :

$$5a^4c + \frac{8\,a^3b^2}{5c^2} - 8\,a^4x^2$$

5. Un nombre multipliant une lettre ou une expression algébrique s'appelle un **coefficient**.
Ainsi dans l'expression

$$5ab$$

5 est un coefficient et signifie ab répété 5 fois.

Toute expression qui n'est pas précédée d'un coefficient suppose 1 comme coefficient.

6. Un **exposant** est un petit chiffre que l'on écrit en haut et à droite d'une lettre, pour indiquer combien de fois cette lettre est prise comme facteur.
Ainsi dans

$$a^3b^2$$

3 et 2 placés en haut et à droite des lettres sont des exposants et signifient :

$$(a \times a \times a)(b \times b)$$

On doit supposer l'exposant 1 à toute lettre qui n'est pas affectée d'exposant.

7. Une expression algébrique s'appelle **monôme** lorsqu'elle ne contient aucun signe d'addition ou de soustraction.

VALEUR NUMÉRIQUE

Ainsi :
$$\frac{3a^4b^5d}{5c^2} \quad \text{et} \quad 3a^3b^2$$

sont des monômes.

8. Une expression algébrique se nomme **polynôme** lorsqu'elle contient un ou plusieurs signes d'addition ou de soustraction.

$$4a^3b^2 - \frac{9a^4b^3}{5c} + 6a^3x^2 - \frac{4a}{3b}$$

9. Les différents monômes qui composent un polynôme en sont les **termes**. Le polynôme précédent a 4 termes.

10. Un polynôme de 2 termes s'appelle un **binôme** :

$$4a^3c^2 - \frac{8a^4x^2}{9b}$$

11. Un polynôme de 3 termes s'appelle un **trinôme** :

$$2ab^2 - \frac{4a^2c^3}{3b^2} - 4a^2c$$

VALEUR NUMÉRIQUE

12. *La* **valeur numérique** *d'une expression algébrique est le nombre que l'on obtient quand on remplace les lettres que l'expression contient par les nombres que ces lettres représentent, et qu'on effectue les opérations.*

Soit à trouver la valeur numérique de l'expression suivante :

$$4a^3b^2 - 2a^3c + \frac{9a^4b^3c}{3a^3b^2} + 4a^3c^2$$

dans laquelle on suppose :

$$a = 2 \,,\quad b = 3 \,,\quad c = 1$$

Remplaçant les lettres de l'expression donnée par les nombres dont elles sont la valeur, on trouve successivement :

$$(2^3 \times 3^2) - 2(2^3 \times 1) + \frac{9(2^4 \times 3^3 \times 1)}{3(2^3 \times 3^2)} + 4(2^2 \times 1^2)$$

$$4 \times 72 - 2 \times 8 + \frac{9 \times 432}{3 \times 72} + 4 \times 4$$

$$288 - 16 + 18 + 16$$

$$(288 + 18 + 16) - 16$$

$$306$$

306 est la valeur numérique de l'expression donnée.

13. Autre exemple : Trouver la valeur numérique de :

$$5a^2b - 4a^3c + ab^3 - 6a^4c$$

dans laquelle

$$a = 1 \ ; \ b = 2 \ ; \ c = 3$$

On trouve successivement :

$$5(1^2 \times 2) - 4(1^3 \times 3) + (1 \times 2^3) - 6(1^4 \times 3)$$

$$5 \times 2 - 4 \times 3 + 8 - 6 \times 3$$

$$10 - 12 + 8 - 18$$

$$(10 + 8) - (12 + 18)$$

$$18 - 30$$

$$- 12$$

— 12 est la valeur numérique de cette dernière expression.

TERMES SEMBLABLES

14. *Des termes sont dits* **semblables** *lorsqu'ils sont composés des mêmes lettres et que ces lettres sont affectées des mêmes exposants. Les coefficients et les signes peuvent donc seuls différer.*
Soit :

$$4a^3b^2c \ ; \ -6a^3b^2c \ ; \ a^3b^2c$$

RÉDUCTION DES TERMES SEMBLABLES

15. Règle. — *Pour réduire plusieurs termes semblables en un seul, on fait la somme des coefficients précédés du signe + puis la somme des coefficients affectés du signe —; on retranche ensuite la plus petite somme de la plus grande et l'on donne pour signe à la différence le signe de la plus grande somme. Enfin, on fait suivre cette différence des lettres communes à tous les termes.*

16. 1ᵉʳ Exemple : Soit à faire la réduction des termes semblables :

$$4a^3b^2c - 3a^3b^2c + 7a^3b^2c - a^3b^2c$$

En suivant la règle, on trouve successivement :

$$4 + 7 = + 11$$
$$- (3 + 1) = - 4$$
$$+ 11$$
$$- 4$$
$$\overline{+ 7}$$

Réponse : $7a^3b^2c$.

17. Remarque. — *Devant le premier terme d'une expression algébrique on ne met pas de signe lorsque ce premier terme est positif ; on ne met le signe — que dans le cas où ce terme serait négatif.*

2ᵉ Exemple :

$$3a^3c^2 - 8a^3c^2 - a^3c^2 + 4a^3c^2 - 5a^3c^2 + a^3c^2$$
$$+ (3 + 4 + 1)$$
$$- (8 + 1 + 5)$$
$$8 - 14$$
$$- 14$$
$$+ 8$$
$$\overline{- 6}$$

Réponse : $- 6a^3c^2$.

Brémant. — Math. Brevet.

TERMES SEMBLABLES

Il est quelquefois préférable, au lieu de se conformer à la règle précédente, pour faire la réduction des termes semblables, d'opérer successivement la réduction terme à terme.

Ainsi, dans l'exemple I :

$$4a^3b^2c - 3a^3b^2c + 7a^3b^2c - a^3b^2c$$

on pourra dire :

$$+4-3=+1 \quad; \quad +1+7=+8 \quad; \quad +8-1=+7$$

$$\text{Réponse : } 7a^3b^2c.$$

18. **Exemple II** :

$$3a^3c^2 - 8a^3c^2 - a^3c^2 + 4a^3c^2 - 5a^3c^2 + a^3c^2$$

on dira :

$$+3-8=-5 \quad; \quad -5-1=-6 \quad; \quad -6+4=-2$$
$$-2-5=-7 \quad; \quad -7+1=-6$$

$$\text{Réponse : } -6a^3c^2$$

19. **Remarque.** — *On voit que dans cette réduction on fait une addition des coefficients lorsqu'ils sont de même signe, et qu'on les retranche lorsqu'ils ont des signes contraires.*

CHAPITRE II

OPÉRATIONS

ADDITION

20. Règle. — *Pour additionner plusieurs monômes ou plusieurs polynômes, on les écrit les uns à la suite des autres en les réunissant par le signe +. On fait ensuite la réduction des termes semblables s'il y a lieu.*

21. Soit à additionner les monômes suivants :

$$4a^3c^2 \; ; \; 5ab^2c \; ; \; 2a^3c^2 \; ; \; ac^3 \; ; \; 2ab^2c$$

La règle nous donne :

$$4a^3c^2 + 5ab^2c + 2a^3c^2 + ac^3 + 2ab^2c$$

Et après réduction des termes semblables :

$$6a^3c^2 + 7ab^2c + ac^3$$

qui est la somme demandée.

22. Soit à additionner les polynômes suivants :

$$(2a^4c - 3ab^2 + c) \; ; \; (8a^3b^2 + ab^2 - 3a^2) \; ; \; (5a^4c - 2a^2 + 3c)$$

En vertu de la règle, on écrit :

$$2a^4c - 3ab^2 + c + 8a^3b^2 + ab^2 - 3a^2 + 5a^4c - 2a^2 + 3c$$

Et après réduction des termes semblables :

$$7a^4c - 2ab^2 + 4c + 8a^3b^2 - 5a^2$$

SOUSTRACTION

23. Règle. — *Pour soustraire une expression algébrique d'une autre, il suffit d'écrire l'expression à soustraire à la suite de l'autre en changeant tous ses signes (ceux de l'expression à soustraire). On fait ensuite la réduction des termes semblables s'il y a lieu.*

24. Exemple : Soit à soustraire le monôme

$$4a^2c^3 \quad \text{de} \quad 6a^5b^2c$$

on aura pour différence :

$$6a^5b^2c - 4a^2c^3$$

Soustraction de polynômes.

25. Exemple I :

De
$$(7a^4c^2 + 8a^5b^3c - 4a^2b^4 + 8a^2)$$
soustraire
$$(5a^2 + 6a^4c^2 - 3ab^3 + 4a^2b^4)$$

La règle nous donne :

$$7a^4c^2 + 8a^5b^3c - 4a^2b^4 + 8a^2 - 5a^2 - 6a^4c^2 + 3ab^3 - 4a^2b^4$$

Et après réduction des termes semblables :

$$a^4c^2 + 8a^5b^3c - 8a^2b^4 + 3a^2 + 3ab^3$$

26. Exemple II :

Soustraire
$$(2a^3b^2 - 8a^4c^3 + 2a^3 + 4c)$$
de
$$(5a^3b^2 + 8a^3 - c + 5a^2b^3c)$$

On trouve successivement :

$$5a^3b^2 + 8a^3 - c + 5a^2b^3c - 2a^3b^2 + 8a^4c^3 - 2a^3 - 4c$$

et

$$3a^3b^2 + 6a^3 - 5c + 5a^2b^3c - 2a^3b^2$$

27. Exemple III :

$$(7a^4c^2 - 8a^3b^2 + 4a^2b^2 - 4c^2)(^1) - (6a^3b^2 + a^4c^2 - 5ab^2c - 3c^2)$$

On écrira :

$$\{7a^4c^2 - 8a^3b^2 + 4a^2b^2 - 4c^2 - \{6a^3b^2 - a^4c^2 + 5ab^2c + 3c^2\}$$

et enfin

$$6a^4c - 14a^3b^2 + 4a^2b^2 - c^2 + 5ab^2c$$

MULTIPLICATION

1° Multiplier un monôme par un monôme.

28. Règle. — *Pour multiplier un monôme par un autre monôme, il suffit de multiplier leurs coefficients, de faire suivre ce produit de toutes les lettres qui entrent dans les deux monômes, et de donner pour exposant à chaque lettre la somme des exposants dont elle est affectée dans l'un et l'autre facteur.*

29. Exemple :

$$(8a^4b^2)(4ab^3c^2)$$

---

(1) On remarquera que le signe — placé devant le second polynôme, dans le calcul donné, ne porte pas sur le premier terme du polynôme, mais sur le second polynôme tout entier dont le premier terme est positif.

Nous trouvons successivement :

$$(8 \times 4) \ (a.a.a.a.a) \ (b.b.b.b) \ (c.c)$$
$$4+1 \qquad 2+3$$
$$32\,a^5 b^5 c^2$$

qui est le produit demandé.

On suivrait la même règle si l'on avait à faire le produit de plus de 2 monômes.

Ainsi :

$$(4a^3 b^2) \ (5a^4 c^2) \ (8a^2 b d^3)$$

on trouverait pour produit

$$160 a^9 b^3 c^2 d^3$$

2° Multiplier un monôme par un polynôme et réciproquement.

30. Règle. — *On multiplie successivement le monôme par chaque terme du polynôme en conservant à celui-ci tous ses signes.*

31. Exemple I :

$$(4a^2 b^3 + 5ab^3 c + 4c^2 - 8a^3 b^2) \,.\, (5ab^2)$$

La règle nous donne

$$20 a^3 b^5 + 25 a^2 b^5 c + 20 ab^2 c^2 - 40 a^4 b^4$$

32. Exemple II :

$$(2a^4 c) \ (3a^3 b^2 - 8a^4 c^2 - 4a^3 + 7a^2 b^3 c)$$

Le produit est :

$$6 a^7 b^2 c - 16 a^8 c^3 - 8 a^7 c + 14 a^6 b^3 c^2$$

3° Multiplier deux polynômes.

33. Règle. — *On multiplie successivement chacun des termes du multiplicateur par tous les termes du multiplicande, en opérant de gauche à droite, et en ayant soin d'observer la règle des* signes. On place les termes semblables les uns au-dessous des autres à mesure qu'ils se produisent ; et on termine l'opération en faisant la réduction de ces termes semblables.

34. Règle des signes. — Deux termes affectés du même signe donnent un produit *positif*; deux termes affectés de signes contraires donnent un résultat *négatif*.

Ainsi

(+) (+) donne +   (+) (—) donne —
(—) (—) donne +   (—) (+) donne —

Pour la commodité de l'opération, on doit commencer par *ordonner* les polynômes à multiplier, c'est-à-dire placer les monômes qui les composent de telle sorte que les exposants d'une même lettre aillent en croissant ou en décroissant à partir du premier terme.

35. Exemple I :

Soit à faire le produit des polynômes suivants :

$$(3a + 5a^3b^2 + 4a^4b^3 - 2a^2b)(3a^3b^2 - 6a - 5a^2b)$$

Je commence par *ordonner* les polynômes par rapport aux puissances décroissantes de a :

Ils deviennent :

$$(4a^4b^3 + 5a^3b^2 - 2a^2b + 3a)(3a^3b^2 - 5a^2b - 6a)$$

je dois faire le premier produit partiel :

$$(4a^4b^3 + 5a^3b^2 - 2a^2b + 3a)(3a^3b^2)$$

puis

$$(4a^4b^3 + 5a^3b^2 \ldots 3a)(-5a^2b)$$

et enfin

$$(4a^4b^3 \ldots 3a)(-6a)$$

Ce qu'on fait en disposant l'opération comme il suit :

$$
\begin{array}{r}
4a^4b^3 + 5a^3b^2 - 2a^2b + 3a \\
3a^3b^2 - 5a^2b - 6a \\
\hline
12a^7b^5 + 15a^6b^4 - 6a^5b^3 + 9a^4b^2 \\
- 20a^6b^4 - 25a^5b^3 + 10a^4b^2 - 15a^3b \\
- 24a^5b^3 - 30a^4b^2 + 12a^3b - 18a^2
\end{array}
$$

Effectuant la réduction des termes semblables :

$$12a^7b^5 - 5a^6b^4 - 55a^5b^3 - 11a^4b^2 - 3a^3b - 18a$$

36. Exemple II :

Soit à faire le produit ordonné

$(3a^4b^2 - 8a^2b - 4ab^4 + 2a)(2a^3b^2 - a^2b^5 - ab)$

$$
\begin{array}{l}
3a^4b^2 - 8a^2b - 4ab^4 + 2a \\
2a^3b^2 - a^2b^5 - ab \\
\hline
6a^7b^4 - 16a^5b^3 - 8a^4b^6 + 4a^4b^2 \\
\qquad + 8a^4b^6 \qquad\quad -3a^6b^7 + 4a^3b^9 - 2a^3b^5 \\
\qquad -3a^5b^3 \qquad\qquad\qquad\qquad\qquad +8a^3b^2 + 4a^2b^5 - 2a^2b \\
\hline
6a^7b^4 - 19a^5b^3 \quad +4a^4b^2 - 3a^6b^7 + 4a^3b^9 - 2a^3b^5 + 8a^3b^2 + 4a^2b^5 - 2a^2b
\end{array}
$$

37. Remarque.
— *Ces longues opérations n'ont pas d'autre utilité que d'habituer les élèves au calcul. Il ne sera pas nécessaire d'en faire de nombreuses, car la résolution d'aucun problème n'exige de semblables calculs.*

38. Il est des produits qu'il est indispensable de faire une fois pour toutes et dont il faut se souvenir. Ce sont les suivants :

1° Le carré de la somme de 2 nombres a, b :

$$(a+b)^2 = a^2 + 2ab + b^2$$

$$
\begin{array}{r}
a+b \\
a+b \\
\hline
a^2 + ab \\
+ ab + b^2 \\
\hline
a^2 + 2ab + b^2
\end{array}
$$

2° Le carré de la différence de 2 nombres :

$$(a-b)^2 = a^2 - 2ab + b^2.$$

$$
\begin{array}{r}
a-b \\
a-b \\
\hline
a^2 - ab \\
- ab + b^2 \\
\hline
a^2 - 2ab + b^2
\end{array}
$$

3° Le produit de la somme de 2 nombres par leur différence :

$$(a+b)(a-b) = a^2 - b^2$$

$$
\begin{array}{r}
a+b \\
a-b \\
\hline
a^2 + ab \\
- ab - b^2 \\
\hline
a^2 \quad - b^2
\end{array}
$$

39. Il est évident que toute lettre mise à la place de a et b fournirait le même résultat. Ainsi

$$\left(c + \frac{d}{2}\right)^2 = c^2 + cd + \frac{d^2}{4}$$

$$\left(\frac{x}{3} - y\right)^2 = \frac{x^2}{9} - \frac{2xy}{3} + y^2$$

$$\left(\frac{x}{2} + a\right)\left(\frac{x}{2} - a\right) = \frac{x^2}{4} - a^2$$

40. La mise en facteur, dont nous avons causé en arithmétique, est d'un usage constant en algèbre, elle simplifie considérablement les formules.

Ainsi l'expression :

$$3a^3b^2 + 4a^5b^3 - 3a^2b^2 + 4a^4b^3$$

pourra se transformer, en mettant a^2b^2 en facteur commun (puisqu'il est contenu dans tous les termes) et deviendra :

$$a^2b^2(3a + 4a^3b - 3 + 4a^2b)$$

DIVISION

1° Diviser un monôme par un monôme.

41. Règle. — *On divise le coefficient du dividende par celui du diviseur ; on fait suivre ce quotient de toutes les lettres qui figurent au dividende (on n'écrit cependant pas celles qui auraient le même exposant au dividende et au diviseur); on donne pour exposant à chaque lettre, l'exposant qu'elle a au dividende diminué de celui qu'elle a au diviseur.*

42. Exemple I :

$$\frac{12a^7b^3c^2}{4a^5b^2c}$$

Le quotient sera, en vertu de la règle,

$$(12:4)\,(a^{7-5})\,(b^{3-2})\,(c^{2-1})$$
$$3a^2bc$$

En effet, le quotient, multiplié par le diviseur, reproduit bien le dividende :

$$(4a^5b^2c)\,(3a^2bc) = 12a^7b^3c^2$$

43. Exemple II :

$$\frac{15a^5b^3c}{5a^4b^3c}$$

Le quotient est :

$$3a$$

44. Exemple III :

$$\frac{27a^3b^2c^3}{9a^2}$$

On trouve pour quotient :

$$3ab^2c^3$$

CAS D'IMPOSSIBILITÉ

45. On voit que la règle ne pourra pas être appliquée et que par conséquent la division de deux monômes sera impossible :

1° Lorsque le coefficient du dividende ne sera pas divisible par celui du diviseur :

$$\frac{7a^3b^2c}{5ab}$$

2° Lorsque le diviseur contiendra une lettre que ne renferme pas le dividende :

$$\frac{8a^4b^2}{4a^3c}$$

3° Lorsque l'exposant d'une lettre quelconque du diviseur surpasse l'exposant de la même lettre du dividende :

$$\frac{12a^3b^2c}{4a^4b} = \frac{3bc}{a}$$

En effet, on ne pourra jamais trouver, dans aucun de ces

On divise le premier terme de ce reste par le premier terme du diviseur, ce qui donne le deuxième terme du quotient qui a pour signe celui du premier terme du reste. On multiplie tout le diviseur par ce deuxième terme du quotient et on retranche le produit du premier reste, puis on fait une réduction des termes semblables, ce qui fournit le second reste :

$$
\begin{array}{l|l}
12a^7b^5 - 5a^6b^4 - 55a^5b^3 - 11a^4b^2 - 3a^3b - 18a^2 & 3a^3b^2 - 5a^2b - 6a \\
\underline{-12a^7b^5 + 20a^6b^4 + 24a^5b^3} & 4a^4b^3 + 5a^3b^2 \\
\quad\quad +15a^6b^4 - 31a^5b^3 - 11a^4b^2 & \\
\quad\quad \underline{-15a^6b^4 + 25a^5b^3 + 30a^4b^2} & \\
\quad\quad\quad\quad -6a^5b^3 + 19a^4b^2 - 3a^3b - 18a^2
\end{array}
$$

Ainsi de suite on continue cette série d'opérations jusqu'à ce qu'on n'ait plus de reste ou que le premier terme du reste ordonné ne soit plus divisible par le premier terme du diviseur.

$$
\begin{array}{l|l}
12a^7b^5 - 5a^6b^4 - 55a^5b^3 - 11a^4b^2 - 3a^3b - 18a^2 & 3a^3b^2 - 5a^2b - 6a \\
\underline{-12a^7b^5 + 20a^6b^4 + 24a^5b^3} & 4a^4b^3 + 5a^3b^2 - 2a^2b + 3a \\
\quad\quad +15a^6b^4 - 31a^5b^3 - 11a^4b^2 & \\
\quad\quad \underline{-15a^6b^4 - 25a^5b^3 + 30^4ab^2} & \\
\quad\quad\quad\quad -6a^5b^3 + 19a^4b^2 - 3a^3b - 18a^2 & \\
\quad\quad\quad\quad \underline{+6a^5b^3 - 10a^4b^2 - 12a^3b} & \\
\quad\quad\quad\quad\quad\quad +9a^4b^2 - 15a^3b - 18a^2 & \\
\quad\quad\quad\quad\quad\quad \underline{-9a^4b^2 + 15a^3b + 18a^2} &
\end{array}
$$

49. Remarque. — *La division de deux polynômes est une opération qu'on a très rarement occasion d'employer dans la résolution des problèmes algébriques ; comme on a pu s'en convaincre, elle doit réunir trop de conditions de possibilité pour être d'un usage habituel. Il ne sera donc pas utile d'insister sur cette opération.*

CHAPITRE III

FRACTIONS

50. Toute expression algébrique qui n'est pas exactement divisible par une autre a son quotient exprimé par une fraction.

Toutes les propriétés des fractions arithmétiques sont également vraies lorsqu'il s'agit de fractions algébriques.

Les opérations sont les mêmes.

51. Soit à réduire la fraction suivante à sa plus simple expression :

Exemple :
$$\frac{720 a^5 b^3 c^2}{540 a^3 b^4 x}$$

Je divise les 2 termes de cette fraction par leur plus grand commun diviseur.

Ce P. G. C. D. a pour coefficient le P. G. C. D. des coefficients : 180. Il a pour lettres, les lettres communes aux 2 termes, affectées de leur plus faible exposant.

Soit :
$$180 a^3 b^3$$

On trouve alors
$$\frac{720 a^5 b^3 c^2 : 180 a^3 b^3}{540 a^3 b^4 x : 180 a^3 b^3} = \frac{4 a^2 c^2}{3 b x}$$

La fraction $\dfrac{4a^2c^2}{3bx}$ est la plus simple expression de la fraction donnée.

52 Autre exemple :

Réduire à sa plus simple expression la fraction suivante :

$$\frac{27a^3b^2x - 9a^2x^2 + 36a^4b^3x}{18a^3xy - 45a^5b^2x^2}$$

Le P. G. C. D de *tous* les termes est :

$$9a^2x$$

Je divise tous ces termes par $9a^2x$; il vient :

$$\frac{3ab^2 - x + 4a^2b^3}{2ay - 5a^3b^2x}$$

qui est la plus simple expression de la fraction donnée.

Remarque. — *Cette opération est fréquemment employée en algèbre.*

53. Réduction des fractions au même dénominateur.

Soit à réduire au même dénominateur les fractions suivantes :

$$\frac{2ab^2}{5c} \; ; \; \frac{a^3c^2}{4b^2} \; ; \; \frac{5a^2b^2c}{3xy}$$

Comme en arithmétique, on multiplie les 2 termes de chaque fraction par le produit des autres dénominateurs

$$\frac{2ab^2\,(4b^2)\,(3xy)}{5c\,(4b^2)\,(3xy)} = \frac{24ab^4xy}{60b^2cxy}$$

$$\frac{a^3c^2\,(5c)\,(3xy)}{4b^2\,(5c)\,(3xy)} = \frac{15a^3c^3xy}{60b^2cxy}$$

$$\frac{5a^2b^2c\,(5c)\,(4b^2)}{3xy\,(5c)\,(4b^2)} = \frac{100a^2b^4c^2}{60b^2cxy}$$

ADDITION

54. Autre exemple :

$$\frac{3a^4c - b^3}{2a - b^2} \quad ; \quad \frac{5a^3c}{3b} \quad ; \quad \frac{2ax - y}{3a - x}$$

$$\frac{3a^4c - b^3(3b)(3a - x)}{2a - b^2(3b)(3a - x)} = \frac{27a^5bc - 9ab^4 - 9a^4bcx + 3b^4x}{18a^2b - 9ab^3 - 6abx + 3b^3x}$$

$$\frac{5a^3c(2a - b^2)(3a - x)}{3b(2a - b^2)(3a - x)} = \frac{30a^5cx - 15a^4b^2c - 10a^4cx + 5a^3b^2cx}{18a^2b - 9ab^3 - 6abx + 3b^3x}$$

$$\frac{2ax - y(2a - b^2)(3b)}{3a - x(2a - b^2)(3b)} = \frac{12a^2bx - 6aby - 6ab^3x + 3b^3y}{18a^2b - 9ab^3 - 6abx + 3b^3x}$$

ADDITION

55. *Si les fractions ont le même dénominateur, on fait la somme des numérateurs et on donne à cette somme pour dénominateur, le dénominateur commun. On simplifie la somme, s'il y a lieu.*

56. Exemple :

$$\frac{2a^3 - 4c}{2b - x} + \frac{2ax^2 - c}{2b - x} + \frac{3a^3 - 5ax^2}{2b - x}$$

La règle nous donne :

$$\frac{2a^3 - 4c + 2ax^2 - c + 3a^3 - 5ax^2}{2b - x}$$

Et après réduction des termes semblables :

$$\frac{5a^3 - 5c - 3ax^2}{2b - x}$$

57. *Si les fractions n'ont pas le même dénominateur, on les y réduit et on opère comme il est indiqué plus haut.*

58. Exemple :

$$\frac{4a^2 - c}{3a - x} + \frac{4b + x}{a^2} + \frac{3ax - c}{x - a}$$

368   FRACTIONS

Ces fractions deviennent :

$$\frac{4a^2-c(a^2)(x-a)}{3a-x(a^2)(x-a)} = \frac{4a^4x-a^2cx-4a^5+a^3c}{4a^3x-a^2x^2-3a^4}$$

$$\frac{4b+x(3a-x)(x-a)}{a^2(3a-x)(x-a)} = \frac{12abx+3ax^2-4bx^2-x^3-12a^2b-3a^2x+4abx+ax^2}{4a^3x-a^2x^2-3a^4}$$

$$\frac{3ax-c(3a-x)(a^2)}{x-a(3a-x)(a^2)} = \frac{9a^4x-3a^3c-3a^3x^2+a^2cx}{4a^3x-a^2x^2-3a^4}$$

dont la somme est :

$$\frac{4a^4x-a^2cx-4a^5+a^3c+12abx+3ax^2-4bx^2-x^3-12a^2b-3a^2x+4abx+ax^2+9a^4x-3a^3c-3a^3x^2+a^2cx}{4a^3x-a^2x^2-3a^4}$$

Et après réduction des termes semblables :

$$\frac{13a^4x-4a^5-2a^3c+16abx+4ax^2-4bx^2-x^3-12a^2b-3a^2x-3a^3x^2}{4a^3x-a^2x^2-3a^4}$$

fraction irréductible.

SOUSTRACTION

59. *Si les fractions ont le même dénominateur, on fait la différence des numérateurs et l'on donne pour dénominateur à cette différence le dénominateur commun.*

60. Exemple :

$$\frac{5a^4b-3bx}{3a+b} - \frac{2a+5ax}{3a+b}$$

La règle nous donne :

$$\frac{(5a^4b-3bx)-(2a+5ax)}{3a+b}$$

$$\frac{5a^4b-3bx-2a-5ax}{3a+b}$$

61. *Si les fractions n'ont pas le même dénominateur, on les réduit, puis on opère comme il est indiqué au n° 59.*

62. Exemple :

$$\frac{4a^2c-x}{3a+b} - \frac{3a^2b+4c}{a+2x}$$

Après réduction au même dénominateur :

$$\frac{4a^3c - ax - 8a^2cx - 2x^2}{3a^2 + ab + 6ax + 2bx} - \frac{9a^3b + 12ac + 3a^2b^2 + 4bc}{3a^2 + ab + 6ax + 2bx}$$

et

$$\frac{4a^3c - ax + 8a^2cx - 2x^2 - 9a^3b - 12ac - 3a^2b^2 - 4bc}{3a^2 + ab + 6ax + 2bx}$$

MULTIPLICATION

63. Soit à multiplier :

$$\left(\frac{3a^4c - b^2}{a+b}\right)\left(\frac{2a - 4c}{a-b}\right)$$

On multiplie les numérateurs entre eux et les dénominateurs entre eux :

$$\frac{(3a^4c - b^2)(2a - 4c)}{(a+b)(a-b)}$$

$$\frac{6a^5c - 2ab^2 - 12a^4c^2 + 4b^2c}{a^2 - b^2}$$

fraction irréductible.

DIVISION

64. Soit à faire la division suivante :

$$\frac{2a^3c - b}{5a + c} : \frac{a + 4cx}{2 + 4ac}$$

On multiplie la fraction dividende par la fraction diviseur renversée :

$$\frac{(2a^3c - b)(2 + 4ac)}{(5a + c)(a + 4cx)} = \frac{4a^3c - 2b + 8a^4c^2 - 4abc}{5a^2 + ac + 20acx + 4c^2x}$$

CHAPITRE IV

ÉQUATIONS

ÉQUATIONS DU PREMIER DEGRÉ

65. Une équation est une égalité qui renferme au moins une inconnue, et qui ne peut être vérifiée que lorsque certaines valeurs numériques qu'il s'agit de trouver sont mises à la place des inconnues.

Les équations se désignent par le nombre de leurs inconnues et par leur degré.

Une équation a autant d'inconnues que de quantités à chercher.

66. Si l'équation n'a qu'une inconnue, son degré est l'exposant le plus fort dont cette inconnue est affectée dans l'équation.

Ainsi
$$7x^2 + \frac{3ax}{2} = 3a^2x - 2bx$$

est une équation du deuxième degré ;
$$3ax - 7bx^3 = \frac{3x^2}{4} - c$$

est du troisième degré.

67. Si l'équation a plusieurs inconnues, le degré est la somme

Ainsi :
$$\frac{5x}{4} - 3 = \frac{x}{2}$$

pourra s'écrire immédiatement :
$$(5 \times 2)x \quad (3 \times 4 \times 2)$$
$$10x - 24 = 4x$$

2° Si aux deux membres de l'équation :
$$10x - 24 = 4x$$

j'ajoute 24, elle devient :
$$10x - 24 + 24 = 4x + 24$$

et après réduction :
$$10x = 4x + 24$$

Le terme — 24 qui figurait précédemment dans le premier membre de l'équation se trouve maintenant dans le second membre mais avec le signe contraire.

Pour faire passer un terme d'un membre dans un autre, il suffit de le supprimer dans le membre où il figure et de l'écrire dans l'autre avec le signe contraire.

L'équation précédente peut encore se transformer, en vertu du principe que l'on vient d'énoncer en :
$$10x - 4x = 24$$

Le même principe nous permet de changer tous les signes d'une équation sans altérer la valeur de l'inconnue.

En effet, cela revient à supposer que tous les termes ont changé de membre.

RÉSOLUTION D'UNE ÉQUATION DU PREMIER DEGRÉ A UNE INCONNUE

69. Pour résoudre une équation du premier degré à une inconnue, il faut :

1° Chasser les dénominateurs ;

2° Faire passer dans le premier membre tous les termes qui contiennent l'inconnue et dans le second tous les termes qui ne la contiennent pas ;

3° Faire dans chaque membre la réduction des termes semblables ;

4° Diviser le membre qui ne contient pas l'inconnue par le coefficient de l'inconnue.

70. Exemple. — Soit à résoudre l'équation

$$\frac{7x}{3} - 8 = \frac{3x}{2} - 3$$

1° Je chasse les dénominateurs.

$$14x - 48 = 9x - 18$$

2° Je fais passer dans le premier membre tous les termes en x et dans l'autre les termes connus.

$$14x - 9x = 48 - 18$$

3° Je fais la réduction des termes semblables.

$$5x = 30$$

4° Je divise le deuxième membre par le coefficient de x :

$$x = \frac{30}{5}$$

$$x = 6$$

On dit que 6 est la racine ou solution de l'équation donnée.
Vérification :

$$\frac{7x}{3} - 8 = \frac{3x}{2} - 3$$

$$\frac{7 \times 6}{3} - 8 = \frac{3 \times 6}{2} - 3$$

$$14 - 8 = 9 - 3$$

$$6 = 6$$

71. Autre exemple. — Soit à résoudre :

$$\frac{3x-6}{8} + 5 = x - \frac{5x+4}{9} + 4$$

1° $\qquad 27x - 54 + 360 = 72x - 40x - 32 + 288$

2° $\qquad 27x - 72x + 40x = 54 - 360 - 32 + 288$

3° $\qquad\qquad\qquad -5x = -50$

et changeant les signes :

$$5x = 50$$

4° $\qquad\qquad\qquad x = \frac{50}{5} = 10$

La racine de l'équation est 10, qu'on vérifie comme précédemment.

RÉSOLUTION DES PROBLÈMES

72. La résolution d'un problème algébrique se compose de 2 parties : 1° *la mise en équation du problème;* 2° *la résolution de l'équation.*

La mise en équation consiste à transformer l'énoncé en une égalité. Pour cela, on remplace par une lettre, x habituellement, le nombre cherché; et l'on établit les relations qui unissent toutes les quantités en ne se servant que des signes employés en algèbre.

73. Problème I. — Trois personnes doivent se partager des oranges; la 1re doit en avoir le 1/4 plus 20; la 2e la moitié moins 12; la 3e 7 oranges qui restent; quelle est la quantité des oranges à partager et quelle est la part de chaque personne ?

Solution :

La quantité inconnue est le nombre des oranges à partager, je désigne par x ce nombre.

Alors, la part de la 1re personne est $\frac{x}{4} + 20$

$\qquad\qquad\qquad$ — 2e — $\frac{x}{2} - 12$

$\qquad\qquad\qquad$ — 3e — 7

La somme des parts doit égaler le nombre des oranges à partager :

$$\frac{x}{4} + 20 + \frac{x}{2} - 12 + 7 = x$$

égalité qui est l'équation du problème, et qu'on résout comme il suit :

$$2x + 160 + 4x - 96 + 56 = 8x$$
$$2x + 4x - 8x = -160 + 96 - 56$$
$$-2x = -120$$
$$x = \frac{120}{2}$$
$$x = 60$$

1° Le nombre des oranges à partager était de 60.

2° La 1re personne a $\frac{60}{4} + 20 = 35$

2e — $\frac{60}{2} - 12 = 18$

3e — 7

Vérification : $35 + 18 + 7 = 60$.

74. Problème II. — Une marchande apporte au marché un panier de pommes ; elle en vend d'abord $\frac{1}{4}$ de ce que contenait son panier ; puis 12 ; puis $\frac{1}{7}$ du reste ; enfin $\frac{2}{3}$ du nouveau reste ; elle en rapporte 18 ; combien en avait-elle apporté ?

Solution :

Soit x le nombre des pommes apportées.
Elle a vendu dans ses 2 premières ventes :

$$\frac{x}{4} + 12$$

Il reste avant la 3e vente :

$$x - \left(\frac{x}{4} + 12\right)$$

ou : $x - \frac{x}{4} - 12 = \frac{4x - x - 48}{4} = \frac{3x - 48}{4}$

La 3ᵉ vente est :

$$\frac{1}{7} \text{ de } \frac{3x-48}{4} \text{ ou } \frac{3x-48}{7\times 4} = \frac{3x-48}{28}$$

Il reste avant la 4ᵉ vente :

$$x - \left(\frac{x}{4} + 12 + \frac{3x-48}{28}\right) = x - \left(\frac{7x + 336 + 3x - 48}{28}\right)$$

ou :

$$x - \frac{10x + 288}{28} = \frac{28x - 10x - 288}{28} = \frac{18x - 288}{28}$$

La 4ᵉ vente est :

$$\frac{2(18x - 288)}{3 \times 28} = \frac{36x - 576}{84}$$

Or, les 4 ventes, augmentées de ce que rapporte la marchande, doivent égaler ce qu'elle a apporté, soit :

$$\frac{x}{4} + 12 + \frac{3x-48}{28} + \frac{36x-576}{84} + 18 = x$$

ou :

$$\frac{x}{4} + \frac{3x-48}{28} + \frac{36x-576}{84} + 30 = x$$

qui est l'équation du problème.

Réduisant toutes ces fractions au même dénominateur et le chassant :

$$21x + 9x - 144 + 36x - 576 + 2520 = 84x$$
$$x(21 + 9 + 36 - 84) = 144 + 576 - 2520$$
$$-18x = -1800$$
$$18x = 1800$$
$$x = \frac{1800}{18} = 100$$

Réponse : la marchande avait apporté 100 pommes.

75. Problème III. — Dans un nombre de deux chiffres, celui des unités surpasse de 2 celui des dizaines ; et quand on divise ce nombre par 3, on obtient pour quotient un nombre qui sur-

passe de 7 la somme des chiffres du nombre primitif : quel est ce nombre ?

Solution :

Soit x le chiffre des dizaines ; $x + 2$ sera le chiffre des unités. Or la valeur relative de x dizaines est $10x$ unités, le nombre sera :

$$10x + (x + 2) \text{ ou } 11x + 2$$

Mais ce nombre divisé par 3 doit égaler la somme des chiffres augmentée de 7 ; soit :

$$\frac{11x + 2}{3} = x + (x + 2) + 7$$

qui est l'équation du problème et qu'on résout comme il suit :

$$\frac{11x + 2}{3} = 2x + 2 + 7$$
$$11x + 2 = 6x + 6 + 21$$
$$11x - 6x = 6 + 21 - 2$$
$$5x = 25$$
$$x = \frac{25}{5} = 5$$

Le chiffre des dizaines est 5 ; celui des unités $5 + 2 = 7$.
Le nombre est 57.
Vérification :

$$\frac{57}{3} = 5 + 7 + 7$$
$$19 = 19$$

ÉQUATIONS DU PREMIER DEGRÉ A DEUX INCONNUES

76. Tout problème qui renferme deux inconnues doit pouvoir donner lieu à 2 équations. Car toute équation isolée qui contiendrait 2 inconnues pourrait être résolue en donnant à ces inconnues une infinité de valeurs.

Ainsi :
$$x + y = 25$$
eupt être résolu :
$$x = 12 \;,\; y = 13$$
$$x = 20 \;,\; y = 5, \text{ etc.}$$

c'est une équation dont les solutions sont *indéterminées.*

77. Pour résoudre un système de 2 équations à 2 inconnues, on emploie généralement une des 2 méthodes suivantes dites :

Méthode de substitution ;
Méthode de comparaison.

MÉTHODE DE SUBSTITUTION

78. Cette méthode consiste à tirer d'une des 2 équations la valeur d'une inconnue en fonction de l'autre (c'est-à-dire en supposant l'autre connue) et à porter cette valeur dans l'autre équation, qui devient alors une équation à une seule inconnue qu'on résout comme il est prescrit.

Ainsi, soit à résoudre :

(1) $\qquad\qquad 5x - 2y = 7$
(2) $\qquad\qquad 3x + 4y = 25$

si nous cherchons la valeur de x dans l'équation (1) nous trouvons :

(1) $\qquad\qquad 5x = 7 + 2y$

et :

(1)′ $\qquad\qquad x = \dfrac{7 + 2y}{5}$

Je porte cette valeur de x dans l'équation (2) qui devient :

(2) $$\frac{3(7+2y)}{5} + 4y = 25$$

équation du 1er degré à une seule inconnue, qu'on résout comme il suit :
$$21 + 6y + 20y = 125$$
$$6y + 20y = 125 - 21$$
$$26y = 104$$
$$y = \frac{104}{26} = 4$$

Pour trouver la valeur de x je prends l'équation qui renferme cette inconnue en fonction de y que je remplace par sa valeur :

(1)′ $$x = \frac{7+2y}{5}$$

$$x = \frac{7+(2 \times 4)}{5}$$

$$x = \frac{15}{5} = 3$$

$$x = 3 \; ; \; y = 4$$

sont les racines des équations proposées.

MÉTHODE DE COMPARAISON

79. Cette méthode consiste à tirer la valeur de la même inconnue dans les 2 équations et à égaler ces valeurs.

Soit à résoudre le système des 2 équations suivantes :

(1) $$2x + 4y = 34$$
(2) $$3x - 2y = 3$$

Si de (1) je tire la valeur de x, je trouve :

(1)′ $$x = \frac{34-4y}{2}$$

x tiré de (2) nous donne :

(2) $$x = \frac{3 + 2y}{3}$$

Comme il est évident que x de l'équation (1) est égal à x de l'équation (2), j'écris :

$$\frac{34 - 4y}{2} = \frac{3 + 2y}{3}$$

qui n'est plus qu'une seule équation à une seule inconnue qu'on résout comme il suit :

$$102 - 12y = 6 + 4y$$
$$-12y - 4y = 6 - 102$$
$$-16y = -96$$
$$16y = 96$$
$$y = \frac{96}{16} = 6$$

x tiré d'une de ses deux valeurs nous donne :

(1)' $$x = \frac{34 - 4y}{2}$$
$$x = \frac{34 - (4 \times 6)}{2} = 5$$
$$x = 5 ; y = 6$$

sont les racines de l'équation donnée.

80. Remarque. — *Si le problème fournit des équations qui renferment des termes fractionnaires, on doit les ramener à la forme entière en suivant les principes connus et donner aux équations l'aspect indiqué plus haut, c'est-à-dire un premier membre contenant les inconnues et le second membre les quantités connues.*

81. Exemple :

Les équations :

(1) $$\frac{5x}{2} + 3 = \frac{2y}{4} + 10$$

(2) $$4 + \frac{y}{3} = 3x - 6$$

deviennent successivement :

(1) $\qquad 20x + 24 = 4y + 80$
(2) $\qquad 12 + y = 9x - 18$
(1) $\qquad 20x - 4y = 80 - 24$
(2) $\qquad y - 9x = -18 - 12$

et enfin (après avoir divisé par 4 tous les termes de (1) et changé les signes de (2) :

(1) $\qquad 5x - y = 14$
(2) $\qquad 9x - y = 30$

qu'on résout comme il suit :

Par substitution :

(1) $\qquad x = \dfrac{14 + y}{5}$

(2) $\dfrac{9(14 + y)}{5} - y = 30$
$\qquad 126 + 9y - 5y = 150$
$\qquad 4y = 24$
$\qquad y = \dfrac{24}{4} = 6$

(1)' $\qquad x = \dfrac{14 + y}{5} = \dfrac{14 + 6}{5}$
$\qquad x = 4$

Par comparaison :

(1) $\qquad y = 5x - 14$

(2) $\qquad y = 9x - 30$
$\qquad 5x - 14 = 9x - 30$
$\qquad 5x - 9x = 14 - 30$
$\qquad -4x = -16$
$\qquad 4x = 16$
$\qquad x = \dfrac{16}{4} = 4$
$\qquad y = 5x - 14 = 20 - 14 = 6$
$\qquad y = 6$

82. Problème I. — *Un homme et un enfant travaillent à un même ouvrage ; pendant une semaine, l'homme travaille 6 jours, l'enfant 4, et ils reçoivent 46 francs pour leurs salaires ; la semaine suivante l'homme travaille 5 jours et l'enfant 6, ils reçoivent 45 francs ; quel est le salaire journalier de chaque ouvrier ?*

Solution :

Soit x le salaire journalier de l'homme,
Et y — — l'enfant.

Pour la première semaine l'homme reçoit $6x$ et l'enfant $4y$; comme la somme de leurs salaires égale 46 francs, on peut écrire :

(1) $\qquad 6x + 4y = 46$

et pour la seconde semaine :

(2) $\qquad 5x + 6y = 45$

Équations qu'on résout comme il suit :

(1)' $\qquad y = \dfrac{46 - 6x}{4}$

(2) $\qquad 5x + \dfrac{6(46 - 6x)}{4} = 45$

(2) $\qquad 20x + 276 - 36x = 180$
$\qquad\qquad 20x - 36x = 180 - 276$
$\qquad\qquad -16x = -96$
$\qquad\qquad x = \dfrac{96}{16} = 6$

(1)' $\qquad y = \dfrac{46 - (6 \times 6)}{4} = \dfrac{10}{4} = 2,5$

Réponse : L'homme gagne 6 francs et l'enfant 2 fr. 50.

83. Problème II. — *Une personne qui possède 61.000 francs en a placé une partie à 4,50 0/0 ; et l'autre à 3,50 0/0 ; elle obtient ainsi un revenu total de 2.445 francs. Quelles sont ces deux parties ?*

Solution :

Soit x la première partie du capital total et y l'autre partie. On doit avoir :

(1) $\qquad x + y = 61.000$.

Mais l'intérêt de x francs à 4,5 est de $\dfrac{4,5x}{100}$

$\qquad\qquad -\qquad y\quad -\quad 3,5\quad -\quad \dfrac{3,5x}{100}$

La somme des intérêts :

$$\frac{4,5x}{100} + \frac{3,5y}{100} = 2.445$$

ou chassant le dénominateur commun 100 :

(2) $\qquad 4,5x + 3,5y = 244.500$

Reste donc à résoudre le système des 2 équations suivantes :

(1) $\qquad x + y = 61.000$

(2) $\qquad 4,5x + 3,5y = 244.500$

(1)′ $\qquad x = 61.000 - y$

(2) $\qquad 4,5(61.000 - y) + 3,5y = 244.500$
$\qquad\qquad 274.500 - 4,5y + 3,5y = 244.500$
$\qquad\qquad -y = 244.500 - 274.500 = -30.000$
$\qquad\qquad y = 30.000$

(1)′ $\qquad x = 61.000 - 30.000 = 31.000$

Réponse : La partie placée à 4,5 0/0 est 31.000 francs. Celle placée à 3,5 0/0 est 30.000 francs.

ÉQUATIONS DU 1er DEGRÉ A PLUS DE 2 INCONNUES

84. Nous avons montré qu'il était nécessaire qu'il y eût autant d'équations que d'inconnues pour que ces équations soient déterminées.

Soit à résoudre ce système de 3 équations à 3 inconnues. On tire la valeur d'une inconnue dans une des équations et on porte cette valeur dans les 2 autres qui deviennent alors 2 équations à 2 inconnues, qu'on résout comme il est indiqué précédemment.

ÉQUATIONS DU PREMIER DEGRÉ

Soit :

(1) $\quad 5x - 3y + z = 5$

(2) $\quad 8y - 2x - 3z = 8$

(3) $\quad 3x + 2y - 3z = 0$

Je tire la valeur de x de l'équation (1).

(1)' $\quad x = \dfrac{5 + 3y - z}{5}$

Je porte cette valeur à la place de x dans les équations (2) et (3) qui deviennent successivement :

(2) $\quad 8y - \dfrac{2(5 + 3y - z)}{5} - 3z = 8$

(3) $\quad \dfrac{3(5 + 3y - z)}{5} + 2y - 3z = 0$

(2) $\quad 40y - 10 - 6y + 2z - 15z = 40$

(3) $\quad 15 + 9y - 3z + 10y - 15z = 0$

(2) $\quad 34y - 13z = 50$

(3) $\quad 19y - 18z = -15$

qui sont devenues 2 équations à 2 inconnues, qu'on résout comme il suit :

Substitution :

(2) $\quad y = \dfrac{50 + 13z}{34}$

(3) $\quad \dfrac{19(50 + 13z)}{34} - 18z = -15$

(3) $\quad 950 + 247z - 612z = -510$

$\quad -365z = -1460$

$\quad 365z = 1460$

$\quad z = \dfrac{1460}{365} = 4$

(2)' $\quad y = \dfrac{50 + (13 \times 4)}{34} = 3$

Comparaison :

(2) $\quad y = \dfrac{50 + 13z}{34}$

(3)' $\quad y = \dfrac{18z - 15}{19}$

$\quad \dfrac{50 + 13z}{34} = \dfrac{18z - 15}{19}$

$\quad 950 + 247z = 612z - 510$

$\quad 365z = 1460$

$\quad z = \dfrac{1460}{365} = 4$

(3)' $\quad y = \dfrac{(18 \times 4) - 15}{19} = 3$

ÉQUATIONS A PLUS DE 2 INCONNUES

Pour trouver la valeur de x je prends l'équation qui contient cette inconnue en fonction des 2 autres. Je trouve plus haut

(1) $$x = \frac{5 + 3y - z}{5}$$

et remplaçant y et z par leurs valeurs connues :

$$x = \frac{5 + (3 \times 3) - 4}{5} = 2$$

$$x = 2 \,;\, y = 3 \,;\, z = 4$$

sont les racines des équations proposées.

On résoudrait d'une façon semblable un système de 4 équations à 4 inconnues, etc.

CHAPITRE V

ÉQUATIONS DU DEUXIÈME DEGRÉ

85. Nous avons vu qu'un système de plusieurs équations à plusieurs inconnues pouvait être ramené à une équation unique ne renfermant qu'une inconnue. Lorsque cette inconnue finale est à la deuxième puissance, que l'équation est du deuxième degré, l'équation affecte toujours une de ces 3 formes :

1° $\qquad ax^2 + c = 0$

2° $\qquad ax^2 + bx = 0$

3° $\qquad ax^2 + bx + c = 0$

dans lesquelles a, b, c, sont des nombres connus et dont les signes peuvent être différents.

86. Pour qu'une équation donnée soit ramenée à l'une de ces formes, il faut :

1° Chasser les dénominateurs ;
2° Faire la réduction des termes semblables ;
3° Faire passer tous les termes dans le premier membre de l'égalité et égaler alors le deuxième membre à 0.

87. Exemple I. — *Soit à ramener à l'une des formes types l'équation*

$$\frac{5x^2}{8} = 10$$

[illegible] $= 80$

et [illegible] $- 80 = 0$

[illegible]

[illegible] $= 80$

pour résoudre cette équation [illegible]

[illegible] $= 80$

[illegible]

[illegible] $= \pm\sqrt{\frac{80}{5}}$ [illegible]

Remarque. — *Nous avons placé les signes + et — de*[illegible] *indifféremment* [illegible] *signe de la racine. En effet un nombre* [illegible] *positive que négative.*

[illegible]

[illegible] radical nous mettons les 2 signes [illegible] problème donne quel signe il faut [illegible]

[illegible] *équation qui se présente sous cette* [illegible]

[illegible] $= 0$

[illegible] facteur commun [illegible]

[illegible] $= 0$

[illegible] des deux facteurs [illegible] produit de 2 fac[illegible]

teurs soit nul, il faut qu'au moins un des facteurs soit nul. Si c'est le premier facteur x, on trouve :

$$x = 0$$

qui peut très bien être la solution d'un problème.

Si c'est le second facteur $ax + b$ qui est nul, on aura :

$$ax + b = 0$$
$$ax = -b$$
$$x = \frac{-b}{a}$$

qui peut aussi être une solution d'un problème, dans le cas où $-b$ serait positif.

L'équation donnée

$$ax^2 + b = 0$$

admet donc 2 solutions :

$$x = 0 \text{ et } x = \frac{-b}{a}$$

reste à choisir celle qu'on doit garder pour satisfaire aux conditions exigées dans un problème. Nous allons répéter le même raisonnement sur l'équation numérique :

$$\frac{5x^2}{3} = 10\,x$$

Cette équation devient successivement :

$$5\,x^2 = 30\,x$$

et

$$5x^2 - 30\,x = 0$$

pour résoudre cette équation, je mets x en facteur commun :

$$x\,(5x - 30) = 0$$

pour que ce produit de 2 facteurs x et $5\,x - 30$ soit égal à 0, il faut, ou bien que :

(1°) $\qquad x = 0$

ou que :

(2°) $\qquad 5x - 30 = 0$

Mais dans ce dernier cas :

(2°) $$5x = 30$$
(2) $$x = \frac{30}{5} = 6$$

Les 2 racines de cette équation sont donc :

$$x = 0 \quad \text{et} \quad x = 6$$

90. Exemple III. — *Dans le cas où l'équation du 2e degré se présente sous sa forme complète :*

$$ax^2 + bx + c = 0$$

on trouve la valeur de x en appliquant la formule générale

$$x = \frac{-b \pm \sqrt{b^2 - 4ac}}{2a},$$

formule dans laquelle on doit changer les signes des lettres qui diffèrent dans la forme type. Ainsi si l'on a :

$$ax^2 - bx + c = 0$$
$$x = \frac{b \pm \sqrt{b^2 - 4ac}}{2a}.$$

Si l'on avait :

$$ax^2 - bx - c = 0$$
$$x = \frac{b \pm \sqrt{b^2 + 4ac}}{2a}$$

Soit à trouver la valeur de x dans l'équation suivante :

$$\frac{4x^2}{3} + 5x = 78$$

elle devient :
$$4x^2 + 15x \pm 234$$
et
$$4x^2 + 15x - 234 = 0$$

Équation dans laquelle

$$a = 4 \;;\; b = 15 \;;\; c = -234$$

et qu'on résout en appliquant la formule :

$$x = \frac{-15 \pm \sqrt{15^2 + (4 \times 4 \times 234)}}{2 \times 4}$$

$$x = \frac{-15 \pm \sqrt{3969}}{8}$$

$$x' = \frac{-15 + 63}{8}$$

$$x'' = \frac{-15 - 63}{8}$$

La seule réponse positive à prendre est :

$$x' = \frac{-15 + 63}{8} = 6$$

91. Problème I. — *La somme de 2 nombres est 12, leur produit est 32 ; quels sont ces nombres ?*

Soient x et y les 2 nombres cherchés. On doit avoir :

(1) $\qquad x + y = 12$

(2) $\qquad xy = 32$

x tiré de (1),
$$x = 12 - y$$
(2) $\qquad (12 - y)\, y = 32$

et
$$12y - y^2 = 32$$

Puis, changeant les signes et portant tous les termes dans le premier membre,
$$y^2 - 12y + 32 = 0$$

$$y = \frac{12 \pm \sqrt{12^2 - 4 \times 1 \times 32}}{2}$$

$$y = \frac{12 \pm \sqrt{16}}{2}$$

$$y' = \frac{12 + 4}{2} = 8$$

$$y'' = \frac{12 - 4}{2} = 4$$

On trouve dans ce cas 2 valeurs pour y et on trouverait de même 2 valeurs pour x.

$$x' = 12 - 8 = 4$$
$$x'' = 12 - 4 = 8$$

Il en sera ainsi chaque fois que dans l'énoncé de l'équation on aurait pu prendre indifféremment x pour y et réciproquement, sans changer la valeur de l'égalité.

92. Problème II. — *Les côtés d'un triangle rectangle sont trois nombres consécutifs, trouver ces trois côtés.*

Solution :

Soit x le plus petit côté, l'autre sera $x + 1$ et l'hypoténuse qui nécessairement doit être le plus grand côté sera $x + 2$.

On sait que le carré de l'hypoténuse d'un triangle rectangle égale la somme des carrés des 2 autres côtés ; cette propriété nous fournit l'équation :

$$(x + 2)^2 = x^2 + (x + 1)^2$$

qu'on résout comme il suit :

$$x^2 + 4x + 4 = x^2 + x^2 + 2x + 1$$
$$x^2 - x^2 - x^2 + 4x - 2x + 4 - 1 = 0$$
$$-x^2 + 2x + 3 = 0$$

et changeant les signes

$$x^2 - 2x - 3 = 0$$

Appliquant la formule :

$$x = \frac{2 \pm \sqrt{2^2 + (4 \times 3)}}{2} = \frac{2 \pm \sqrt{16}}{2}$$
$$x = \frac{2 + 4}{2} = 3$$

La solution $\dfrac{2-4}{2}$ doit être rejetée puisque les côtés d'un triangle doivent être positifs.

Le plus petit côté est 3.
L'autre sera 4.
L'hypoténuse sera 5.
Vérification :
$$5^2 = 3^2 + 4^2$$
$$25 = 25$$

CHAPITRE VI

PROGRESSIONS

PROGRESSIONS ARITHMÉTIQUES

93. *Une* progression arithmétique ou par différence *est une suite de nombres tels que chacun d'eux est égal à celui qui le précède augmenté d'une quantité constante qu'on appelle* **raison** *de la progression.*

94. La progression est *croissante* ou *décroissante* suivant que la raison est positive ou négative.
Ainsi :

$$\div\ 2\ ,\ 7\ ,\ 12\ ,\ 17\ ,\ 22\ ,\ 27\ldots$$

est une progression croissante dont la raison est 5 ;

$$\div\ 20\ ,\ 16\ ,\ 12\ ,\ 8\ ,\ 4$$

est une progression décroissante dont la raison est — 4.
Ces progressions s'énoncent :

2 est à 7, comme 7 est à 12, comme 12 est à 17, etc.
20 est à 16, comme 16 est à 12, comme 12 est à 8, etc.

95. Principe I. — *Dans une progression arithmétique, un terme de rang quelconque est égal au premier plus ou moins autant de fois la raison qu'il y a de termes avant lui.*

Soit la progression arithmétique :

$$\div a\ ,\ b\ ,\ c\ ,\ d\ ,\ e\ \ldots\ l.$$

Soit r la raison et n le nombre des termes jusqu'à l.
On voit facilement que

2ᵉ terme $\qquad b = a + r$
3ᵉ terme $\qquad c = b + r = a + r + r = a + 2r$
4ᵉ terme $\qquad d = c + r = a + 2r + r = a + 3r$
$\qquad\qquad l = a + (n-1)r$

Mais si la progression arithmétique est décroissante

$$l = a - (n-1)r$$

96. Application. — *Quelle est la hauteur d'une tour au-dessus du sol sachant qu'on doit gravir 90 marches de 18 centimètres chacune au-dessus de la première qui n'a que 15 centimètres ?*

Solution :

Le premier terme de la progression est 0,15 ; la raison est 0,18.
La progression arithmétique serait, en prenant le centimètre pour unité :

$$\div 15\ ,\ 33\ ,\ 51\ ,\ 69\ \ldots,\ x.$$
$$\div a\ ,\ b\ ,\ c\ ,\ d\ \ldots,\ l.$$

La hauteur de la tour est égale à la première marche plus autant de fois 0,18 qu'il y a de marches au-dessus de la première, soit 89 :

$$x = 0{,}15 + (89 \times 0{,}18) = 16\ \text{m}.\ 17$$

ou appliquant la formule générale :

$$l = 0{,}15 + (90 - 1)\, 0{,}18 = 16\ \text{m}.\ 17$$

97. Principe II. — *Dans toute progression arithmétique, la* somme de 2 termes également distants des extrêmes est égale à la somme des extrêmes. Soit :

$$\div \ a \ , \ b \ , \ c \ , \ d....., \ j \ , \ k \ , \ l.$$

Nous avons :
$$b = a + r$$
$$k = l - r$$

et faisant la somme de ces égalités membre à membre :
$$b + k = a + l$$

On aurait de même :
$$c + j = a + l$$

car
$$c = a + 2r$$
$$j = l - 2r$$

donc
$$c + j = a + l$$

98. Principe III. — *Dans toute progression arithmétique, la somme des termes est égale à la demi-somme des extrêmes multipliée par le nombre des termes.*

En effet, soit :
$$\div \ a \ , \ b \ , \ c \ , \ d....., \ j \ , \ k \ , \ l.$$

Nous aurons pour somme des termes :
$$S = a + b + c + d....., + j + k + l$$

on aurait de même :
$$S = l + k + j....., + d + c + b + a$$

Faisant la somme de ces égalités membre à membre :
$$2S = (a+l) + (b+k) + (c+j)....., + (j+c) + (k+b) + (l+a)$$

Mais chacune de ces sommes partielles est égale à la somme des extrêmes puisqu'elle est formée de termes situés à égale distance des extrêmes (principe II); et il y a autant de sommes que de nombre n de termes.

$$2S = (a + l)n$$

Donc

$$S = \frac{(a + l)}{2} n$$

99. Remarque. — *Dans l'égalité précédente, si nous remplaçons l par sa valeur* :

$$l = a + (n - 1)r.$$

elle devient

$$S = \frac{[a + a + (n - 1)r]n}{2}$$

et enfin

$$S = \frac{[2a + (n - 1)r]n}{2}$$

100. Application I. — *Quelle est la somme des 150 premiers nombres ?*

Solution :

On applique la formule :

$$S = \frac{(a + l)n}{2}$$

$$a = 1 \quad, \quad l = 150 \quad, \quad n = 150$$

$$S = \frac{(1 + 150)\,150}{2} = 11325$$

101. Application II. — *Quelle est la somme des 15 premiers nombres pairs de la progression* :

$$\div \ 2 \ , \ 4 \ , \ 6 \ , \ 8 \ldots, \ l$$

Dans ce cas, l n'est pas connu, j'applique la formule :

$$S = \frac{[2a + (n - 1)r]n}{2}$$

Dans laquelle :
$$a = 2, \quad n = 15, \quad r = 2$$
$$S = \frac{[2 \times 2 + (15 - 1)2] \, 15}{2} = \frac{(4 + 28) \, 15}{2}$$
$$S = \frac{480}{2} = 240$$

PROGRESSIONS GÉOMÉTRIQUES

102. — *Une progression géométrique ou par quotient est une suite de termes tels que chacun d'eux est égal à celui qui le précède, multiplié par une quantité constante appelée raison.*

103. La progression est *croissante* ou *décroissante*, suivant que la raison est plus grande ou plus petite que l'unité.
Ainsi :
$$\div 3 : 6 : 12 : 24 : 48$$
est une progression géométrique croissante dont la raison est 2.
En effet :
$$6 = 3 \times 2 ; \ 12 = 6 \times 2 ; \ 48 = 24 \times 2$$
$$\div 243 : 81 : 27 : 9 : 3 : 1$$
est une progression géométrique décroissante dont la raison est $\frac{1}{3}$.

Elles se lisent : 3 est à 6, comme 6 est à 12, comme 12 est à 24.
243 est à 81, comme 81 est à 27, etc.

104. Principe I. — *Un terme quelconque d'une progression géométrique est égal au premier terme multiplié par la raison* prise autant de fois comme facteur qu'il y a de termes avant lui. Soit :

$$\div a : b : c : d \ldots l$$

et q la raison et n le nombre des termes :

$$b = aq \quad , \quad c = bq = (aq)q = aq^2$$
$$d = aq^3$$
$$l = aq^{n-1}$$

105. Principe II. — *La somme des termes d'une progression géométrique croissante est égale au produit du dernier terme par la raison, moins le premier terme, différence divisée par la raison diminuée de l'unité.*

Soit la progression géométrique croissante :

$$\div a : b : c : d \ldots j : k : l$$

(1) $\quad S = a + b + c + d + \ldots j + k + l$

Multipliant par q les 2 membres de cette égalité, on trouve :

(2) $\quad Sq = aq + bq + cq + dq + \ldots jq + kq + lq$

Mais

$$aq = b \,;\, bq = c \,;\, \ldots kq = l$$

l'égalité précédente peut donc s'écrire :

(3) $\quad Sq = b + c + d + \ldots k + l + lq$

retranchant (1) de (3) il vient :

$$Sq - S = lq - a$$

ou
$$S(q - 1) = lq - a$$

et
$$S = \frac{lq - a}{q - 1}$$

106. Remarque. — *Si dans l'égalité précédente nous remplaçons a par sa valeur :*

$$l = aq^{n-1}$$

On trouve successivement :

$$S = \frac{[(aq^{n-1})]q - a}{q-1} = \frac{aq^n - a}{q-1}$$

et enfin :

$$S = \frac{a(q^n - 1)}{q - 1}$$

107. Application. — *Sessa, philosophe indien, inventa le jeu d'échecs. Son roi, émerveillé de l'attrait de ce jeu savant et ingénieux, promit à l'inventeur de lui accorder la récompense qu'il pourrait souhaiter. Le philosophe demanda seulement le nombre de grains de blé qu'on obtiendrait en mettant un grain sur la 1re case de son échiquier, 2 sur la 2e, 4 sur la 3e, et ainsi de suite en doublant toujours jusqu'à la 64e. Cette demande sembla ridicule au roi ; combien demandait-il de grains ?*

Solution :

Si nous appliquons la formule précédente, nous trouvons :

$$S = \frac{1(2^{64} - 1)}{2 - 1} = 18.446.744.073.709.551.615 \text{ grains.}$$

Ces grains, à raison de 1.200.000 par hectolitre, exigeraient 15.372.286.728.091 hectolitres (1).

(1) Nombres empruntés à l'arithmétique U. Auvert.

CHAPITRE VII

INTÉRÊTS COMPOSÉS

108. Nous avons vu qu'un capital est placé à **intérêts composés** lorsqu'à la fin de chaque année les intérêts s'ajoutent au capital de manière à augmenter celui-ci.

Soit C le capital placé; A ce que devient ce capital augmenté de ses intérêts composés au bout de n années; r l'intérêt de 1 franc.

	1 fr. au bout de 1 an devient	$1 + r$
Le capital C	— 1 —	$C(1+r) = C'$
C'	— 2 —	$C'(1+r) = C(1+r)^2 = C''$
C''	— 3 —	$C''(1+r) = C(1+r)^3$
et		$A = C(1+r)^n$

De cette égalité on peut tirer la valeur du capital placé C connaissant A et le temps n

$$C = \frac{A}{(1+r)^n}$$

109. Application I. — *Que devient après 15 ans une somme de 8.000 francs placée à intérêts composés, à 5 0/0 ?*

Solution :

La quantité inconnue est A.

$$A = 8.000 (1 + 0,05)^{15}$$
$$A = 1.6640$$

On voit qu'une somme placée à intérêts composés à 5 0/0 est plus que doublée au bout de 15 ans.

110 Application II. — *Au bout de 15 ans, une somme placée à intérêts composés est devenue 16.640 francs, on demande la somme placée.*

Solution :

L'inconnue est ici C :

$$C = \frac{A}{(1+r)^n}$$

$$C = \frac{16.640}{(1+0,05)^{15}} = 8.000$$

ANNUITÉS

111. Lorsqu'un débiteur doit un capital C et qu'il veut s'acquitter au moyen de payements égaux effectués pendant n années, chacun de ces payements égaux est une *annuité* que nous désignons par a.

La première annuité effectuée à la fin de la première année porte intérêt pendant $(n-1)$ années, elle devient donc :

$$a(1+r)^{n-1}$$

La seconde annuité effectuée à la fin de la 2e année porte intérêt pendant $(n-2)$ années et devient :

$$a(1+r)^{n-2}$$

L'avant-dernière annuité porte intérêt pendant 1 an et devient :

$$a(1+r)$$

La dernière annuité payée à la fin de la dernière année ne porte pas intérêt, elle est :

$$a.$$

Les annuités augmentées de leurs intérêts forment donc la progression géométrique :

$$\div a : a(1+r) : a(1+r)^2 \ldots a(1+r)^{n-2} : a(1+r)^{n-1}$$

dont le premier terme est a ; la raison $(1+r)$; le nombre des termes n.

La somme des annuités augmentées de leurs intérêts composés, égale donc en appliquant la formule :

$$S = \frac{(aq^n - 1)}{q - 1}$$

soit

$$S = \frac{a[(1+r)^n - 1]}{r}$$

Mais le capital prêté est devenu :

$$C(1+r)^n$$

pour que le débiteur soit quitte après avoir payé la dernière annuité, il faut qu'on ait :

$$C(1+r)^n = \frac{a[(1+r)^n - 1]}{r}$$

Formule d'où l'on tire, en chassant le dénominateur :

$$Cr(1+r)^n = a[(1+r)^n - 1]$$

et enfin

$$a = \frac{Cr(1+r)^n}{(1+r)^n - 1}$$

112. Remarque. — *Si l'on voulait C en fonction des autres valeurs de la formule, on aurait :*

$$C = \frac{a[(1+r)^n - 1]}{r(1+r)^n}$$

113. Application I. — *Quelle annuité devra-t-on payer pendant 16 ans pour acquitter une dette de 70.000 francs empruntés à intérêt composé au taux de 4,5 0/0 ?*

Solution :

Appliquant la formule :
$$a = \frac{Cr(1+r)^n}{(1+r)^n - 1}$$

on trouve :
$$a = \frac{20.000 \times 0,045 \times 1,045^{16}}{1,045^{16} - 1} = 1779,90$$

L'annuité est de 1.779 fr. 90.

114. Application II. — *Quelle est la dette qu'on pourra acquitter en payant pendant 3 ans, à la fin de chaque année, une somme de 1.542 fr, 25 ; le taux du prêt étant de 6 0/0 ?*

Solution :

La quantité inconnue est C :
$$C = \frac{a[(1+r)^n - 1]}{r(1+r)^n}$$

ou
$$C = \frac{1542,25[(1,06)^3 - 1]}{0,06(1,06)^3} \quad 4.200 \text{ fr.}$$

La dette s'élevait à 4.200 francs.

EXERCICES DE CALCUL ET PROBLÈMES D'ALGÈBRE

1. Calculer la valeur numérique de l'expression :

$$3a^2b - \frac{4a^3b^2}{2a} + 4ac^2 - \frac{9ab^2c}{3b} \qquad \begin{cases} a = 2 \\ b = 3 \\ c = 1 \end{cases}$$

2. $\qquad 4c^2 - 3b^2c + 4a^2b - \dfrac{5a^3b}{a^3} \qquad \begin{cases} a = \dfrac{1}{2} \\ b = \dfrac{1}{3} \\ c = \dfrac{1}{4} \end{cases}$

PROBLÈMES D'ALGÈBRE

3. $\quad 3a^3c - 4b^2 + \dfrac{5c^3}{c} - \dfrac{8a^2b^3c^2}{4a^3b^2} \qquad \begin{cases} a = 0,5 \\ b = 3 \\ c = 0,7 \end{cases}$

4. $\quad \dfrac{a + 4b - c}{a - b - c} + 4a^3c - \dfrac{a^2b^3}{ab^2} \qquad \begin{cases} a = 2 \\ b = \dfrac{1}{2} \\ c = 4,6 \end{cases}$

5. Faire la réduction des termes semblables dans les expressions suivantes, et calculer la valeur numérique avant et après la réduction :

$\qquad 3a^2b - 4a^2b + a^2b - 5a^2b = 12a^2b \qquad \begin{cases} a = 3 \\ b = 2 \end{cases}$

6. $\qquad 5a^2bc - a^3bc + 3a^3bc + a^3bc \qquad \begin{cases} a = 2 \\ b = 4 \\ c = 5 \end{cases}$

7. $\qquad 2ax^2 - 4ax^2 - ax^2 + 7ax^2 + ax^2 \qquad \begin{cases} a = \dfrac{1}{2} \\ x = 2 \end{cases}$

8. $\qquad 4ab^2 - \dfrac{5ab^2}{4} + \dfrac{3ab^2}{5} - ab^2 \qquad \begin{cases} a = 0 \\ b = 5 \end{cases}$

9. Faire la somme des expressions suivantes :

$(4a^3b^2 - 5ax^3 + 2a^3) + (7a^3 - 2ax^3 + 4c) + 3a^3b^2 - c + ax^3 - 5a^3)$

10.
$\qquad a^2 ; \; 4c ; \; 3a ; \; b ; \; 5a^2 - b ; \; 4a + c ; \; 5b^2 ; \; 3ac ; \; 4c^2$

11.
$\qquad 3a^2c - 4a^2b ; \; 6a^2b - a^3b ; \; a^3c - b^3 + c^2 ; \; 4 + c^2 - a^3c$

12. $\quad \dfrac{2}{3}a^3 - 4a^2c + b ; \; \dfrac{3a^2c}{4} - 5b + \dfrac{3}{2} ; \; 4a^3 + \dfrac{b}{2} + 3b$

13. $\quad \dfrac{2bc}{3a} - 4a^2c^2 + c ; 4a^2b - \dfrac{bc}{3a} + \dfrac{c}{2} ; \; a + \dfrac{2a^2c^2}{5} + c$

SOUSTRACTIONS

14. $\quad (8a^3b^2 - 4c^2 + 2ab^3 - 4a^2b^2) - (a^2b^2 + c^2 - 3ab^3 + a^3b^2)$

15. $\quad (a + b - c + a^2b^3) - (4a - 2c + a^3b^2 + b)$

16.
De $4a^3b^2c - 8a^3c - 4a^2 + 5a^2b$ soustraire $a^2 - 4a^2b + 5a^3c - 1$

17.
Soustraire $a - 2b + 4c - a^3b^2c$ de $7 + 4a - c + a^2bc$

18.
Soustraire $4a^2 - 3b^2c + b + c$ de $a - 2a^2 - b - c + 5$

MULTIPLICATIONS

19. $(3ab)(5c)$; $(4b)(3ax^2)$
20. $\left(\dfrac{2a}{3}\right)(4b^2c)$; $(3ab^2)\left(\dfrac{4}{2}c\right)$
21. $(4 + 2a + b - 4c)(2a^2)$; $(a + b - c)(x)$
22. $(4a^2b - ab^2 + 3c - a)\left(\dfrac{3a}{2}\right)$; $\left(b - 4c + \dfrac{3a^2}{4}\right)\left(\dfrac{5b}{7}\right)$
23. $(a + b + c)(a - b + c)$; $(a + b + 2c)(a + b - 2c)$
24. $(1 + 4c - a)(1 - 4c - a)$; $(2a - 2b + c)(a - 4b - c)$
25. $(a + b)^2 (a - b)^2$; $(a + b)(a - b)$
26. $(a + b)^3 (a - b)^3$; $(a + b)^2 (a - b)^2$
27. $(a^2 + b - c)^2 (a + b^2 + c^2)^2$; $(2a - 4c)^3 (4a - c)^2$
28. $(5a^2b + 3a^3b^2 - a^4b^3 + 3a)$ $(2a - 3a^3b^2 - 2a^2b)$
29. $(2a^3 - 5ab^2 - b^3 + 3a^2b)$ $(b^3 + a^3 - ab^2 + 2a^2b)$
30. $(2a^2b - 3a^2b^2 + 2a^3 + 2b^3)$ $(a^2b + a^3 - 4b^3)$

DIVISIONS

31. Indiquer les causes d'impossibilité pour les divisions qui ne se font pas exactement :

$$\dfrac{8a^4b^3c}{a^2b} \quad ; \quad \dfrac{27a^2b^3x}{9ab}$$

32. $\quad \dfrac{25a^2b^2c}{5a^3bc} \quad ; \quad \dfrac{42a^2b^3c}{7abc}$

PROBLÈMES D'ALGÈBRE

33. $\quad \dfrac{\frac{2}{3}a^3bx^2}{\frac{4}{5}a^2b} \quad ; \quad \dfrac{4a^3bc}{5a^4b^2x}$

34. $\quad \dfrac{6a^3b^2x - 18ab^2c + 12a^2bx^2 - 4abc}{2ab}$

35. $\quad \dfrac{42ax^3 - 14a^2b^3x + 21a^4cx^2 - 7ax}{7ax}$

36. $\quad \dfrac{2}{3}a^2b^2cx - \dfrac{4}{5}a^2bc + \dfrac{5ac}{2} : \dfrac{7ac}{3}$

37. $\quad \dfrac{5a^3cx - 8abx - 3a^2x^3 + 4c}{3a^4c}$

38. $\quad \dfrac{(a+b+c)^3}{a+b+c} \quad ; \quad \dfrac{4a^4b - 2a^3b + a^3 + 4abc - 8a^2b^2 + a^2c}{a^2 + 4ab}$

39. $\quad 7a^3 - 17a + 4 + 29a^2 + 4a^3 - 17a^4 : 4 - 5a + a^2$

FRACTIONS

40. Simplifier les fractions suivantes :

$$\dfrac{a^2b}{a^3} \quad ; \quad \dfrac{ax}{a^2x} \quad ; \quad \dfrac{abx}{a^2b^3x^3}$$

41. $\quad \dfrac{7a^2bx}{3b^2c} \quad ; \quad \dfrac{35a^3cx^2}{7ac^2} \quad ; \quad \dfrac{7a^2b^3c}{8ab}$

42. $\quad \dfrac{2790a^3b^2c}{720ab^3c^2} \quad ; \quad \dfrac{3720a^2x^3}{40a^3c} \quad ; \quad \dfrac{13a^2c^2x}{143a^3cx^2}$

43. $\quad \dfrac{3a^2c - 4abx - 5a^4c}{2a - 3a^2c} \quad ; \quad \dfrac{6a^3b^2c - 18a^2bx^2 + 12a^2b}{6a^2b^2 - 12ab^2x}$

44. $\quad \dfrac{91a^3b^2 - 35^3ax^2 + 77a^2bc - 28a^2x}{14a^2 - 175a^2x^3}$

45. Faire les opérations suivantes et les simplifier :

$$\dfrac{3a^2c}{5ac^2} + \dfrac{4a^2b^3}{5c} + \dfrac{2a^3b^2}{4a^2} - \dfrac{4ab^2}{2c} - \dfrac{7ax^2}{4ax}$$

PROBLÈMES D'ALGÈBRE

46. $\dfrac{x}{2a} + \dfrac{3c}{a} + \dfrac{2ax}{2c} - \dfrac{3c}{a} - \dfrac{7x}{c} + \dfrac{ax}{2c}$

47. $\dfrac{5a^2 - c}{4a + b} + \dfrac{2ax^2}{5a}$; $\dfrac{2a - 4}{a + b} - \dfrac{6a + 7b}{a - b}$

48. $\dfrac{a}{b} - \dfrac{4a^2 - c}{b + c}$; $\dfrac{a + b}{a - b} + \dfrac{a - b}{a + b}$

49. $\dfrac{x}{x + y} - \dfrac{y}{y - x} + \dfrac{xy}{4}$; $\dfrac{6a^2b - 4}{a + 2} - \dfrac{2 + 4a^2c}{a - 2}$

MULTIPLICATIONS DE FRACTIONS

50. $\left(\dfrac{5a^2 - b}{4c}\right)^2$; $\left(\dfrac{a + b}{a - b}\right)^3$

51. $\left(\dfrac{a + 2b}{2c - a}\right)\left(\dfrac{5 + ab^2}{2c + a}\right)$; $\left(\dfrac{a + 2b - 2c}{4 - 3b + c}\right)\left(\dfrac{a - 2b + 2c}{4 + 3b - c}\right)$

52. $\left[\left(\dfrac{ax + by - 4}{2c - a}\right)^2\left(\dfrac{3ax + 4}{2c + a}\right)^2\right]$; $\left(\dfrac{ax^2 + bx + c}{ax^2 - bx - c}\right)\left(\dfrac{5a^2c - 3}{4ax^2 + c}\right)$

DIVISIONS DE FRACTIONS

53. $\dfrac{a}{x} : \dfrac{x}{a}$; $1 : \dfrac{x}{a}$; $\dfrac{ax}{b} : 1 - a$

54. $\dfrac{a^2 - 4a}{a + a^2} : \dfrac{a^2 + 4a}{a - a^2}$; $\left(1 + \dfrac{a}{2}\right)\left(1 - \dfrac{a}{2}\right) : \left(\dfrac{1}{a} - 2\right)$

55. $\dfrac{ax + c}{1 + 2a} : \dfrac{x + 4c}{1 - 2a}$; $\left(a + \dfrac{a}{3}\right)^2 : \left(1 + \dfrac{2}{a}\right)\left(1 - \dfrac{2}{a}\right)$

ÉQUATIONS DU PREMIER DEGRÉ A UNE INCONNUE

56. $3x - 4 - x + 12 = 32 + 5x - 11x$

57. $4x - 8 + 5x + 2 - x = 5x + 3 - 9x + 5 - 2x$

58. $5x + 20 - \dfrac{4x}{3} = 12 + 5x + 4$

59. $\quad \dfrac{x}{3} - \dfrac{x}{4} + \dfrac{x}{5} = x - 43$

60. $\quad x\left(\dfrac{1}{2} + \dfrac{1}{3} + \dfrac{1}{12}\right) = x - 63$

61. $\quad \dfrac{1}{5}x - \dfrac{6x}{7} = 1 - \dfrac{x}{3}$

62. $\quad 5(x - 18) = 78 - x$

63. $\quad \dfrac{2x}{5} + 5x - \dfrac{3x}{5} = 3x + 0{,}9$

64. $\quad \dfrac{x}{3} + \dfrac{4400 - x}{4} = 1310$

65. $\quad (172 + 55x) : \left(4 + x + \dfrac{4 + x}{24}\right) = 48$

PROBLÈMES DU PREMIER DEGRÉ A UNE INCONNUE

66. Quel est le nombre dont la moitié, diminuée de 4, égale le cinquième du même nombre augmenté de 14 ?

67. Trouver le nombre dont la somme soit 40 et dont la différence soit égale aux $\dfrac{2}{3}$ du plus grand.

68. La différence entre les $\dfrac{5}{7}$ et les $\dfrac{3}{11}$ du prix d'une étoffe est 17 francs ; quel est le prix de la pièce d'étoffe ?

69. La somme de deux nombres est 12 ; si on les augmente tous deux de 3, leur rapport devient $\dfrac{4}{5}$; quels sont ces nombres ?

70. Quel est le plus petit nombre qu'on puisse partager en trois parties, telles que chacune soit le $\dfrac{1}{4}$ de la précédente ?

71. Partager 310 en 3 parties telles que chacune des parties soit le $\dfrac{1}{5}$ de la précédente.

72. Une personne donne les $\dfrac{14}{15}$ de sa fortune à ses neveux ; elle place le reste à 5 0/0 et en retire un revenu annuel de 6.000 francs ; quelle était sa fortune ?

PROBLÈMES DU 1er DEGRÉ 409

74. Un homme a placé 2 capitaux à intérêt simple ; le 1er à 4 0/0 et le 2e à 5 0/0. Il a retiré au bout de 7 ans 9 mois une somme de 23.800 francs pour le capital et les intérêts réunis. Trouver quels sont ces deux capitaux, en sachant que le premier est les $\frac{5}{6}$ du second.

74. Le $\frac{1}{3}$ d'un nombre plus $\frac{1}{4}$ du reste, plus 18, égale ce nombre ; quel est-il ?

75. La somme de deux nombres est 56 ; le quotient du plus grand par le plus petit est 3, avec 4 pour reste. Quels sont ces 2 nombres ?

76. Une personne achète des oranges à 12 francs le cent, elle en revend la moitié à 0 fr. 15 la pièce, et livre le restant à raison de 3 oranges pour 0 fr. 35. De cette manière, elle gagne 18 fr. 55. Combien avait-elle acheté d'oranges ?

77. Une personne a placé deux capitaux à intérêts simples, le 1er à 4 0/0 et le 2e à 5 0/0. Elle a retiré au bout de sept ans 9 mois une somme de 23.800 francs pour les capitaux et les intérêts. Trouver ces capitaux, sachant d'ailleurs que le 1er est égal aux $\frac{5}{6}$ du second.

78. Une personne a 3 propriétés : la première et la deuxième rapportent ensemble 1.220 francs, la deuxième et la troisième rapportent ensemble 730 francs, et la troisième et la première rapportent ensemble 800 francs. Trouver le produit de chacune.

79. Un lévrier poursuit un chevreuil qui fait 5 sauts, tandis que le lévrier en fait 7 ; on sait que 3 sauts du chevreuil en valent 4 du lévrier ; et que celui-ci a dû faire 1.120 sauts pour atteindre le chevreuil. Combien ce dernier avait-il d'avance, en supposant qu'il fasse 1 mètre par chaque saut ?

80. Deux personnes se sont partagé une somme de 5.225 fr. 60. La première dépense les $\frac{2}{9}$ de sa part et la seconde perd $\frac{1}{5}$ de la sienne. Elles sont alors aussi riches l'une que l'autre. Quelles étaient leurs parts ?

ÉQUATIONS A PLUSIEURS INCONNUES

81.
(1) $4x - 3y = 153$
(2) $5x - y = 238$

82.
(1) $5x - 10 = 3y$
(2) $5x - 4y = -5$

83.
(1) $\frac{1}{5}x + \frac{y}{4} = 30$
(2) $\frac{x}{15} + \frac{1}{8}y = 13$

84.
(1) $\frac{8x}{3} - \frac{8}{9} = 8$
(2) $\frac{5}{6}y - \frac{4x}{9} = \frac{29}{6}$

85.
(1) $\frac{3}{x} - \frac{2}{y} = \frac{9}{4}$
(2) $\frac{12}{x} + \frac{8}{y} = 21$

86.
(1) $\frac{x+2y}{5} - \frac{4x-3y}{4} = \frac{22}{60}$
(2) $\frac{5x-3y}{8} + \frac{7x-5y}{6} = \frac{37}{144}$

87.
(1) $8x + 3z - 5y = 19$
(2) $9x - 3y - 2z = 5$
(3) $5y - 4x = 8$

88.
(1) $9x + 2y - z = 26$
(2) $2y - x + z = 18$
(3) $y - z = 16$

89.
(1) $2x + y = 200$
(2) $y + \frac{z}{3} = 100$
(3) $z = 100 - \frac{x}{4}$

90.
(1) $y + \frac{x+z}{3} = 14$
(2) $x + \frac{y+z}{2} = 19$
(3) $z + \frac{x+y}{4} = 11$

PROBLÈMES DU PREMIER DEGRÉ A PLUSIEURS INCONNUES

91. Quelle est la fraction qui devient égale à $\frac{3}{4}$ quand on augmente ses deux termes de 7, et à $\frac{1}{2}$ quand on les augmente de 1 ?

92. La somme des deux chiffres d'un nombre égale 9. Si l'on intervertit ces deux chiffres le nombre nouveau est égal aux $\frac{4}{7}$ du premier. Quel est ce nombre ?

PROBLÈMES DU 1er DEGRÉ   411

93. Quelle est la fraction qui devient égale à $\frac{2}{3}$ quand on augmente son numérateur seul de 4, et à $\frac{1}{4}$ quand on diminue son dénominateur seul de 1 ?

94. On a une fraction telle qu'en augmentant le numérateur d'une unité, elle équivaut à $\frac{1}{3}$; tandis qu'en augmentant le dénominateur d'une unité, elle équivaut à $\frac{1}{2}$. Quelle est cette fraction ?

95. Trouver deux nombres dont la différence égale la septième partie de leur somme, et dont la somme jointe à 4 fois leur différence égale 44.

96. Des amis font un pique-nique. S'ils avaient été 2 de plus, et qu'ils eussent payé 1 franc de plus chacun, la dépense aurait été augmentée de 12 francs. S'ils avaient été 3 de moins et avaient payé 0 fr. 50 de moins chacun, la dépense eût été diminuée de 7 fr. 50. Trouver le nombre des amis et la dépense.

97. Un train allant de Paris à Bordeaux emmène 27 voyageurs de 1re classe et 56 de 2e classe, qui ont payé en tout 5.405 fr. 45. S'il y avait eu au contraire 56 voyageurs de 1re classe et 27 de 2e classe, la recette eût été de 5.973 fr. 85.
On demande le prix du billet de 1re classe et celui du billet de 2e classe.

88. On a dépensé 80.379 francs pour acheter des vignes et des terres. L'hectare de vignes a coûté 819 francs et l'hectare de terres 528 fr. Si l'on avait payé 528 francs l'hectare de vignes et 819 francs l'hectare de terres, on aurait dépensé 9.894 francs de moins. Quelle est l'étendue des vignes et celle des terres ?

99. Un oncle a deux neveux âgés, l'un de 16 ans et l'autre de 18 ans. En mourant, il leur lègue une somme de 60.000 francs qu'ils doivent se partager de telle sorte que chaque part augmentée de ses intérêts composés à 5 0/0 prenne la même valeur, quand le possesseur atteindra l'âge de 20 ans. Que revient-il à chacun ?

100. Une personne qui possède 61.000 francs en a placé une partie à 4,50 0/0 et l'autre à 3,50 0/0 ; elle obtient ainsi un revenu total de 2.245 francs. Quelles sont ces deux parties ?

101. On a acheté trois chevaux ; le prix du premier, plus la $\frac{1}{2}$ du prix des deux autres, égale 530 francs ; le prix du deuxième, plus

412 ALGÈBRE

le $\frac{1}{3}$ du prix des deux autres, égale 460 francs; et le prix du troisième, plus le $\frac{1}{4}$ du prix des deux autres, égale 430 francs. Quel est le prix de chacun ?

102. Jean, Pierre et Victor ont chacun une certaine somme, telle que celle de Jean, plus 5 fois celles des deux autres, celle de Pierre, plus 3 fois celles des deux autres, et celle de Victor, plus 4 fois celles des deux autres, forment trois sommes égales chacune à 3.700 francs. Quelle est la somme qui revient à chacun d'eux ?

ÉQUATIONS DU DEUXIÈME DEGRÉ

103. $\quad 3x^2 = x$
104. $\quad 14x^2 = 7x$
105. $\quad x^2 + 4x + 9 = 126$
106. $\quad 2x^2 + 4x + 60 = 170 + 13x$
107. $\quad x^2 + 35 = 12x$
108. $\quad 11x + 15 = 12x^2$
109. $\quad (x+3)(x+7) = 521 - 3x^2$
110. $\quad 2x^2 + 3x = 65$

111. (1) $x^2 - 3y = 15$
    (2) $3x + 8y = 74$

112. (1) $x(25-x) = y(25+y)$
    (2) $xy = 19y - 72$

113. (1) $2x - 6 = y$
    (2) $x^2 + 96 = y^2$

114. (1) $x(y-3) = 59 - 3y$
    (2) $2x - y = 6$

PROGRESSIONS ARITHMÉTIQUES

115. Quel est le 16ᵉ terme d'une progression arithmétique dont le 1ᵉʳ terme est 4 et la raison 5 ?

116. On demande le 1ᵉʳ terme de la progression arithmétique dont la raison est 2 et le 15ᵉ terme 88.

117. Un débiteur s'est acquitté d'une dette en 14 payements dont le 1ᵉʳ a été 12 francs ; le 2ᵉ 16 ; le 3ᵉ 20, etc. ; combien devait-il ?

118. Un débiteur a acquitté une dette en plusieurs payements, le

1ᵉʳ a été de 4 francs, le dernier de 88 francs ; chaque payement augmentant de 6 francs. On demande combien il a fait de payements.

119. Combien une pendule qui sonne les heures et les demies sonne-t-elle de coups en 24 heures ?

PROGRESSIONS GÉOMÉTRIQUES

120. Quel est le 6ᵉ terme de la progression géométrique dont le 1ᵉʳ terme et la raison sont 3 ?

121. Quelle est la somme des 6 termes de la progression précédente ?

122. On veut élever une cheminée en briques de 12 mètres de hauteur ; on payera 3 francs pour la façon du 1ᵉʳ mètre ; 6 francs pour le 2ᵉ et ainsi de suite en doublant le prix. Quel sera le prix de la façon de la cheminée ?

INTÉRÊTS COMPOSÉS ET ANNUITÉS

123. On prête à 5 0/0 et à intérêts composés une somme de 3.230 fr. ; combien devra-t-on recevoir au bout de 12 ans ?

124. Après 8 années de placement à 5,5 0/0 et à intérêts composés, une somme est devenue 274 fr. 08 ; quelle était la somme primitive ?

125. Quelle somme faut-il rembourser annuellement pendant 20 ans pour éteindre une dette de 5.000 francs prêtée à intérêts composés ?

Nous n'augmentons pas le nombre des problèmes de ce genre parce qu'en raison des moyens de calculs peu expéditifs dont dispose l'enseignement primaire, ces problèmes deviennent de véritables casse-tête.

TABLE DES MATIÈRES

ARITHMÉTIQUE

	Pages
CHAPITRE Ier. Notions préliminaires	1
— Numération	2
— Numération des nombres décimaux	9
— Numération romaine	12
CHAPITRE II. Opérations	15
— Addition	15
— Soustraction	18
— Multiplication	24
— Division	41
CHAPITRE III. Divisibilité des nombres	52
— Diviseurs communs	61
— Nombres premiers	64
— Diviseurs d'un nombre	67
CHAPITRE IV. Fractions	72
— Addition	85
— Soustraction	86
— Multiplication	88
— Division des fractions	92
— Preuve des opérations des fractions	96
— Conversion des fractions ordinaires en fractions décimales et réciproquement	97
— Opérations sur les nombres décimaux	102
CHAPITRE V. Racines	108
— Extraction de la racine carrée	108
— Cube et racine cubique des nombres	118
CHAPITRE VI. Calcul mental	120
— Addition	120
— Soustraction	121
— Multiplication	122
— Division	124
CHAPITRE VII. Système métrique décimal	126
— Unités de longueur	127
— Unités de surface	130
— Unités de volume	133
— Unités de poids	136
— Unités de contenance ou de capacité	138
— Unités monétaires	140
— Nombres complexes	144
CHAPITRE VIII. Rapports. Proportions	149
— Règle de trois	154
— Règles d'intérêts	157
— Règles d'escompte	162
— Partages proportionnels	166
— Alliages. Mélanges	169
— Rentes	173